纺织服装高等教育"十二五"部委级规划教材

男装缝制工艺

主　编　周　捷
副主编　蒋晓文

东华大学出版社
·上海·

内 容 提 要

本书融入服装企业实际生产知识系统,介绍了基础缝制工艺、男衬衫、男西裤、男西服、男马甲和大衣等成衣品种的纸样制作、缝制工艺及其质量控制等内容。内容覆盖面广,针对性强,以图配文的形式,突出介绍不同品种、不同部位的缝制要点和诀窍。全书图文并茂,让读者一目了然。本书可作为高等院校服装及相关专业学生的教材或参考书,也可供广大服装从业人员使用。

图书在版编目(CIP)数据

男装缝制工艺 / 周捷,蒋晓文主编. —上海:东华大学出版社,2015.1

ISBN 978-7-5669-0647-2

Ⅰ.①男… Ⅱ.①周… ②蒋… Ⅲ.①男服—服装量裁 Ⅳ.①TS941.718

中国版本图书馆CIP数据核字(2014)第243023号

责任编辑　杜亚玲
封面设计　新　树

男装缝制工艺
nan zhuang feng zhi gong yi

主　编：周　捷　　副主编：蒋晓文
出　　版：东华大学出版社(上海市延安西路1882号,200051)
网　　址：http://www.dhupress.net
天猫旗舰店：http://dhdx.tmall.com
营销中心：021-62193057　62373057　62379558
印　　刷：上海龙腾印务有限公司
开　　本：787mm×1092mm　1/16　印张：15.25
字　　数：382千字
版　　次：2015年3月第1版
印　　次：2017年7月第2次印刷
书　　号：ISBN 978-7-5669-0647-2
定　　价：38.00元

前 言

服装缝制工艺是将服装款式设计、服装结构设计最终变成成衣的关键一步。男装缝制工艺课程是高等院校服装专业实践教学环节不可缺少的部分。

本书为服装专业的学生编写，内容涉及基础缝制工艺、男衬衫、男西裤、男西服、男马甲和大衣等成衣品种的制作。每一成衣品种均包括款式特点、成品规格、结构制图、缝份加放、缝制步骤和要求、外观质量与缺陷评定等内容。

在具体款式的选用上，注重款式的经典性与时尚性；在工艺的选用上，既体现现代服装企业的新颖工艺特色，又兼顾缝制工艺的传统性和单件产品制作的局限性，工艺规范合理，注重实战知识。全书内容由浅入深，图文并茂，通俗易懂，实用性强，既可作为高等院校服装专业教材，也可作为服装行业的技术人员参考用书及服装爱好者自学读物。

本书由西安工程大学服装与艺术设计学院周捷博士主编，负责全书的编著、统稿、校对和修改。西安工程大学服装与艺术设计学院蒋晓文教授任副主编。嘉兴学院服装设计与工程系李满宇老师、山东南山纺织服饰总公司魏星艳工程师参与资料的收集整理和内容的编排；周川渝参与第二章第三、四节的编著；申甜甜参与第三章第三节的编著；黄晓杰参与第四章第三、四节的编著；田博楠参与第五章第三、四节的编著；戎美林参与第六章第三、四节的编著；山东如意集团服装公司荣凤启工程师对西服缝制工艺进行技术指导。此外，李满宇、黄晓杰和田博楠参与了稿件的校对工作，在此对所有参与本书编写和提供帮助的人员表示深深的谢意。

由于时间仓促、水平有限，难免有错误和疏漏，欢迎专家、同行和广大读者提出批评与改进意见，不胜感谢！

主编　周捷
2015年1月

CONTENTS
目 录

第一章　缝制基础　　　1
　第一节　服装工艺名词和术语　　2
　第二节　基础手缝工艺　　8
　第三节　装饰手针工艺　　19
　第四节　基础机缝工艺　　31
　第五节　机缝工艺基础技能　　37
　第六节　基础熨烫工艺　　50

第二章　男西裤缝制工艺　　59
　第一节　男西裤结构制图与
　　　　　缝份加放　　60
　第二节　缝制规定与步骤　　66
　第三节　成品整烫工艺　　84
　第四节　质量检验与缺陷评定　　89

第三章　男衬衫缝制工艺　　95
　第一节　男衬衫结构制图与
　　　　　缝份加放　　96
　第二节　缝制规定与步骤　　100
　第三节　外观质量与缺陷评定　　112

第四章　男西装缝制工艺　　117
　第一节　男西装结构制图与
　　　　　缝份加放　　118
　第二节　缝制规定与步骤　　130
　第三节　成品整烫工艺　　171
　第四节　质量检验与缺陷评定　　174

CONTENTS 目 录

第五章　男马甲缝制工艺　　181
第一节　男马甲结构制图与缝份加放　182
第二节　缝制规定与步骤　185
第三节　成品熨烫工艺　195
第四节　外观质量与缺陷评定　198

第六章　男大衣的缝制工艺　　203
第一节　男大衣结构制图与缝份加放　204
第二节　缝制规定与步骤　209
第三节　成品整烫工艺　227
第四节　外观质量与缺陷评定　231

第一章
缝制基础

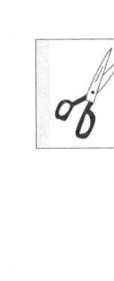

第一节　服装工艺名词和术语

一、服装工艺名词

（一）检验工艺名词

（1）验色差：检查原、辅料色泽级差，按色泽归类。

（2）查疵点：检查原、辅料疵点。

（3）查污渍：检查原、辅料污渍。

（4）分幅宽：原、辅料按门幅宽窄归类。

（5）查衬布色泽：检查衬布色泽，按色泽归类。

（6）查纬斜：检查原、辅料纬纱斜度。

（7）复码：检查原辅料每匹长度。

（8）理化试验：包括原辅料的伸缩率、耐热度、色牢度等试验。

（二）裁剪工艺名词

（1）烫原料：熨烫原料皱褶。

（2）排料：制定出用料定额。

（3）铺料：按画样要求铺料。

（4）表层画样：用样板按不同规格在原料上画出衣片裁剪线条。

（5）复查画样：复查表层画出衣片的数量和质量。

（6）开剪：按画样线条用裁剪工具裁片。

（7）钻眼：用裁剪工具在裁片上做出缝制标记，标记应做在可缝去的部位上，否则会影响产品美观。

（8）打粉印：用画粉在裁片上做出缝制标记，一般作为暂时标记。

（9）编号：将裁好的各种衣片按顺序编好号码。

（10）查裁片刀口：检查裁片刀口的质量。

（11）配零料：配齐一件衣服的零部件材料。

（12）钉标签：将有顺序号的标签钉在衣片上。

（13）验片：检查裁片质量和数量。

（14）织补：修补裁片中可修复的织疵。

（15）换片：调换不符合质量的裁片。

（16）分片：将裁片按序号配齐或按部件的种类配齐。

（17）冲领角薄膜衬：用模具冲剪领角薄膜衬。

（18）衣坯：未做任何加工的衣片。

（19）段耗：指面料经过铺料后断料所产生的损耗。

（20）裁耗：铺料后面料在画样开裁中所产生的损耗。

（21）成衣面料制成率：制成衣服的面料重量与投料重量之比。

（三）缝纫工艺名词

（1）刷花：在裁剪绣花部位上印刷花印。

（2）撇片：按标准样板修剪毛坯片。

（3）打线钉：用白棉纱线在裁片上做出缝制标记。

（4）剪省缝：将毛呢服装上因缝制后的厚度影响服装外观的省缝剪开。

（5）环省缝：将毛呢服装剪开的省缝，用纱线做环行针法绕缝，以防纱线散脱。

（6）缉省缝：将省缝折合用机器缉缝。

（7）烫省缝：将省缝坐倒或分开熨烫。

（8）推门：将平面衣片，经归拔等工艺手段烫成立体形态衣片。

（9）缉衬：机缉前衣身衬布。

（10）烫衬：熨烫缉好的胸衬，使之形成人体胸部形态，与推门后的前衣片相吻合。

（11）覆衬：将前衣片覆在胸衬上，使衣片与衬布贴合一致，且衣片布纹处于平衡状态。

（12）纳驳头：亦称扎驳头，有手工或机器扎。

（13）做插笔口：在小袋上口做插笔开口。

（14）滚袋口：用滚条包光毛边袋口。

（15）拼耳朵皮：将大衣挂面上端形状如耳朵的部分进行拼接。

（16）包底领：底领四边包光后机缉。

（17）做领舌：做中山装底领伸出的里襟。

（18）敷止口牵条：将牵条布用手工操作熨斗粘压在止口部位。

（19）敷驳口牵条：将牵条布用手工操作熨斗粘压在驳口部位。

（20）缉袋嵌线：将嵌料缉在开口袋线两侧。

（21）开口袋：将已缉嵌线的口袋中间部分剪开。

（22）封袋口：袋口两头机缉倒回针封口。

（23）覆挂面：将挂面覆在前衣片止口部位。

（24）合止口：将衣片和挂面在门里襟止口处机缉缝合。

（25）修剔止口：将缉好的止口毛边剪窄，一般有修双边和单修一边两种方法。

（26）扳止口：将止口毛边与前身衬布用斜形手工针迹扳牢。

（27）撩止口：在翻出的止口上，手工或机扎一道临时固定线。

（28）合背缝：将背缝机缉缝合。

（29）归拔后背：将平面的后衣片按体型归拔烫，使其符合人体后背立体形态。

（30）敷袖窿牵条：将牵条粘合在袖窿处。

（31）敷背衣衩牵条：将牵条布缝在背衣衩边沿部位。

（32）封背衣衩：将背衣衩上端封结。

（33）扣烫底边：将底边折光或折转熨烫。

（34）撩底边：将底边扣烫后扎一道临时固定线。

（35）倒钩袖窿：沿袖窿用倒钩针法缝扎，使袖窿牢固。

（36）叠肩缝：将肩缝份与衬布扎牢。

（37）做垫肩：用布和棉花、中空纤维等做成衣服垫肩。

（38）装垫肩：将垫肩安装在袖窿肩头部位。

（39）倒扎领窝：沿领窝用倒钩针法缝扎。

（40）合领衬：在领衬拼缝处机缉缝合。

（41）拼领里：在领里拼缝处机缉缝合。

（42）归拔领里：将附上衬布的领里归拔熨烫成符合人体颈部的形态。

（43）归拔领面：将领面归拔熨烫成符合人体颈部的形态。

（44）覆领面：将领面覆在领里，使领面、领里配合好，领角处的领面要宽松些。

（45）绱领子：将领子安装在领窝处。

（46）分烫上领缝：将绱领缉缝分开，熨烫后修剪。

（47）分烫领串口：将领串口缉缝分开熨烫。

（48）叠领串口：将领串口缝与绱领缝扎牢，注意使串口缝保持齐直。

（49）包领面：将西装、大衣领面外口包转，用三角针与领里绷牢。

（50）归拔偏袖：偏袖部位归拔熨烫成人体手臂的弯曲形态。

（51）缲袖衩：将袖衩边与袖口贴边缲牢固定。

（52）扎袖里缝：将袖子面、里缉缝对齐扎牢。

（53）收袖山：抽缩袖山上手工线迹或机缝线迹，收缩袖山。

（54）滚袖窿：用滚条将袖窿毛边包光，增加袖窿的牢度和挺度。

（55）缲领钩：将底领领钩开口处用手工缲牢。

（56）扎暗门襟：暗门襟扣眼之间用暗针缝牢。

（57）画扣眼位：按衣服长度和造型要求画准扣眼位置。

（58）滚扣眼：用滚扣眼的布料把扣眼毛边包光。

（59）锁扣眼：将扣眼用粗丝线锁光。

（60）滚挂面：挂面里口毛边用滚条包光，滚边宽度一般为0.4cm左右。

（61）做袋爿：将袋爿毛边扣转，缲上里布做光。

（62）翻小襻：小襻的面、里料缝合后将正面翻出。

（63）绱袖襻：将袖襻装在袖口以上部位。

（64）坐烫里子缝：将里布绲缝坐倒熨烫。

（65）缲袖窿：将袖窿里布固定于袖窿上，然后将袖子里布固定在袖窿里布上。

（66）缲底边：将底边与大身缲牢。有明缲与暗缲两种方法。

（67）绱帽檐：将帽檐绲在帽前面的止口部位。

（68）绱帽：将帽子装在领窝上。

（69）领角薄膜定位：将领角薄膜在领衬上定位。

（70）热缩领面：将领面进行防缩熨烫。

（71）粘翻领：领衬与领面的三角沿口用糨糊粘合。

（72）压领角：上领翻出后，将领角进行热定型。

（73）夹翻领：将翻领夹进领底面、里布内机绲缝合。

（74）镶边：用镶边料按一定宽度和形状安装在衣片边缘上。

（75）镶嵌线：用嵌线料镶在衣片上。

（76）绲明线：机绲或手工绲缝服装表面线迹。

（77）绱袖衩条：将袖衩条装在袖衩位上。

（78）封袖衩：在袖衩上端的里侧机绲缝牢。

（79）绱拉链：将拉链装在门里襟、侧缝等部位。

（80）绱松紧带：将松紧带装在袖口底边等部位。

（81）点钮位：用铅笔或画粉点准钮扣位置。

（82）钉钮：将钮扣钉在钮位上。

（83）刮浆：在需要用刮浆的位置上把浆刮均匀，以增加该部位的挺度，便于缝合。

（84）画绗棉线：防寒服制作时在布料上画出绗棉间隔标记。

（85）绗棉：按绗棉标记机绲或手工绗线，将填充材料与衬里布固定。

（86）缲钮襻：将钮襻边折光缲缝。

（87）盘花钮：用缲好的钮襻条，按一定花形盘成钮扣。

（88）钉钮襻：将钮襻钉在门里襟位置上。

（89）打套结：开衣衩口用手工或机器打套结。

（90）拔裆：将平面裤片归拔成符合人体臀部下肢形态的立体裤片。

（91）翻门襻：门襻绲好将正面翻出。

（92）绱门襻：将门襻安装在衣片门襟上。

（93）绱里襟：将里襟安装在裤片上。

（94）绱腰头：将腰头安装在裤腰上。

（95）绱串带襻：将串带襻安装在裤腰上。

（96）绱雨水布：将雨水布安装在裤腰里下口。

（97）封小裆：将小裆开口机缉或手工封口。

（98）钩后裆缝：在后裆缝弯处，用粗线做倒钩针缝。

（99）扣烫裤底：将裤底外口毛边折转熨烫。

（100）绱大裤底：将裤底装在后裆十字缝上。

（101）花绷十字缝：裤裆十字缝分开绷牢。

（102）扣烫脚口贴边：将裤脚口贴边扣转熨烫。

（103）绱贴脚条：将贴脚条装在裤脚口里侧边沿。

（104）叠卷脚：将裤脚翻边在侧缝下裆缝处缝牢。

（105）抽碎褶：用缝线抽缩成不定型的细褶。

（106）叠顺裥：缝叠成同一方向上的裥。

（107）包缝：用包缝线迹将布边固定，使纱线不易脱散。

（108）针迹：缝针刺穿缝料时在缝料上形成的针眼。

（109）线迹：缝制物上两个相邻针眼之间的缝缉线。

（110）缝迹：互相连接的线迹。

（111）缝型：一定数量的布片和缝制过程中的配置形式。

（112）手针工艺：应用手针缝合衣料的各种工艺形式。

（113）装饰手针工艺：兼有功能性和艺术性，并以艺术性为主的手针工艺。

（114）塑型：人为地把衣料加工成所需要的形态。

（115）定型：根据面、辅料的特性，给予外加因素，使衣料形态具有一定的稳定性。

二、服装工艺术语

（1）缝份：也称做缝、缝份。它是为缝合衣片而在净尺寸线外侧加放的部分。

（2）里外匀：是指外层均匀地比里层长一点或宽一点，使两层衣料缝合后成自然卷曲状态。

（3）止口：是指衣服的外边缘，如搭门与挂面连接的边缘。

（4）搭门：为了锁钮眼和钉钮扣而留放的部位，因其左右相叠，也称叠门。锁钮眼的一侧称门襟，钉钮扣的一侧称里襟。

（5）挂面：在搭门的反面有一层比搭门宽的衣片称挂面，也称过面。

（6）丝缕：是指衣料的经纬丝缕。与织物经向平行的称直丝缕。与纬纱方向平行的称横丝缕。与经向和纬向都不平行的就称斜丝缕。

（7）圆势：也称胖势，是指服装的有关部位（如上衣的胸部，裤子的臀部等），必须按照人体的体型要求做成（或用熨斗烫成）弧形的隆起，使服装服贴于立体的人体。

（8）归拢：是指通过熨斗的压力、温度、湿度、时间的作用，使衣料经纬丝缕结构变形。归拢是将衣料收缩。

（9）拔开：作用和归拢相反，就是将衣料伸长的意思。

（10）缉止口：是指沿边缘（止口）缉线。

（11）露止口：是指两片衣料缝合时，里层不能漏出来（如领里，袋里等），但又不能缩进去太多，一般为0.1~0.3cm，这样称不露止口（有时也称为座势）；反之称露止口。

（12）对位记号：也称刀眼。是指在衣服的某些部位打上剪口，缝纫时剪口相对，便于缝合。

（13）针码密度：是指缝纫针迹距离的大小，一般以3cm内的针数计算。如：3cm内缝15针，也称为"针码密度15针"。

（14）拼接：是指裁片不够长或不够大而采用的拼合缝制工艺。一般以长度不够为"接"，宽度不够为"拼"。

（15）勾缝：是指在领子、口袋等处，缝合第一道暗线的定型工艺，称勾领子，勾袋盖等。

第二节　基础手缝工艺

手缝工艺即采用手针缝制的工艺，它有着灵活、针法多变的特点，是服装缝制过程中一项重要的基础工艺。

一、手缝工具（图1-1）

（一）手针

手工缝制所用的钢针，顶端尖锐，尾端有小孔，可穿入缝线进行缝制。手针按长短粗细分型号，号码越小，针身越粗越长；号码越大，针身越细越短。

（二）顶针

顶针也称顶针箍，它是钢、铁、铝等金属制成的圆形箍，其表面有较密的凹型小洞穴，不分型号，只分活口和死口两种。现在一般顶针多为活口，便于调整大小。选用顶针时，以挑选凹穴较深、大小均匀为佳。手缝时，将顶针套在右手中指上，起顶住针尾、帮助将针推向前的作用。

（三）针插

针插也称针座，为插针用具，一般采用布或呢料制作，直径在4~10cm之间。使用针插除了使针不易丢失，还能起到使针保持光滑、防止生锈的作用。

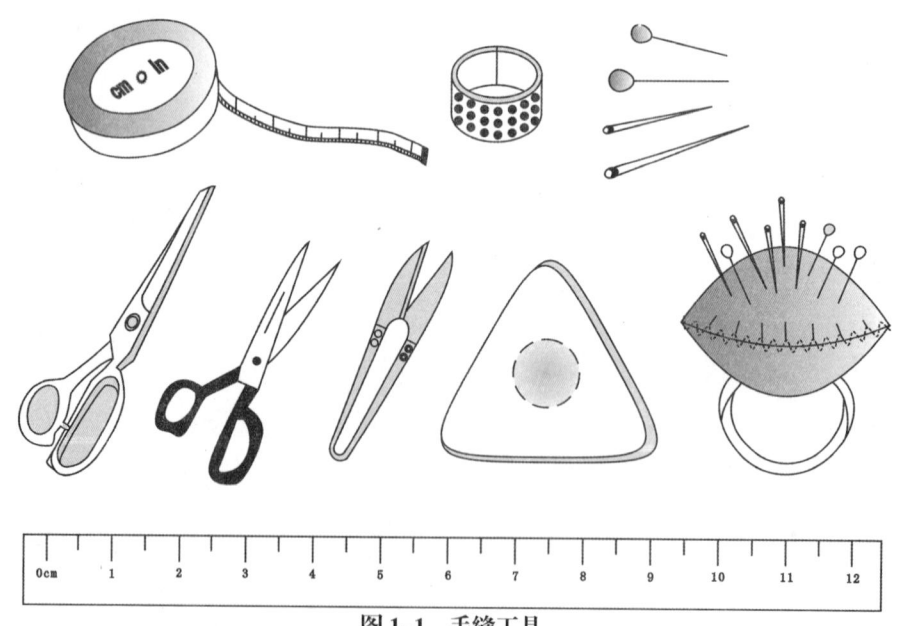

图1-1　手缝工具

（四）尺

尺的种类很多，常用的有塑料软尺、有机玻璃直尺、方眼定规尺等。软尺的作用是量体及检查服装成品规格等；有机玻璃直尺可用于定位及画线，也可用于测量零部件尺寸大小等；方眼定规尺可用于定位尺寸及画线、放毛板线、推板线等。

（五）画粉

画粉用于在面料上画线、定位，多以石灰粉制成。画粉颜色有多种，形状为有角的薄片，以确保画线时线迹的精确性。使用时，深色衣料可用浅色或深色画粉，浅色衣料可用较深色或浅色画粉，白色衣料应用浅色划粉。

（六）剪刀

缝纫时一般应准备两种剪刀：一种是裁剪面料用的剪刀（9#~12#），其剪刀后柄有一定的弯度，以便在面料铺平的状态下裁剪，减少误差；另一种是普通小剪刀或小纱剪，主要用于剪线头和拆线头等。剪刀要求刀口锋利，刀尖整齐不缺口，刀刃的咬合无缝隙。

其他缝纫工具还有拆刀，用于拆线；锥子作为辅助工具；镊子拔面料的细小部位等。

二、手缝工艺

（一）平缝针

平缝针是一种一上一下、自右向左顺向等距运针的针法。线迹长短均匀，排列顺直整齐，可抽动聚缩。左手拇指、小指放在布的上面，其余三指放在布的下面，将布夹住，右手与左手配合采用一针上、一针下，等距离从右向左缝针的方法。缝针时不必缝一针拉一针，可连续缝五六针，利用右手中指顶针的推力向前推，拇指、食指则将缝料协调配合向后拨；右手有节奏地控制上、下针距，做送布、移位等动作，如图1-2所示。

（二）搋针

搋针也称假缝，是一种将服装两层或多层布料定位缝合的方法，通常起临时固定的作用。搋针缝法与平缝针法类似，即自右向左一上一下运针，只是显露的线迹与缝针不一样。将布料平铺于台板上，上下对齐。左手压住待缝定的部位，右手拿针，以中指顶针顶住针尾，向下使针尖穿透面料。应注意向下穿孔不能过长（一般不超过0.5cm），但也不能过少。左手用食指、中指按住起针部位的面料，同时以右手将针尖从下向上挑起，顶针顶起针尾向上推，将针抽出，如图1-3所示。

（三）拱针

拱针也称攻针，是一种将多层织物用细小点状线迹固定的针法。常用于西装止口、驳口边缘、手巾袋封口以及毛呢服装不缉明线而需固定处等。在缝物表层、底层

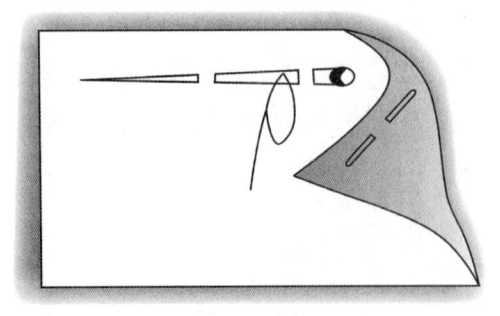

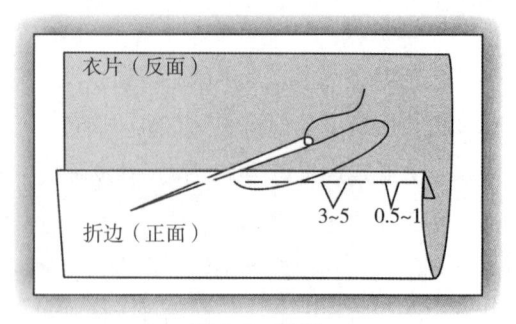

图 1-2 平缝针　　　　　图 1-3 撬针

所露线迹均很小，排列均匀。运针先进后退。手针先将线结藏于面、里料的夹层内，使针尖刺出衣服表面，拔针拉线，然后在第一针出针处稍退后0.1~0.5cm入针，如此往复，最后针结藏于夹层内，如图1-4所示。

（四）星点针

星点针常用于西服挂面止口处，防止挂面反吐。此针法用在衣片正面时，做装饰用。第一针距止口边0.5cm，从反面向正面挑出，线结留在夹层中，第二针退后一根纱，在夹层间扎在缝份上，向前0.7cm挑出，运针方向自右向左，循环往复进行，注意西服正面止口处不露针脚，做装饰用，衣片正面呈星点状。针距0.7cm左右，可根据需要而定，如图1-5所示。

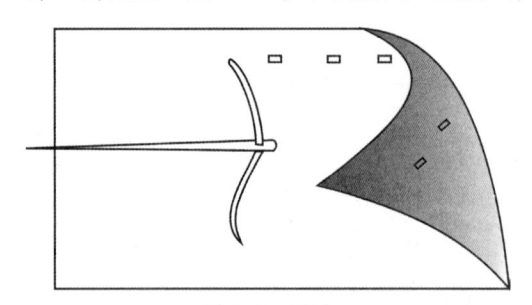

图 1-4 拱针

（五）打线钉

打线钉是指采用缝线在两层裁片做上下对应的缝制记号，多用于毛呢服装。打线钉时，缝线一般选用白棉纱线，因为棉纱线软且多绒毛，不易脱落，且不会褪色污染面料。把两层裁片叠合、对齐平铺于台板上。打线钉的方法类似于撬针。先用左手将铺在台板上的两层裁片摆平，食指和中指按住打线钉的部位，将针尖粉线记号刺入面料，当针刺透裁片后即向上挑起（底层针距约为0.4cm），用左手食指按住面料，拔线、拉线、再进针，依次循环。浮在面料表层的面线距离一般为4~6cm。根据面料的厚薄和所打线钉部

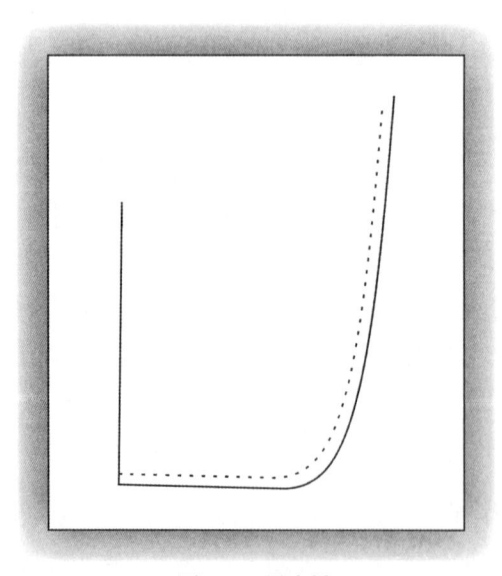

图 1-5 星点针

位的不同，打线钉可分为单针、双针两种方法。单针，每缝一针就移位、进针；双针，在同一位置连续缝两针再移位进针。线钉缝完后，先把表层连线剪断，然后再将裁片上层掀起，轻轻地把上、下层裁片间的线钉拉长为0.3~0.4cm，从中间剪断，上层的线头修剪为0.2cm左右，如图1-6所示。

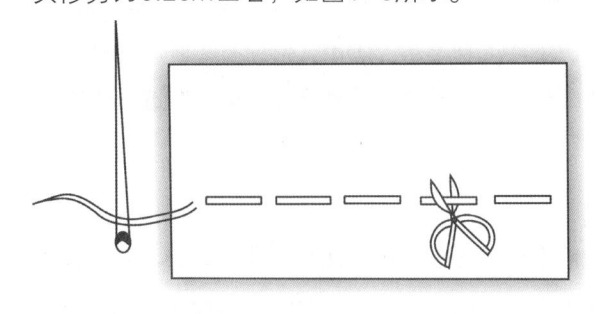

图1-6 打线丁

（六）纳针

纳针也叫八字针，是一种将服饰两层或者多层织物牢固扎缝在一起的针法。用于服装纳驳头、领子等。扎针自右向左一上一下向左运针，但每一行线迹排列斜向相同。因此，针尖起落时应均匀一致地朝同一方向；换行返缝时更换方向，与前行形成不同的线迹方向，如图1-7所示。

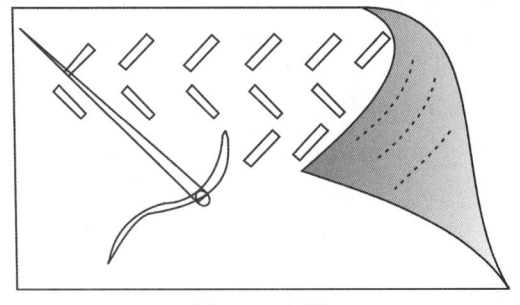

图1-7 纳针

（七）勾针

勾针也称回针，是一种运针方向进退结合的针法。它有顺勾针和倒勾针之分，顺勾针主要用在高档毛料裤子的后裆缝及下裆线的上段；倒勾针用于上装的袖窿弯边或领口的缝份处。

1. 顺勾针

也称正勾针，为自右向左运针。起缝时先从上向下，使针尖穿透面料，在按确定的针距与位置，使针向上刺透面料后拔针，这为进针。然后，使拔出的针从前一针的出针处向后略退再入针，待针尖刺透面料后再向前进针。如此往复，形成面料正面线迹类似机缝，而反面线迹交叉重叠。

2. 倒勾针

进针方向由左向右，或由前向后。第一针距毛边0.7cm从反面扎到正面，第二针向后退1cm将针扎入反面，同时向前0.3cm针再从衣料正面穿出，这是第三针。如此反复循环即为倒勾针。注意每针拉线时，要使线将面料略拉紧些，起到不还口的作用。缝线的拉紧可按衣片各部位归紧多少的需要灵活掌握。倒勾针为重叠线迹，线迹为1cm，针距0.3cm，斜纱部位针码要小，全部线迹在缝份内，如图1-8所示。

（八）扳针

扳针是一种进退结合的针法，主要用于服装边缘起固定作用，如扳止口等。衣物表面的线迹呈斜向交叉状，背面不露线迹，用线将一层衣片的边缘扳到另一层衣片上。沿衣止口边缘自右向左斜向运针，以扣住止口。操作时，先将服装止口缝份翻转，内粘牵条，压在缝份下，然后沿缝份边做扳缝。第一针由下向上从缝份上刺出，再向右斜方向进针，从缝份边的衬布上入针，把缝份固定在衬布上，再向左从缝份处缝出。斜向衬布进针为第二针，第二针与第一针缝线平行，如图1-9所示。

（九）环针

环针也称甩针，是一种将服装衣片边沿毛丝扣压住，而不使其散乱的针法，用于衣片毛边锁光，现已用包缝机代替。但毛呢服装剪开省缝的边缘锁光，仍用此针法。沿衣片边缘斜向锁毛边，以固定住边缘纱丝，从衣片边缘内侧几根纱丝处由下向上出针，拔针后反向衣片下面，再由下向上出针。针距可视织物的粗细而定，一般在0.3~0.5cm，运针顺序自右向左渐进，使缝针斜向绕住布面，如图1-10所示。

（十）三角针

三角针俗称黄瓜架。在服装的贴边处绷三角针针法，使贴边和衣身固定，常用于裤

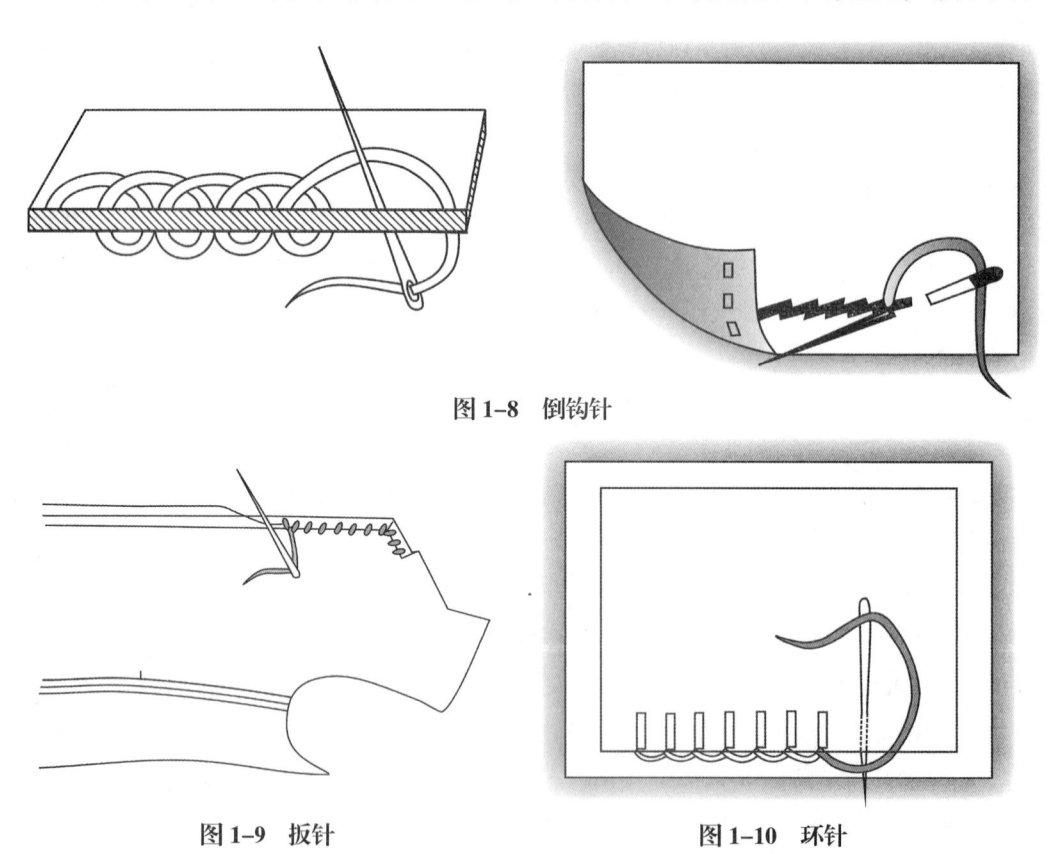

图1-8　倒钩针

图1-9　扳针

图1-10　环针

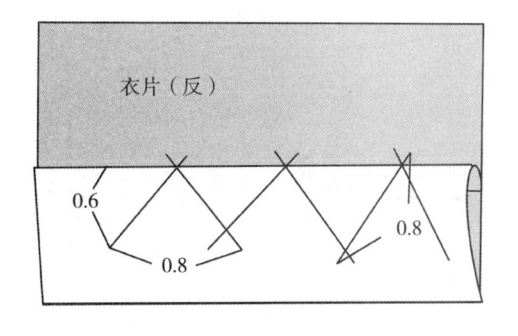

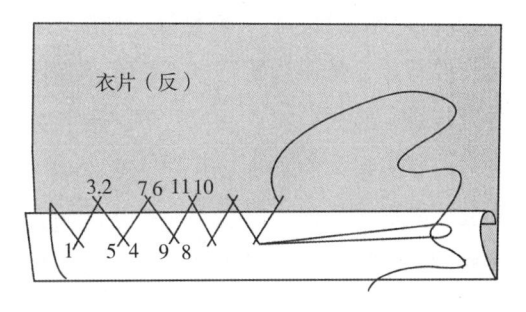

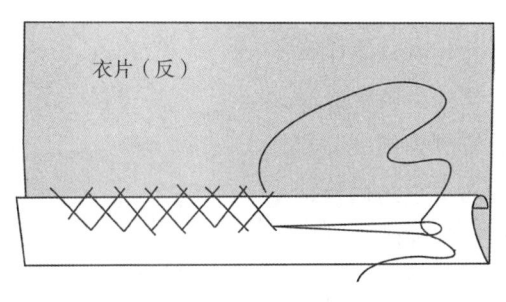

图 1-11 三角针

脚、袖口、衣片下摆，裙摆贴边等处，也可用于装饰。三角针距边0.6cm，角与角的距离为0.8cm，呈正三角形。整个针法自左向右进行呈"V"字形。第一针从贴边内挑起，距边0.6cm，针从贴边正面穿出。第二、三针向后退，缝在衣片反面紧靠贴边边缘处，挑住1~2根纱线，线迹0.8cm。第六、七针继续向后退，操作方法同第二、三针。如此反复循环操作即成三角针。如果三角针针距密集，呈"×"形，称为花绷三角针，如图1-11所示。

（十一）缲针

缲针也称缭针、扦针，是按一个方向进针，把一层布的折光边与另一层布边连接起来的针法。常用于袖口、衣摆边、夹里、袖窿边等部位，也可用于服装表面贴装饰性布片，使之达到平整、美观的目的。缲针针法分为明缲针和暗缲针。明缲针正面线不露，里面有线迹露出，如图1-12所示。暗缲针两面都不露出线迹。

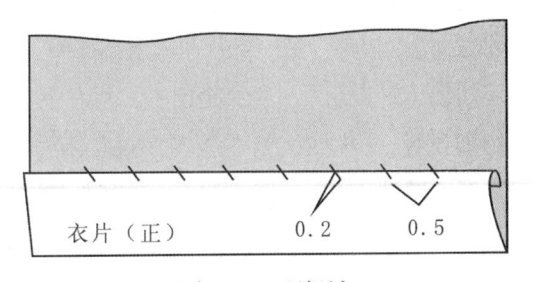

图 1-12 明缲针

明缲针操作方法是先把衣片贴边转折扣烫好。第一针从贴边内向左上挑出，使线结藏在中间，第二针在离开第一针向左约0.2cm挑过衣片大身和贴边，针距为0.3~0.4cm，针穿过衣片大身时，只能挑过一两根纱丝。从右向左，循环往复进行。明缲针线迹0.2cm，针距0.5cm。暗缲针操作方法是整个针法自右向左进行。先把滚边翻开一点，在滚条缉线旁起针，然后针尖挑起衣片的一两根纱线，接着挑起滚条边并向前0.5~0.7cm，使缝线藏在滚条内，缝线不能拉紧。暗针针距为0.5~0.7cm，如图1-13所示。

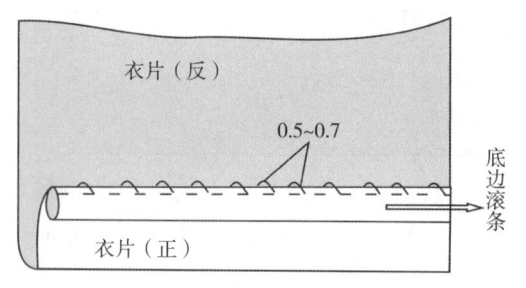

图1-13 暗缲针

（十二）贯针

贯针也称通针，是一种缝针暗藏在衣服边缘折缝中的针法，常用于高档服装夹里底边、袖口、衣摆、裤脚等部位。与暗缲基本相同，不同之处在于它的运针是在折边与衣服的夹层内。先将线结暗藏在折边中，再出针缝住衣片一两根纱线后，再缝折边内，以此循环。要求衣片面部不见线迹。如图1-14所示。

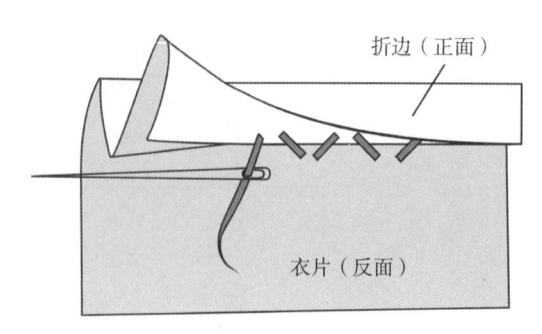

图1-14 贯针

（十三）锁针

锁针是一种将缝线绕成线环后串套，把织物毛口锁绕住的针法。多用于锁扣眼、插花眼及某些装饰性较强的服装绣边、挖花等处。

（1）按钮扣直径画扣眼的大小。扣眼直线长为钮扣直径加0.15~0.3cm。先对折扣眼直线，在中间剪开0.5cm左右开口，再将布摊平向直线两端剪开，使之成扣眼。

（2）打衬线。在离扣眼两侧约0.3cm处，缝两根同扣眼等长的平行线，作用是使锁好后的扣眼牢固，周围不起皱。

（3）锁眼。第一针从扣眼尾部起针，针从下层向上层挑缝，第一针缝出一个针头但不拔出（针尖靠紧衬托线缝出），用右手将针尾的线由下向上绕在针上，然后将针拔出，随即拉线。拉线时，应由下向上斜向45°角，使线套在眼口上交结，依此顺序向前锁至圆头时，锁针和拉线应对准圆心，才能保持圆度、整齐、美观。

（4）封线。锁眼完成后，尾针应与首针对齐，然后再缝两行封线，再将针从中间拔出，插入封线，拉紧缝线，最后在衣片反面打结。图1-15为平头扣眼，图1-16为圆头扣眼。

（十四）拉线套

拉线套是一种在衣片上以连环套线迹套成小襻的针法，常用于钮襻、腰襻以及外衣、大衣等活底摆、活里与面的连接等。缝线选用与面、里料颜色相近的粗丝线。

（1）第一针从折边反面缝出，并将线结藏在反面，然后缝第二针，针距约为

图 1-15 平头锁眼

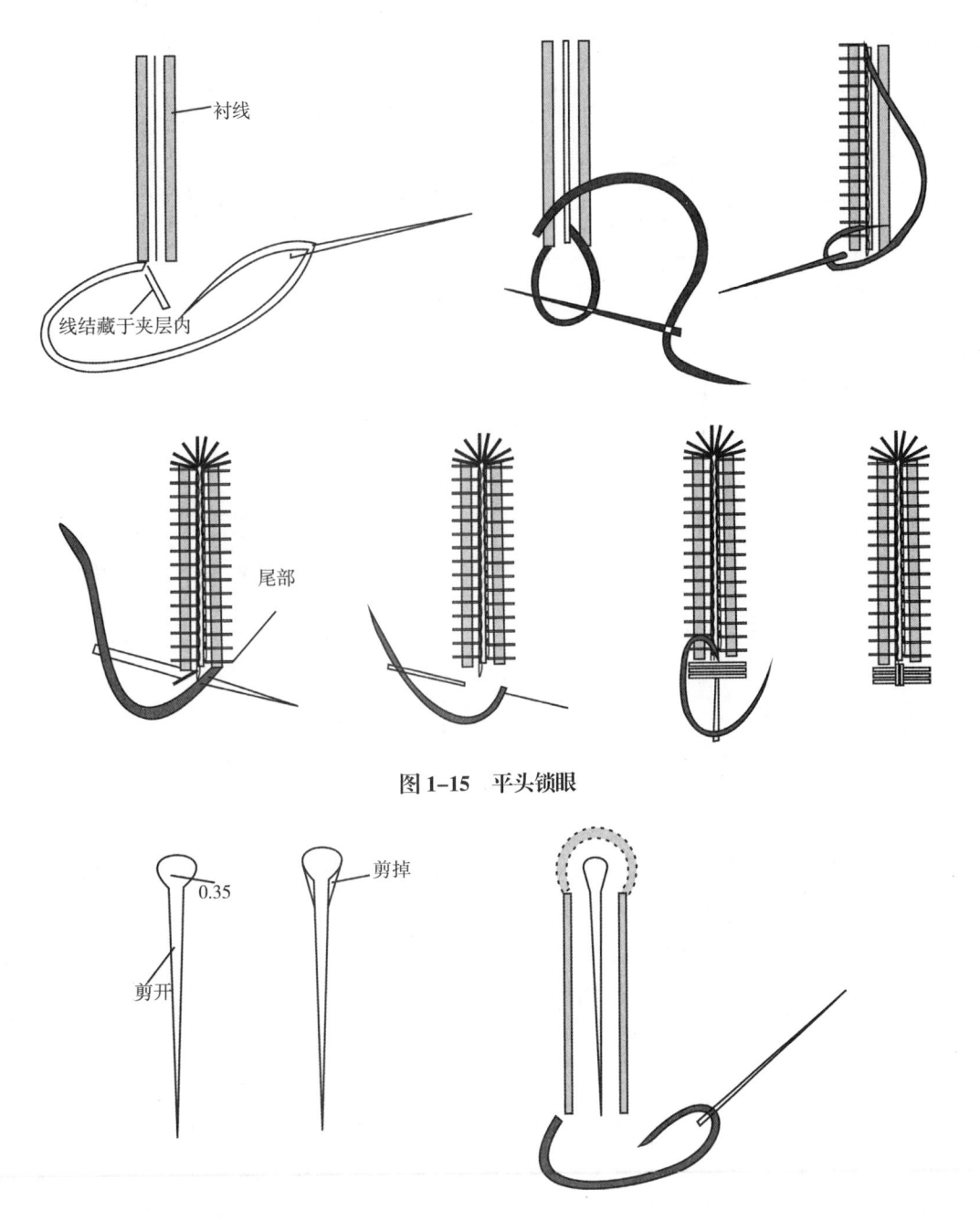

图 1-16 圆头扣眼

0.3cm，将衣片放平在工作台上。

（2）用左手套住第二针线套，左手中指勾住缝线。

（3）右手拉缝线，与左手放线配合。

（4）放脱左手套住的线圈，边拉边收，形成第一个线襻，然后第三针通过第一个线襻结形成第二个线襻结，以此循环往复。

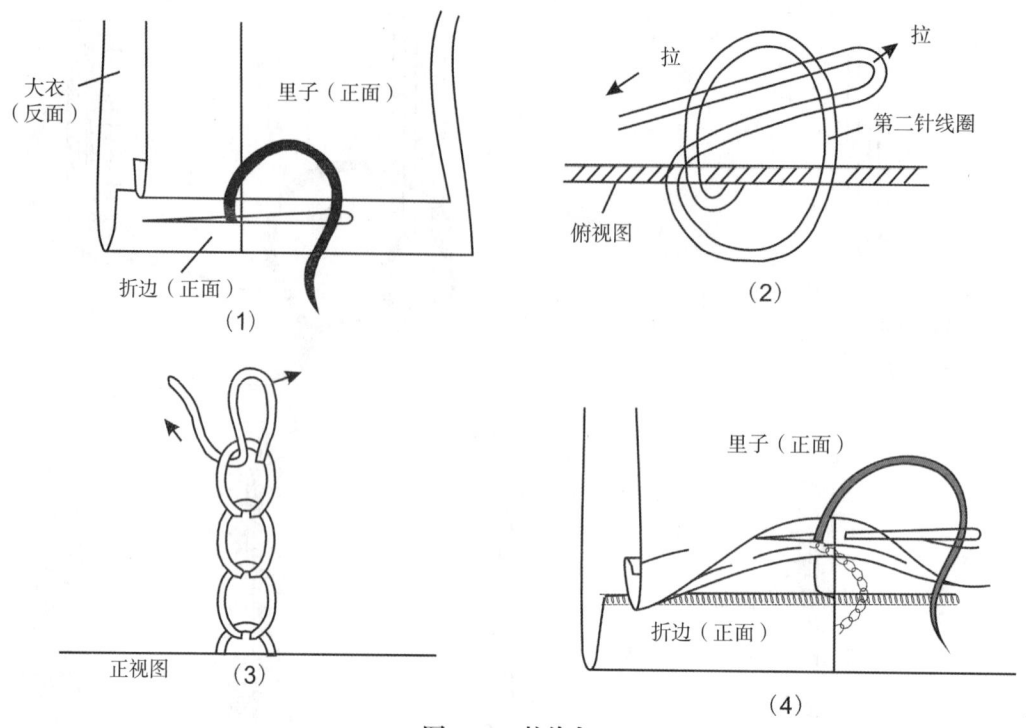

图 1-17 拉线套

（5）收针时，将针穿过最后一个线襻结，拉紧穿到反面打结，如图1-17所示。

（十五）打套结

打套结是一种类似锁针，在缝线上打结的手缝工艺。主要用于中式服装的摆缝开口、袋口等部位，用于增强牢度，并起装饰作用。先从衣片反面穿出，使线结藏在反面，然后在开衩或口袋垂直方向缝数行衬缝，衬线要紧密靠拢。用锁扣眼的方法锁出一行排列整齐的线结，最后把缝针刺入衣片反面打结，如图1-18所示。

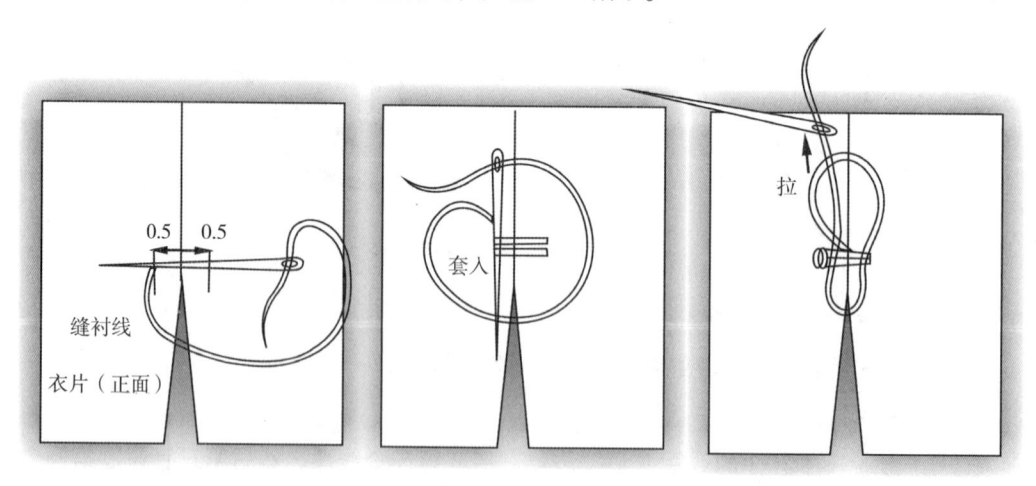

图 1-18 打套结

（十六）钉钮扣

钉钮扣是将钮扣缝缀、固定在服装上。常用的钮扣有两眼扣、四眼扣，缝线采用与钮扣同色或近色的粗丝线为宜。

（1）先在布面上用划粉或铅笔画出钉钮扣的位置。

（2）将针从衣片下出针，把线结藏于夹层内，然后把针线穿入钮扣孔，再从另一个钮扣孔穿出，刺入布面，钮扣与布面之间留有松度（薄料留0.1~0.2cm松度，厚料留0.3~0.4cm松度）。

（3）当钮扣缝三四次缝线后，用线在扣子与布面间缠绕若干圈，由上往下绕，绕满后将针穿入反面打结，如图1-19所示。

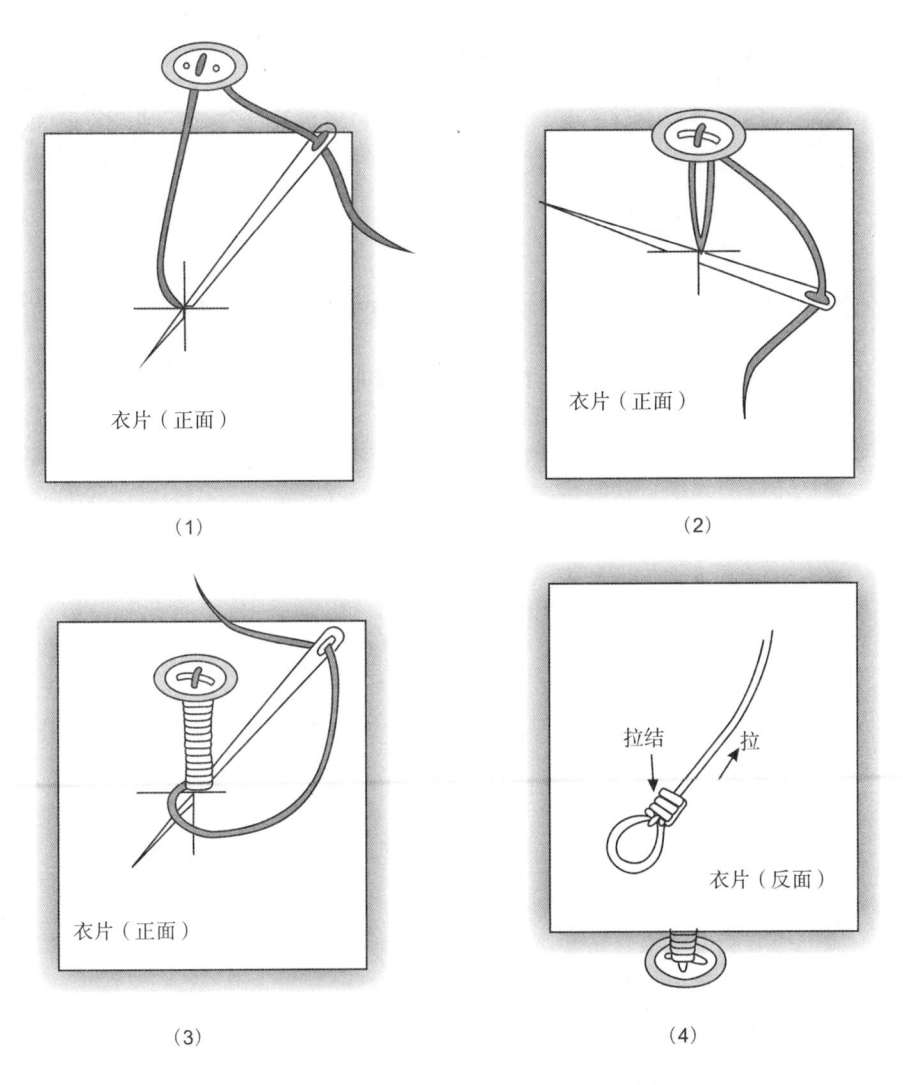

图1-19　钉钮扣

（十七）制包扣

包扣是花色钮扣的一种，是用面料将普通钮扣或其他薄形材料包在内部做成。首先剪一圆形包扣布，直径为被包入钮扣的两倍。然后，沿包扣布边0.3cm处缝针一圈，针距要小。然后将需包入的钮扣放入包扣布中间，抽拢四周的缝线，直至完全包住钮扣为止，如图1-20所示。

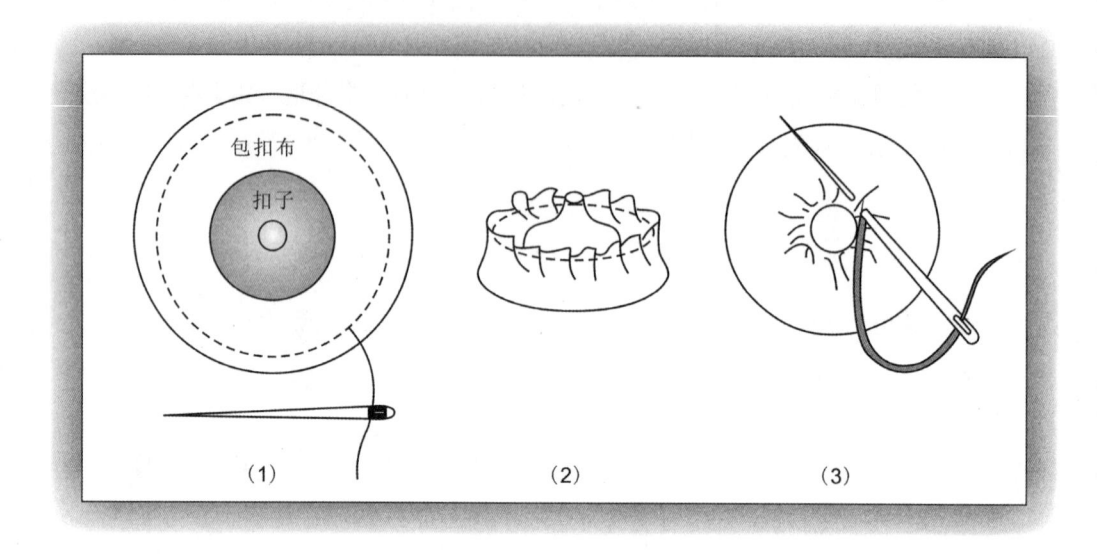

图1-20　制包扣

第三节　装饰手针工艺

装饰手针工艺是增强服装及家居纺织品装饰性的重要工艺手段，给人以美的享受。有刺绣、钉珠、做布花、扳网等各种工艺形式。其中手工刺绣属装饰手针工艺中的一大类，手工刺绣又称刺绣，是将绣线通过手针一定规律的运作线迹，勾画成刺绣图案的工艺形式。我国的四大名绣苏绣、湘绣、蜀绣、粤绣都是属于手工刺绣的范畴。手工刺绣有平面刺绣、立体绣、花线绣、绒线绣、劈丝绣、双面绣、雕绣、贴布绣、抽丝绣、包梗绣、十字绣等形式。下面介绍常用的装饰手针针法。

一、串针

先将绣针缝行针针迹，再用另一种绣线在其间穿过。此针法可用两种颜色的绣线绣，如图1-21所示。

二、旋针

针法是间隔一定距离，打一套结，再继续前进，周而复始，形成旋形线迹，如图1-22所示。

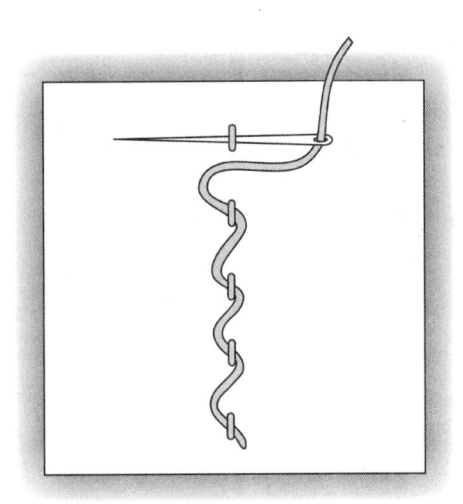

图1-21　串针

三、竹节针

将绣线沿着图案线条行针，每隔一定距离打一线结，并和衣料一起绣牢，如图1-23所示。

四、山形针

针法与线迹和三角针相似，只是在斜行针迹的两端加一回针，如图1-24所示。

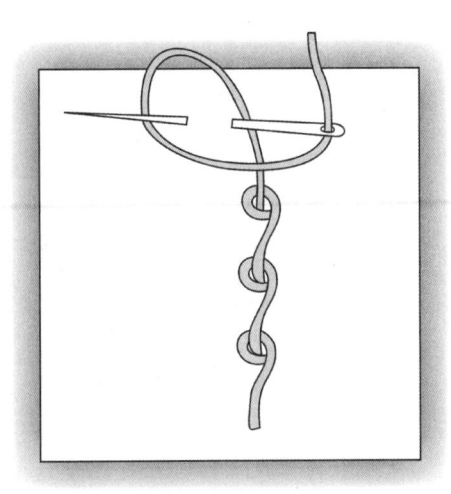

图1-22　旋针

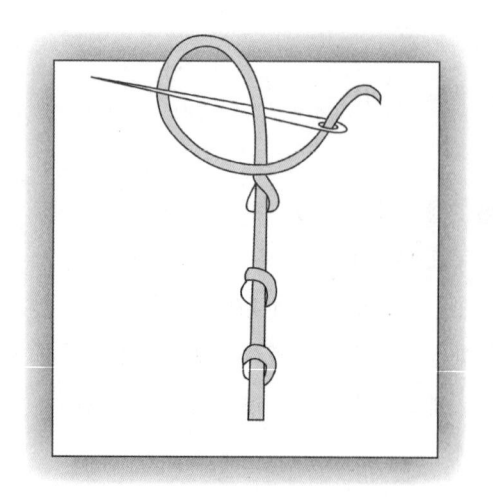

图 1-23 竹节针

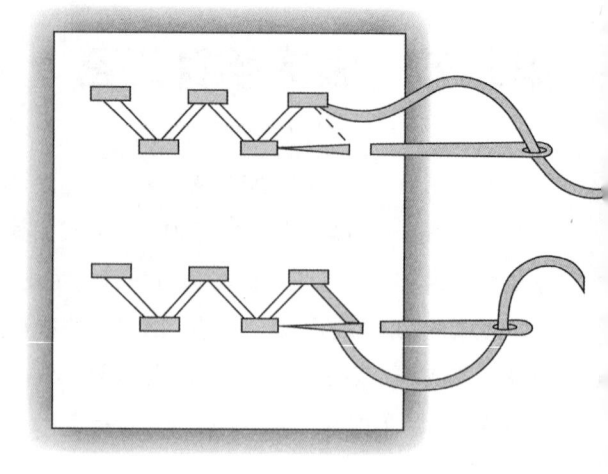

图 1-24 山形针

五、嫩芽针

针法是将套环形针法分开绣成嫩芽状，绣线可细可粗。粗者可用开司米线，细者可用丝线，根据用途不同加以选择，如图1-25所示。

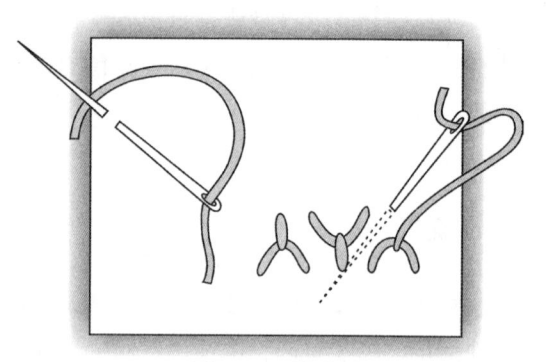

图 1-25 嫩芽针

六、叶瓣针

针法是将套环的线加长，使连接各套环的线成为锯齿形，如图1-26所示。

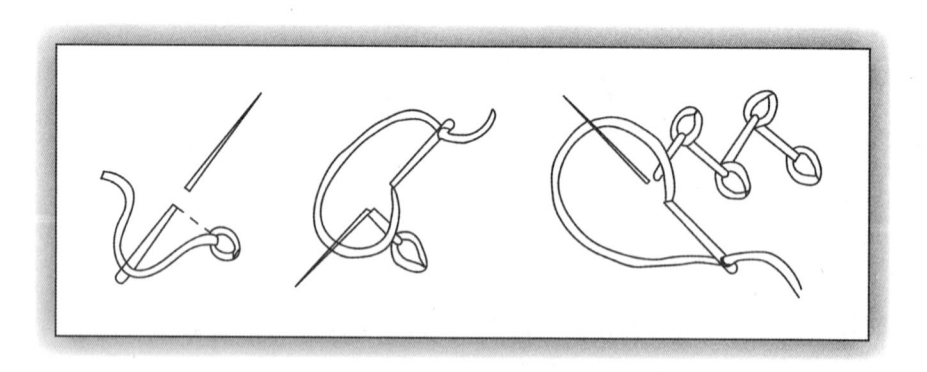

图 1-26 叶瓣针

七、链条针

针法分为正套和反套两种。正套刺绣时，先用绣线绣出一个线环，并将绣线压在绣针底下拉过，这样在线环与线环之间就可一针扣一针连接，作成链条状。反套刺绣时，先将针线引向正面，再与前一针并齐的位置将绣针插下，压住绣线，然后在线脚并齐的地方绣第二针，逐针向上作成。作阔链条时，则两边的起针距离大，且挑针角度形成针形，如图1-27所示。

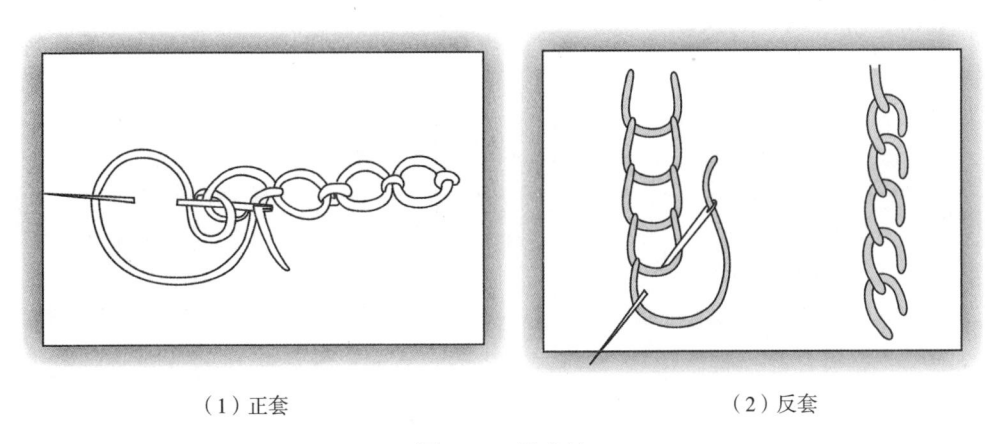

（1）正套　　　　　　　　　　（2）反套

图1-27　链条针

八、绕针绣

针法是先绣回形针迹，再用线缠绕在原来的针迹中，产生捻线的视感，用粗丝线效果好，如图1-28所示。

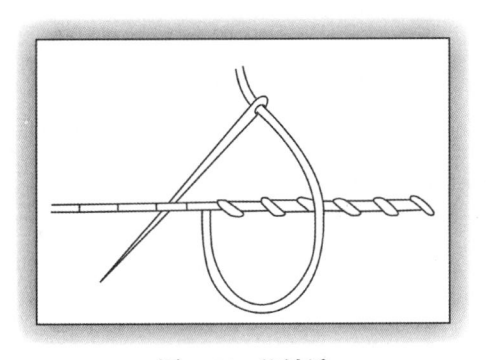

图1-28　绕针绣

九、绕针

针法是将绣针挑出布面后，用绣线在绣针上缠绕数圈，圈数视花蕊大小而定。然后将针仍旧刺下布面，绣线从线环中穿过，这样绕成的绣环可以是长条形或环形，如图1-29所示。

十、柳梗针法

多用在绣花杆的部位,由上至下一针贴一针斜插针缝,如图1-30所示。

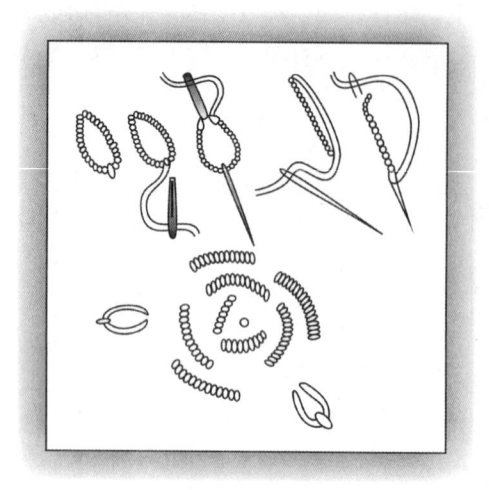

图1-29　绕针

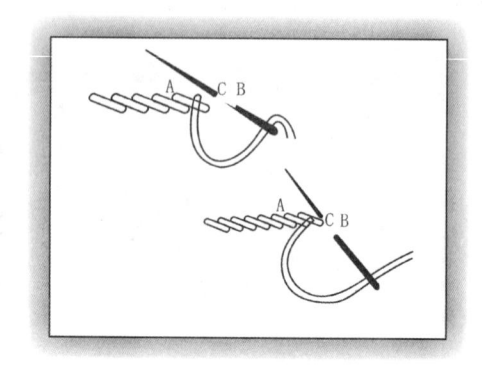

图1-30　柳梗针法

十一、十字针

其针法有两种。一种是将十字对称针迹一次挑成;另一种是先从上到下挑好同一方向的一行,然后再从下到上挑另一方向的另一行。在十字针基础上可改绣成米字形双十字针,如图1-31所示。

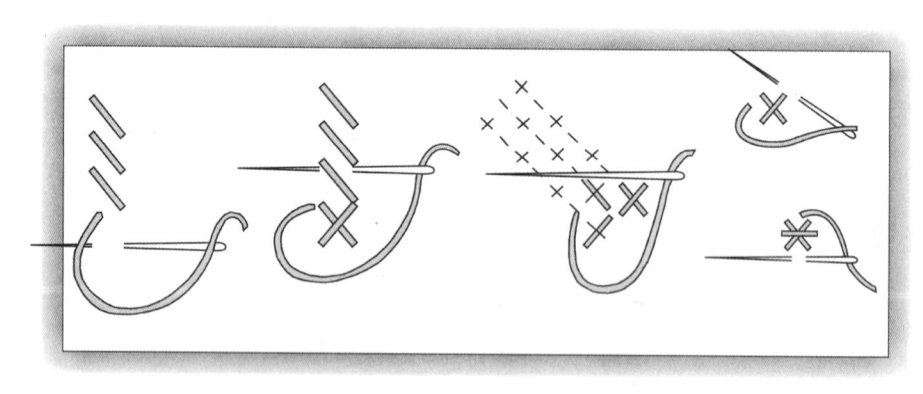

图1-31　十字针

十二、回式针法

也称倒针，缝时前走一针再向回倒半针，以此类推，针脚间隔相等，从左至右，如图1-32所示。

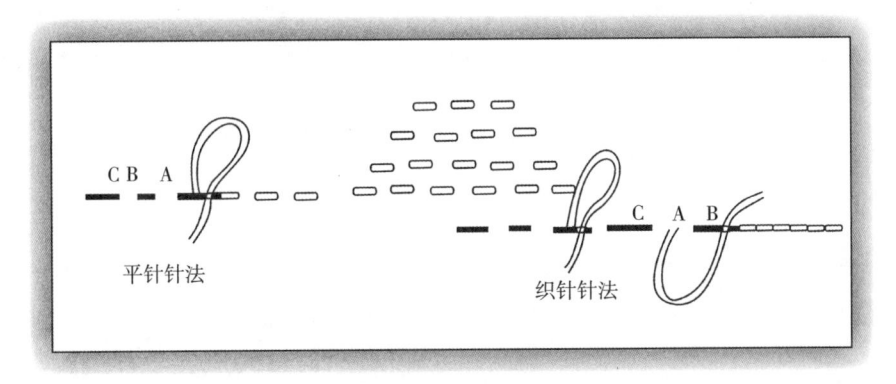

图1-32 回式针法

十三、贴线缝绣针法

先在图案线上放好4～6根粗细相同的线，然后用1～2根粗细的线，按0.2～0.4cm的间隔，取直角把放好的线固定，如图1-33所示。

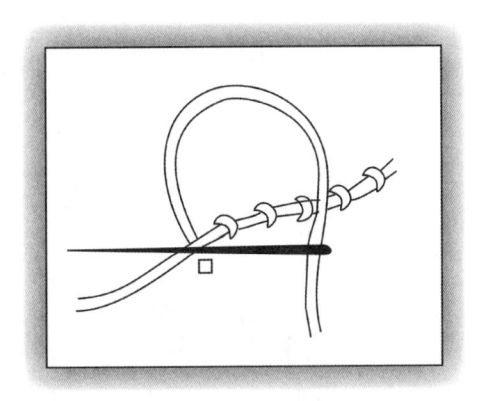

图1-33 贴线缝绣针法

十四、德式花蕊绣法

4～6根线合成一股把针从a的地方穿出，再从b、c穿出，把针从线中穿过，然后在a的地方把针穿进下面拉紧。如图1-34所示。

十五、束式花缝针法

如图1-35所示，按顺序进行操作。

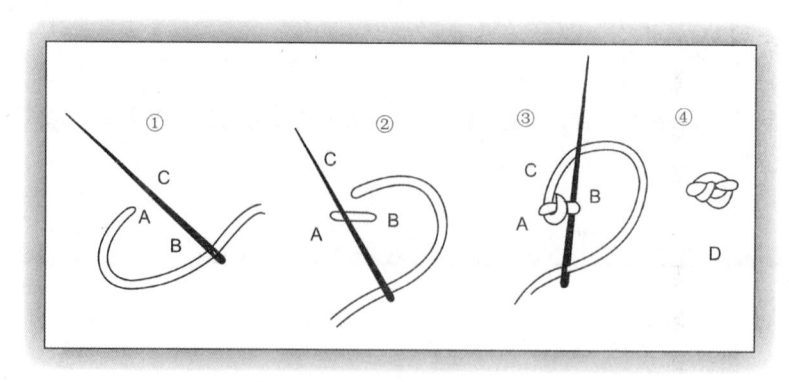

图 1-34　德式花蕊绣法

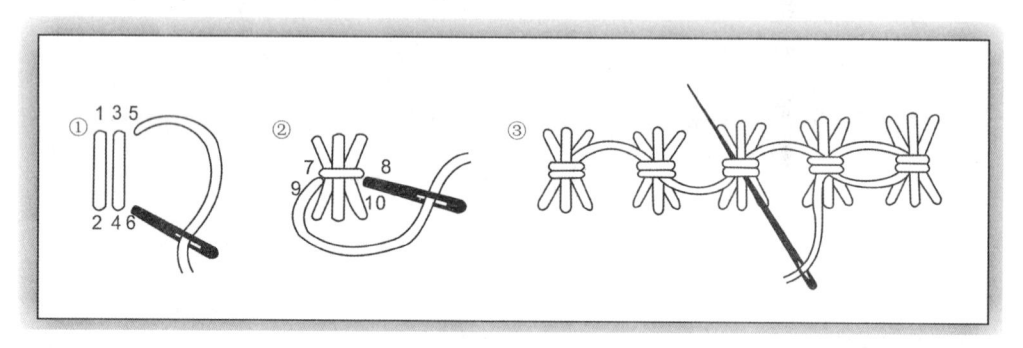

图 1-35　束式花缝针法

十六、盘肠绣

刺绣时先按等距离做成回形线迹，再用另一绣线在回形针迹中穿绕作成盘肠线迹。注意穿绕时松紧要一致，如图1-36所示。

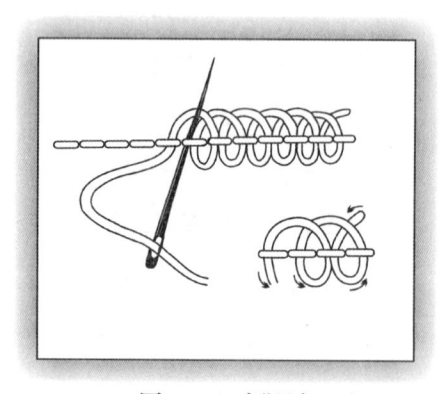

图 1-36　盘肠绣

十七、水草针

先绣下斜线，线距不要过长，再绣横线和上斜线，线迹长短、宽窄要求一致，形成水草图形，可用于女装过面上，如图1-37所示。

十八、穿环针

刺绣时先作绗针，然后在针距空隙中用另一种色线补缺成回形状，再用第三种色线穿绕成波浪状，最后用第四种色线如上法穿绕，补充波浪线迹的空白，组成连环状。由于异色线关系可使线形刺绣的格调产生变化。这种针法和绣花针法可以用在时装止口、领子边等部位，起装饰作用，如图1-38所示。

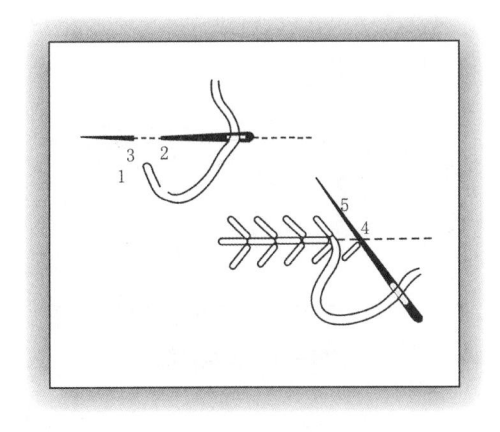

图 1-37 水草针

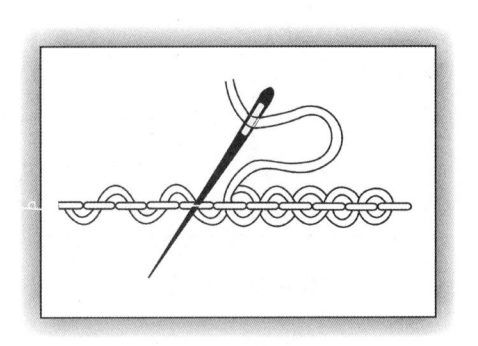

图 1-38 穿环针

十九、珠针

亦称打籽绣。用于作花蕊或点状图案。针法是绣针穿出布面后，将线在针上缠绕两圈，再拔出针向线迹旁刺入即成。在花蕊中打珠针要求排列均匀，并可饰以金银色绣线，如图1-39所示。

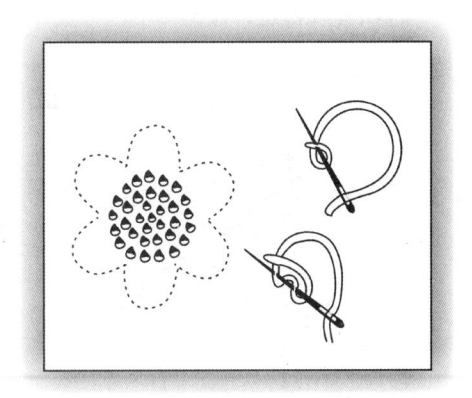

图 1-39 珠针

二十、绣叶针法

亦称羽毛针法。从a的地方把针扎出，再从b扎进从c的地方扎出，在中间固定。这种针法用于叶式花纹较宽的时候，可以用于比较单调的面料上，起点缀作用，如图1-40所示。

二十一、对丝针法

同搭缝针法相同，只不过是从一个针眼往外引出三针，如图1-41所示，按顺序进出针。

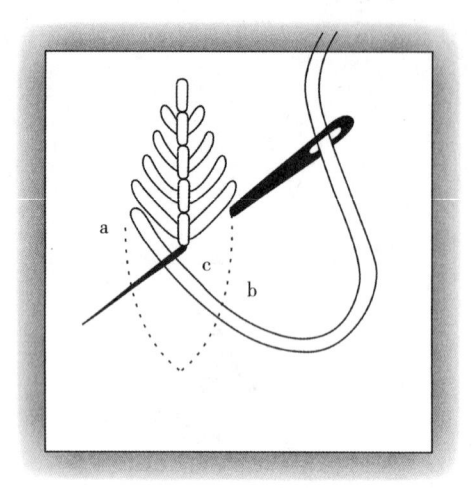

图1-40 绣叶针法　　　　图1-41 对丝针法

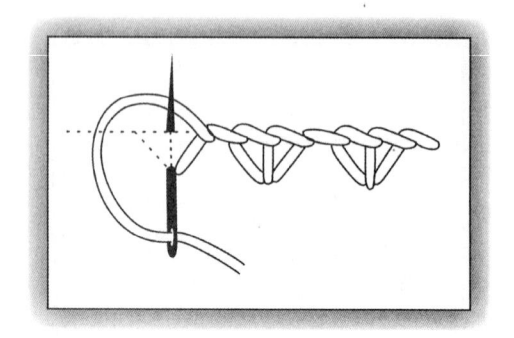

二十二、平式花瓣针法

也叫套叶针法，按图中的a、b、c、d位置进出针，如图1-42所示。

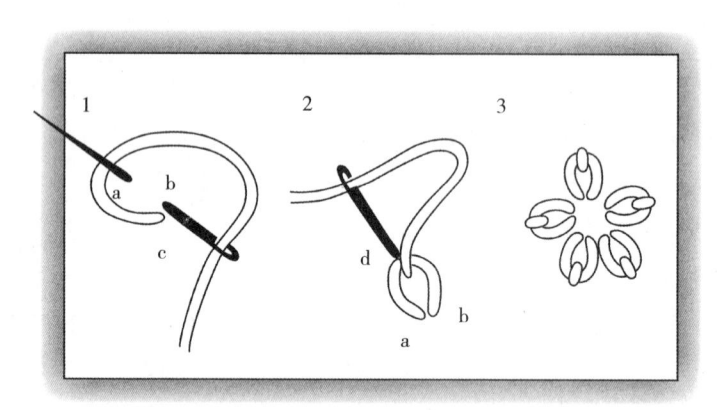

图1-42 平式花瓣针法

二十三、搭缝针法

针的穿出方向与布边成直角，出针时从线里侧穿过。这种针法多用于绣边和整理贴花的边，如图1-43所示。

二十四、锁绣针法

从a的地方出针，做线环，从b的地方（a、b是相同针眼）进针，再从c出针，如图1-44所示。

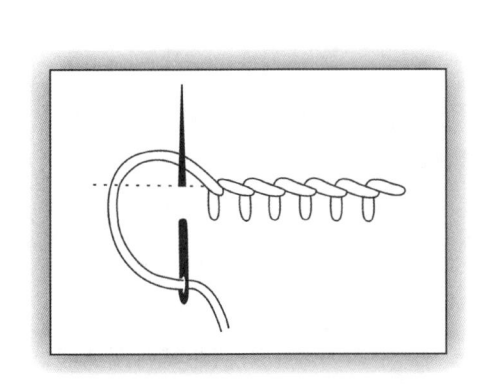

图1-43 搭缝针法

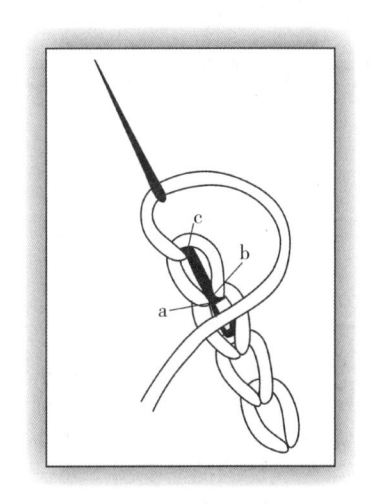

图1-44 锁绣针法

二十五、缎绣针法

亦称平绣针法，把线盘起，按图示方向进出针，固定在盘线下面的布上，如图1-45所示。

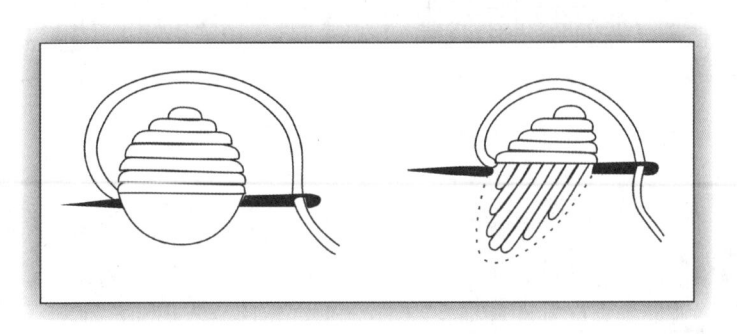

图1-45 缎绣针法

二十六、杨柳花针

亦称花绷针，常用于女长大衣、短大衣的衣里下摆贴边处。针法可分为一针花、二针花和三针花等，根据装饰需要而定。操作方法是一上一下地向上挑起，挑起时绣线必须在针尖下穿过。二针花为二上二下地向上挑起。三针花为三上三下挑起，如图1-46所示。

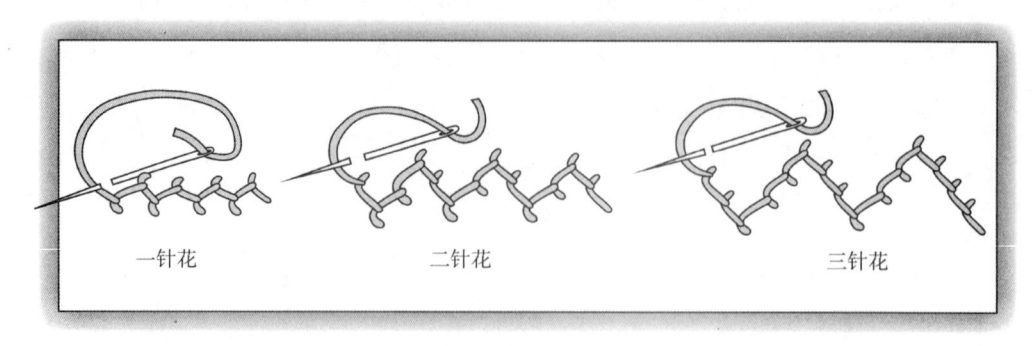

图 1-46　杨柳花针

二十七、抽丝绣

将事先设计的抽丝范围（如长10cm、宽3cm），用剪刀或小刀切断其两端纬线，不能破坏经线，然后用针挑去被切断的纬线，面料上剩下的全是经线部分。后再根据事先的设计，将其有规律地组合成各种花式图案，操作方法如图1-47所示。

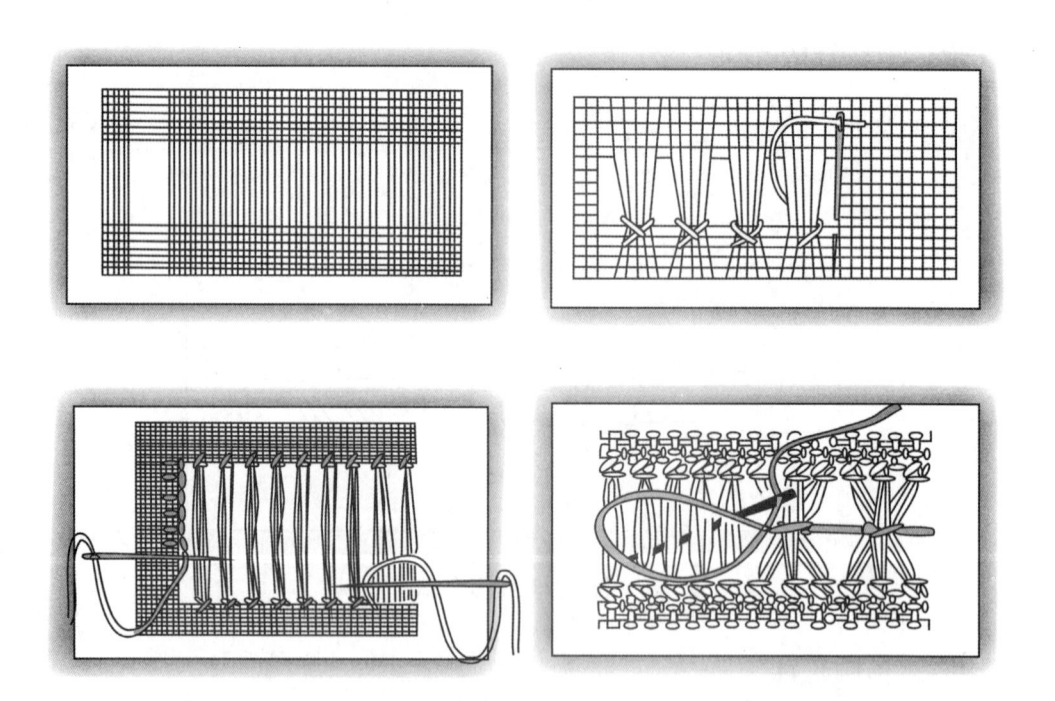

图 1-47　抽丝绣

二十八、葡萄钮

葡萄钮亦称盘花钮，是具有传统风格的装饰钮，多用于中式服装。操作方法是先把正斜纱的斜条缲好，缲时一端可用大头针固定在操作台上。如果是薄料，则在中间衬棉纱线，使样襻条圆而结实。盘葡萄钮时可按图 1-48 所示顺序，初盘时的钮珠较松，可用镊子或锥子逐步盘紧。

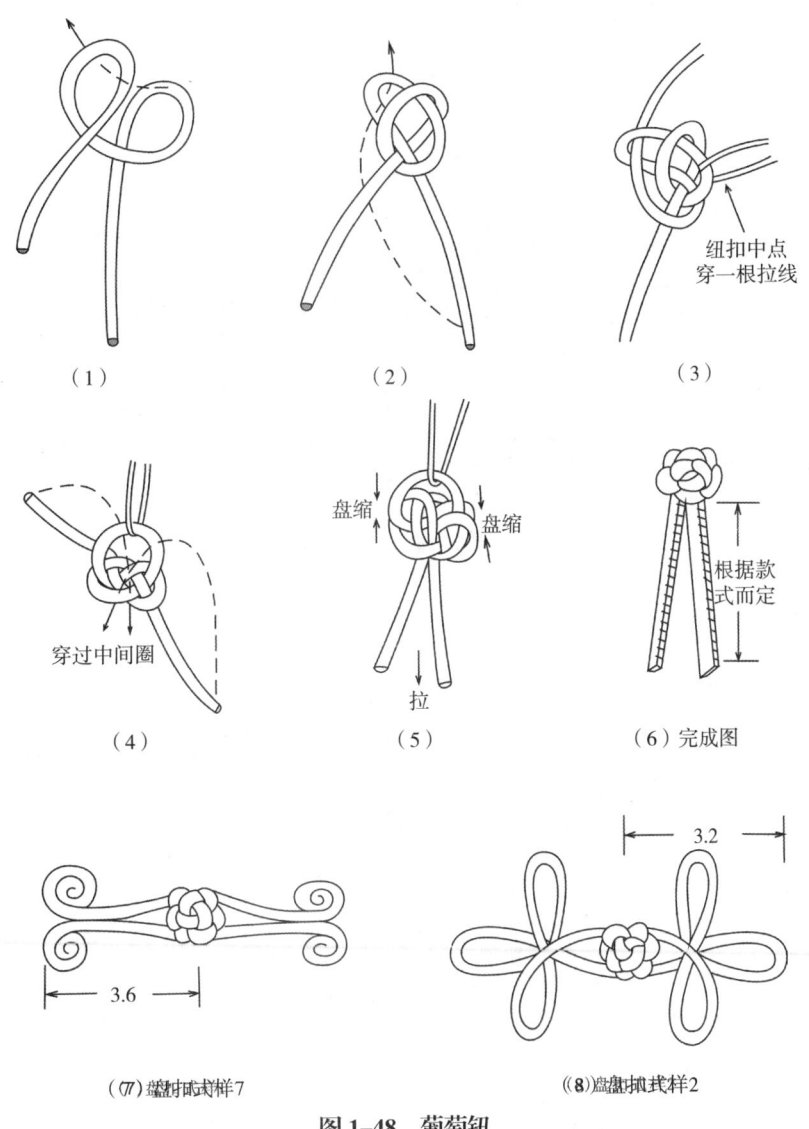

（1） （2） （3）纽扣中点穿一根拉线

（4）穿过中间圈 （5）盘缩 盘缩 拉 （6）完成图 根据款式而定

（7）盘扣式样1 （8）盘扣式样2

图 1-48 葡萄钮

二十九、元宝褶

（1）斜条长是所需长度的2倍，宽为2.5cm。（2）用熨斗烫成三层为0.8~1cm宽的带条，再在布条两端各挑起0.1cm。（3）将缝线抽紧，再加固缝一针。（4）从第一针穿过，往前0.8cm处挑起0.1绣针，抽紧缝线，再返回一针。（5）以此循环往复缝制。（6）缝到尾端，将缝线回针打结，完成，如图1-49所示。

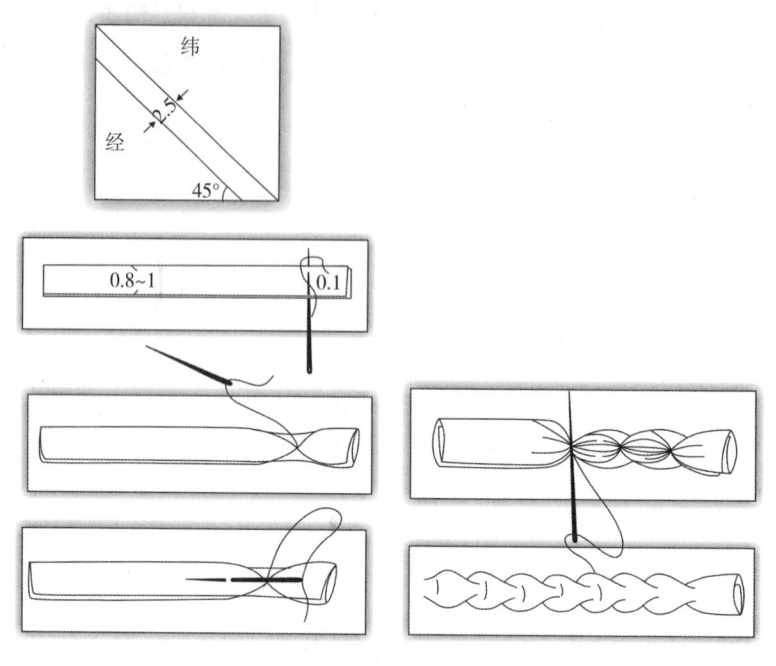

图 1-49　元宝褶

三十、蝴蝶结

按所需大小剪一块长方布，由中间对折，沿距边0.8cm宽处缉一道线，中间留一小口由小口处翻出，用手针将小口缝住。剪扎接条布，折转，缉成筒状后翻出，将扎接条包在蝴蝶结中间，把毛边叠在里面，在蝴蝶结中间处抽线，用手针缝住，然后缝子母扣，也可以缝上尼龙搭扣，如图1-50所示。

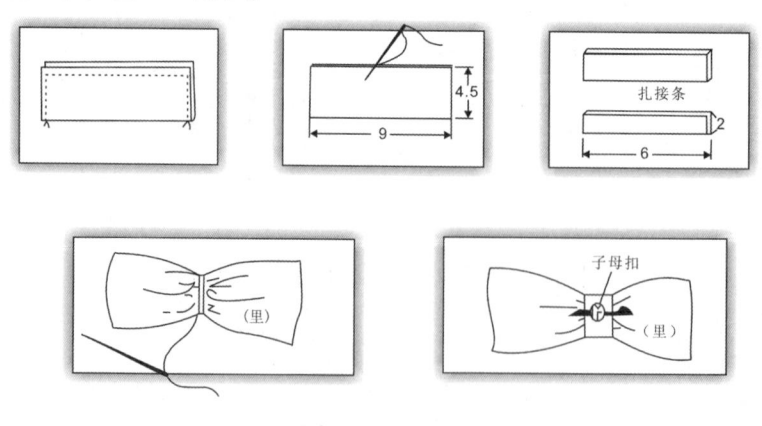

图 1-50　蝴蝶结

第四节　基础机缝工艺

机缝又称车缝，是指用缝纫机械来完成缝制加工服装的过程。其特点是速度快、针迹整齐、美观。随着缝纫机械的不断发展，在现代服装生产中，机缝工艺已经成为整个缝制工艺中的主要部分。对于初学者来说，了解机缝工艺要领，掌握机缝工艺技巧是十分必要的。

一、平缝

平缝是机缝中使用最广泛的一种缝型。多用于上衣的肩缝、摆缝、袖缝、裤子侧缝、下裆缝以及拼接裤腰、挂面、滚条等。

操作方法是取两块布料正面相叠，将所需缝合的一侧上下对齐，轻轻推向缝纫机压脚下。留出0.8～1cm的缝份，放下压脚，开始起缝，缝缉时一般将右手食指伸在衣料叠合的夹层内，拇指和其余三指捏住上、下层，略夹紧布料，左手按住上层布料向前略送，以使上、下布料松紧一致，同时缝进，直缝至另一边为止，如图1-51所示。

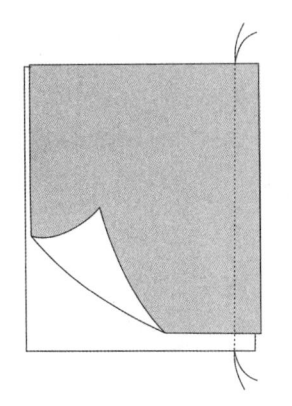

图1-51　平缝

二、来去缝

将面料正缝反压后，面料正面不露明线的缝型，缝缉牢固，多用于女衬衫、童装的肩缝、摆缝以及装袖等。取两片布料，将布料反面与反面叠合，对齐缝边，沿边约0.3cm平缝第一道线。然后将已缝缉联合的布料翻转过来，使正面与正面叠合，将已缝好的缝份扣齐夹在夹层内，然后沿边约0.6cm缉第二道缝线。再将缝好的布料翻开，缝份向一边折齐、扣倒，布料正面即不露缝迹，如图1-52所示。

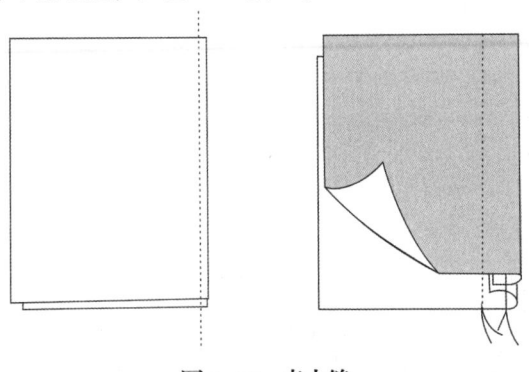

图1-52　来去缝

三、内包缝

又称暗包缝,其方法如图1-53所示,将两层衣料正面叠合,由下层包裹上层0.6cm,缉0.5cm缝份后,翻折至正面,明缉0.4cm单止口缝。

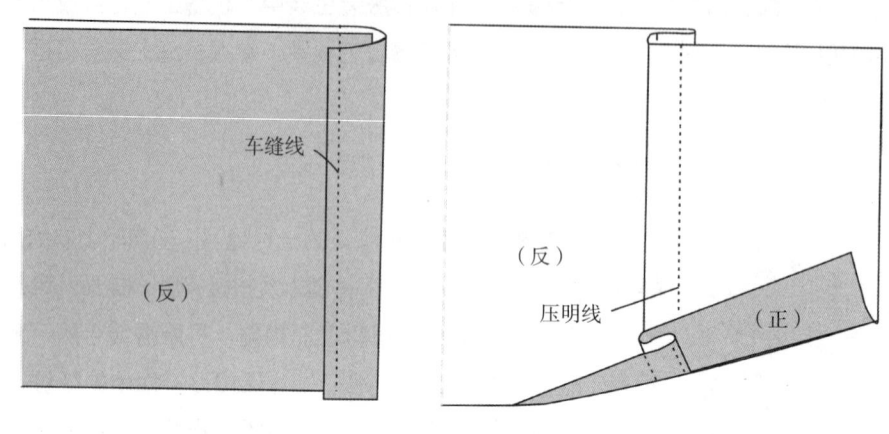

图1-53 内包缝

四、外包缝

又称明包缝,将两层衣料反面叠合,由下层包裹上层0.8cm,缉0.7cm缝份后,折转将包裹缝倒下,在正面缉0.1cm明线。外包缝正面为双缝,适用于夹克衫、大衣等服装的缝制,如图1-54所示。

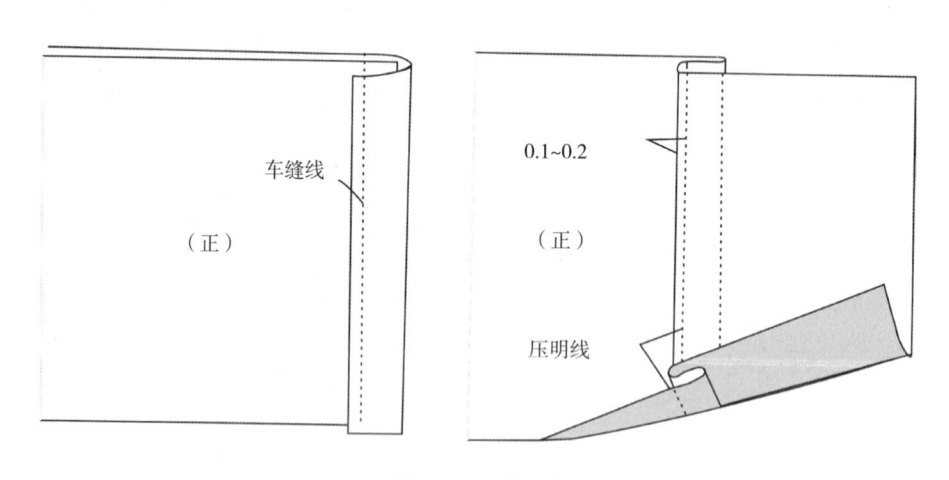

图1-54 外包缝

五、搭接缝

将两块布料连接,缝口处平叠,居中缝缉的缝型。多用于服装接袖口衬、腰衬、省缝等,以及衬布暗藏的部位的拼接,有平服、不起梗、减少厚度的作用。操作方法是取两块面料,将需拼接的布边缉搭合在一起,形成宽约1~1.2cm的缝份,搭缝的边口互相重叠平行。在缝份居中处缝缉一道,注意缝迹应与两侧缝份毛边平行,如图1-55所示。

六、扣压缝

扣压缝是将上层布料毛边翻边,扣实后缉缝在下层布料上的一种缝型,如图1-56所示。

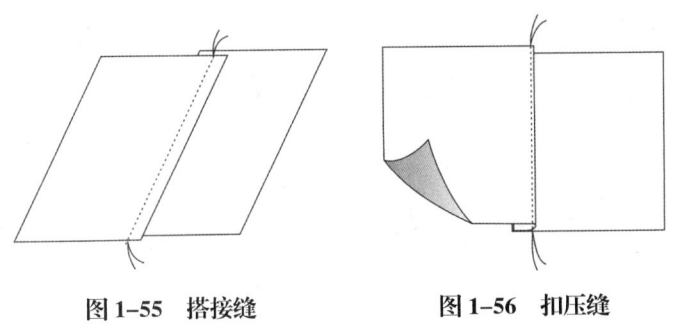

图1-55 搭接缝　　　　图1-56 扣压缝

七、包缝

薄型面料的包缝法如图1-57所示。

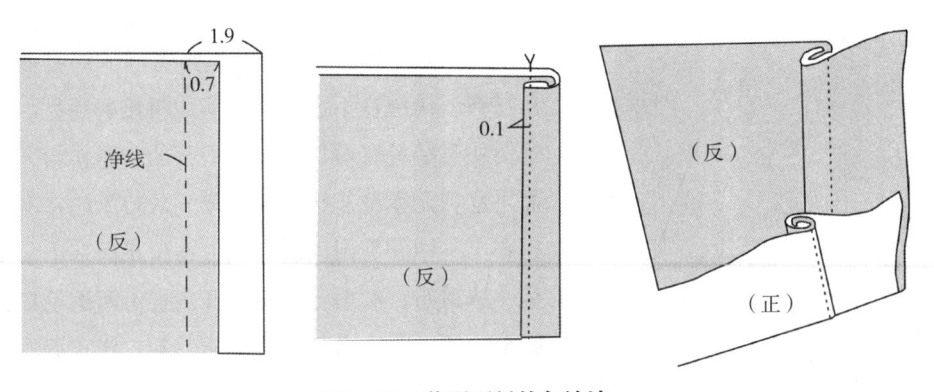

图1-57 薄型面料的包缝法

中等厚度面料的包缝法如图1-58所示。

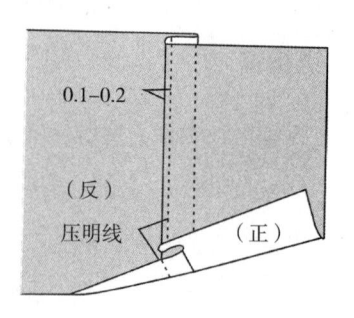

图 1-58 中等厚度面料的包缝法

厚型面料的包缝法如图1-59所示。

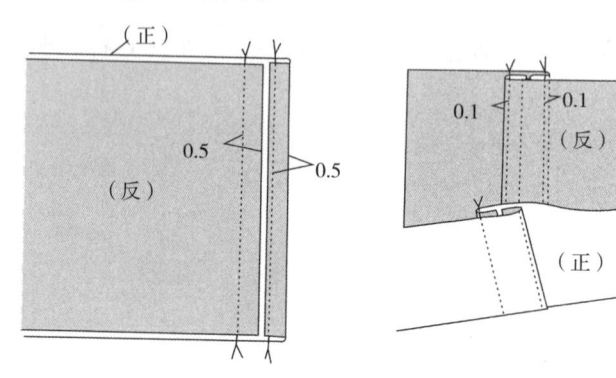

图 1-59 厚型面料的包缝法

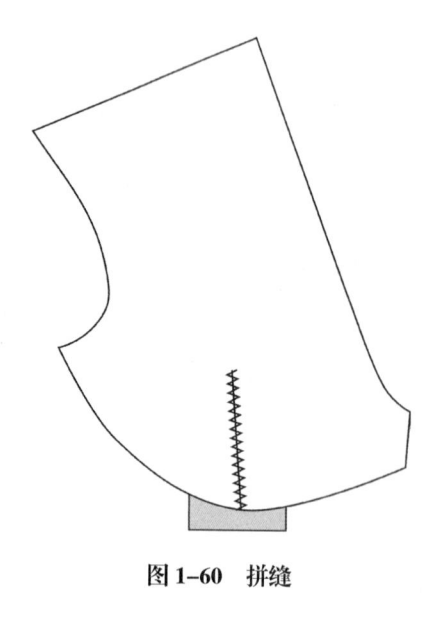

八、拼缝

图 1-60 拼缝

作"Z"字方向缉缝，是将劈开的织物两边毛口拼齐，缉缝在下面垫布上实现拼接的缝型。多用于衬头省缝等暗藏部位，将剪开的省道拼合，而正面平合，无重叠起梗现象；取一块较厚的布料（或衬布），中间剪出一省份，使布料正面在上，下面垫一块薄布，然后分别将剪开的省份两边毛口拼接缉牢，留出0.4~0.5cm的缝份。毛口缉牢后，右手稍抬松压脚，左手按住布料，中指与食指分开，轻轻搭在拼缝的两边，如此自左向右或自右向左，一边缝一边上下推移布料，来回作"Z"字形缉缝，如图1-60所示。

九、漏落缝

将线迹暗藏在折边旁或分缝槽内的缝型。线迹暗藏在折边旁的，也称沿边缝或倒缝漏落，多用于裤、裙、腰头、里襟或其他要求不见明线而需固定住下层衣片之处。线迹暗藏在分缝槽内的，也称嵌缝或分开漏缝，多用于呢料服装。缉嵌线等沿边缝操作方法是取两块布料，使正面与正面相叠，对齐毛边，先距边约1cm作平缝，缝缉后将上层布料向下翻转，折平，用压脚压住，然后紧靠布边折转线缉第二道线，缝缉时需将翻折边向外拉紧；使放松后线迹暗藏于内嵌缝操作方法是将两块面料，正面与正面相叠，对齐毛边，先距边约1cm作平缝，分开缝份，向两边扣倒。然后将一层向下翻折转（衣料正面在上），垫在分开的缝份的底面。压脚压住缝份分开处，沿第一道缉线缉，将线迹藏在缝线分开的凹槽内，如图1-61、图1-62所示。

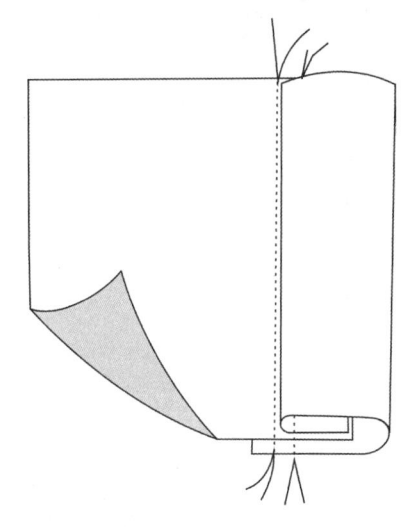

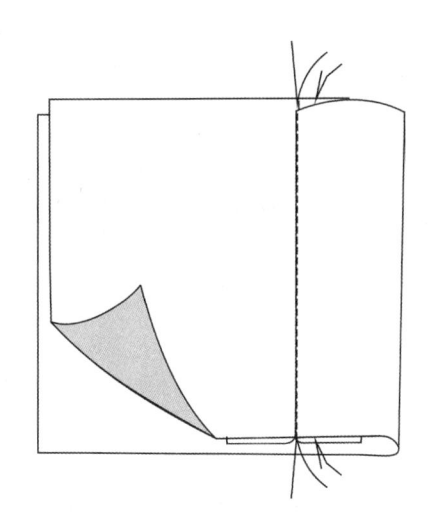

图 1-61 沿边缝　　　　图 1-62 分开漏缝

十、吃缩缝

用于零部件组合部位的边缘缝份处，使部件产生足够的里外匀，如袋盖等。缝合时将面布放在下面，在拐角处吃面布，如图1-63所示。

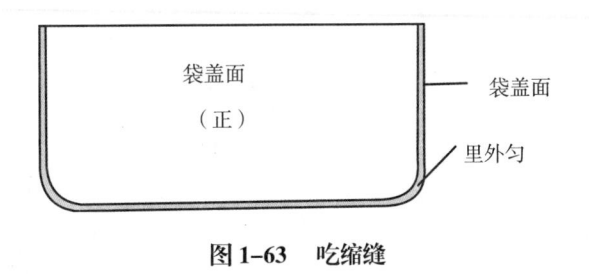

图 1-63 吃缩缝

十一、分缉缝

分缉缝用于衣片拼接部位的装饰和加固。操作是将两层前片平缝后将缝分开，在正面沿拼缝两边各压缉一道明线，明线宽不得超过缝份，如图1-64所示。

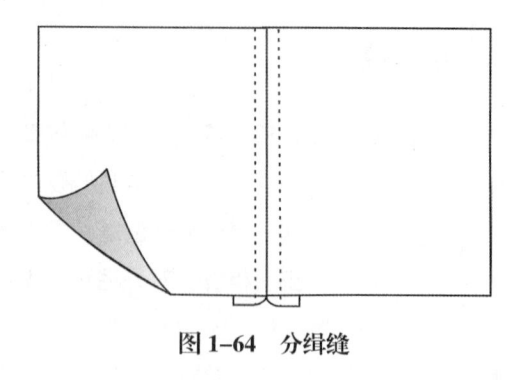

图 1-64　分缉缝

十二、坐缉缝

用于衣片拼接部位的装饰和加固。操作是将两层衣片平缝后，缝份单边坐倒，正面压缉一道明线。为减少拼接厚度，平缝时将下层缝份多放0.4～0.6cm，缝合后毛缝向小缝方向坐倒，正面缉压一道明线，使小缝包在大缝内，如图1-65所示。

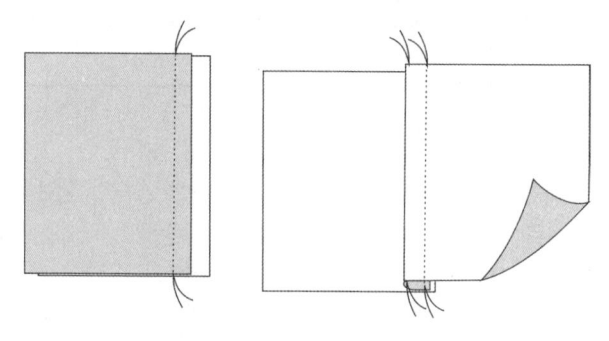

图 1-65　坐缉缝

十三、锁边

又称拷边，作用主要是为防止布边毛丝松散，增加牢度和美观，衣片大多需要锁边。现锁边多采用包缝机（即锁边机），取一布料，使正面向上，手持布料边缘处将其端处小心引入导向压脚下，用压脚压住。启动包缝机，当布料自动向前输送时，手持布料辅助送布的速度应均匀、自然，既不要拉得太紧，也不要送得过快，而且，刀片切边的多少，也要加以控制，如图1-66所示。

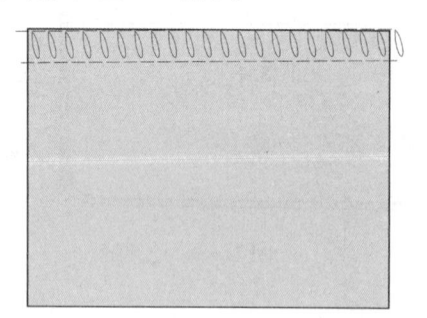

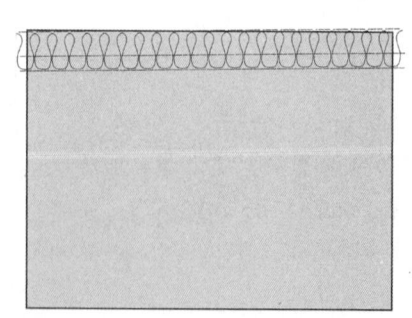

图 1-66　锁边

第五节　机缝工艺基础技能

一、缝折裥

打裥的一般缝缉方法，如同缝叠缝，即将需打裥的部位按设计要求折叠起来在其一端缝住，固定。由于裥的形式多种多样，有死裥、活裥、碎裥、暗（阴）裥、风琴裥等，因此打裥的方法也不很相同，例如，有的裥可以采用专用夹具，将褶裥的形式固定住，再加以缝缉；有的裥可以先用熨斗把褶裥烫煞定型（如裥裙等，多用于化纤材料），然后缝缉。如折裥有规则地向一个方向折叠，称"顺风裥"，如图1-67所示，如两边向中间折叠的称"对称式折裥"。

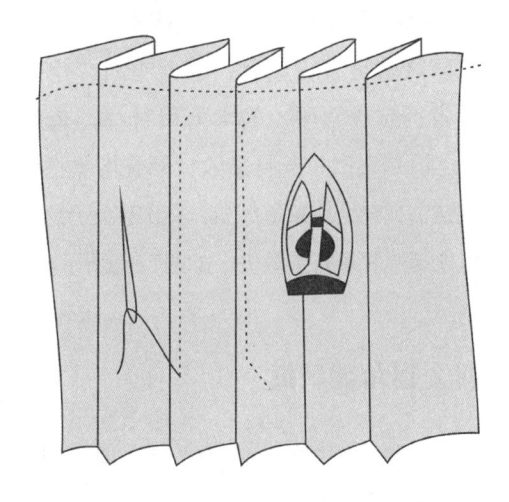

图1-67　缝折裥

二、缝细褶

缝细褶有手工收裥和缝纫机收裥两种形式，如图1-68所示。

手工收褶：先在收裥部位用手针缝上两道缝线，然后向左右两个方向抽线收紧至预定的尺码，最后将细褶整理均匀，并将缝线与衣料定缝，使细褶固定。

机缝收褶：缝纫机的针迹要放长些，把面线放松，先沿布边作稀疏的缉缝一道（或几道），然后抽紧底线（注意不把线拉断），使布边皱拢成起伏的细褶状，并把细褶间距整理均匀，再缉缝固定。

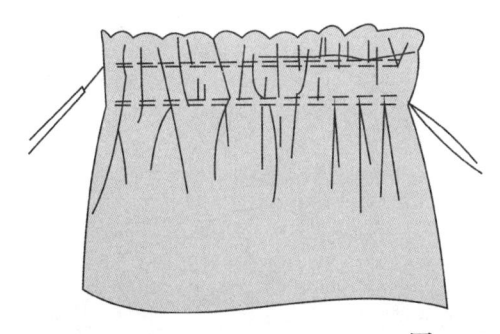

图1-68　缝细褶

三、缉省缝

省的缝缉，一般将省缝作封闭型缝缉，缝缉时根据制图的省道线条，将收省的折叠部分收在布料的反面，反面暗缉，使正面形成不露线迹的省道线，而周围布面便形成了凹凸状。缉省完成后，翻开布料，用熨斗将省部熨烫平服（省尖处用针插入辅助熨烫）。缉省时，起针和收针部位均需将缝线打结，或继续空踏缝纫机，留0.8~1cm缝线，以免缝线脱落省尖散失。如图1-69所示。

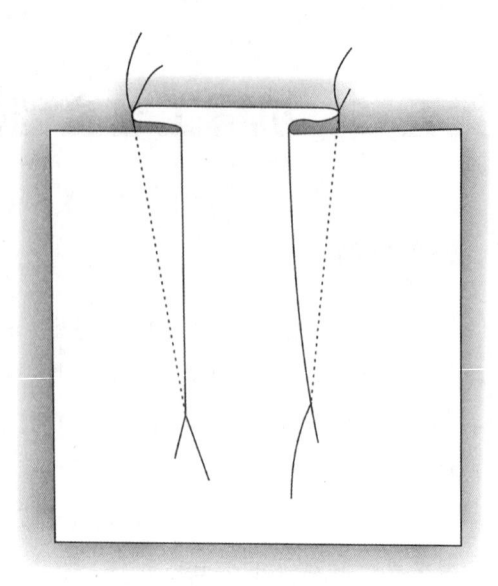

图 1-69　缉省缝

四、拐角翻转缝

角度翻转缝在结构中常被采用。翻角的缝合方法可用于衣服任何部位、任何角度的缝合，如图1-70所示。

（1）将第一片面料正面朝上置于缝制台上（通常是较大的一片）。

（2）将第二片正面朝下放在第一片上（两者正面相对），对齐各缝线（相应的角不能重合）。

（3）沿缝合线缝至转角处。

（4）掀开上层面料，将下层面料在转角处剪开。

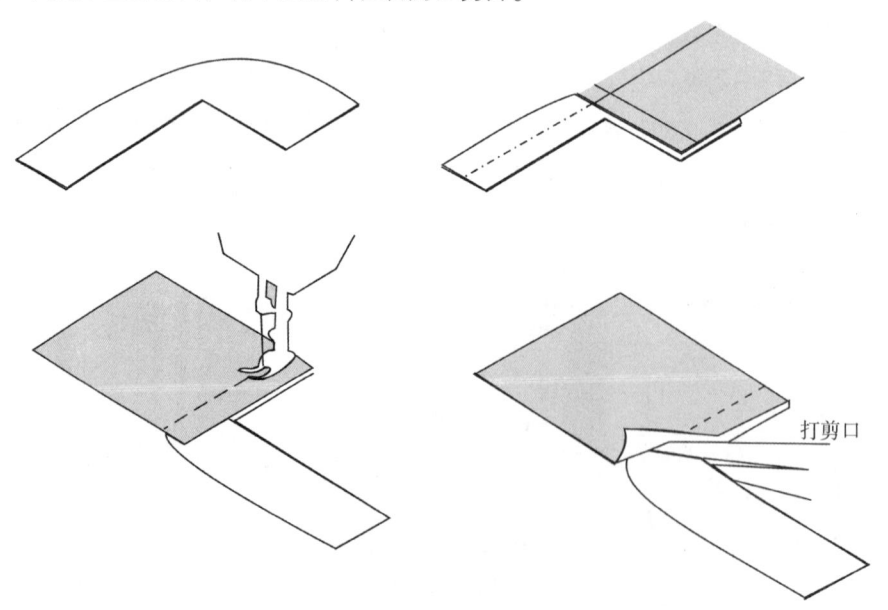

打剪口

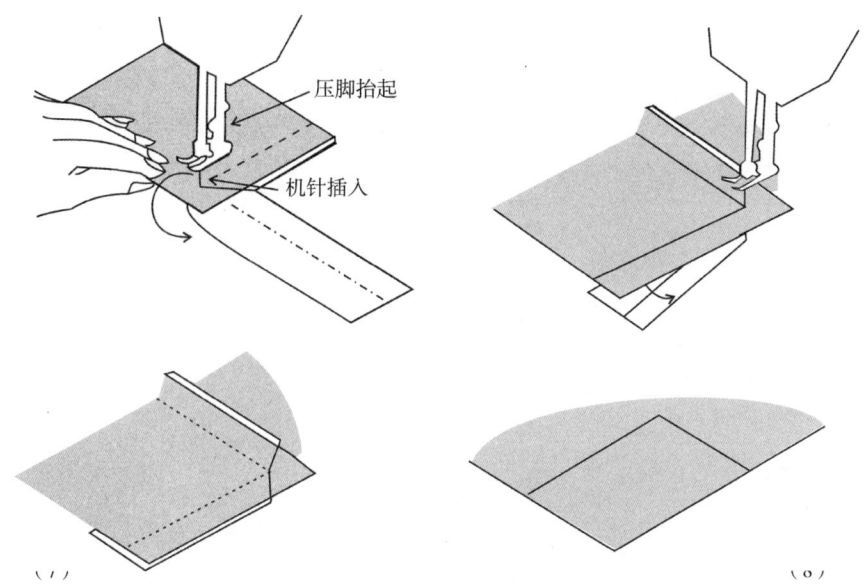

图 1-70 拐角翻转缝

（5）降下机针并抬起压脚（在缝合线转角处），以机针为轴转动上层面料。
（6）继续转动，直至缝合线与下层缝合线重合。
（7）完成缝合。

五、夹嵌线缝

将面料的毛边与嵌条的毛边对齐，嵌条置于面料之上，将另一块面料置于嵌条之上，用单边压脚沿嵌条边缘缝合，如图 1-71 所示。

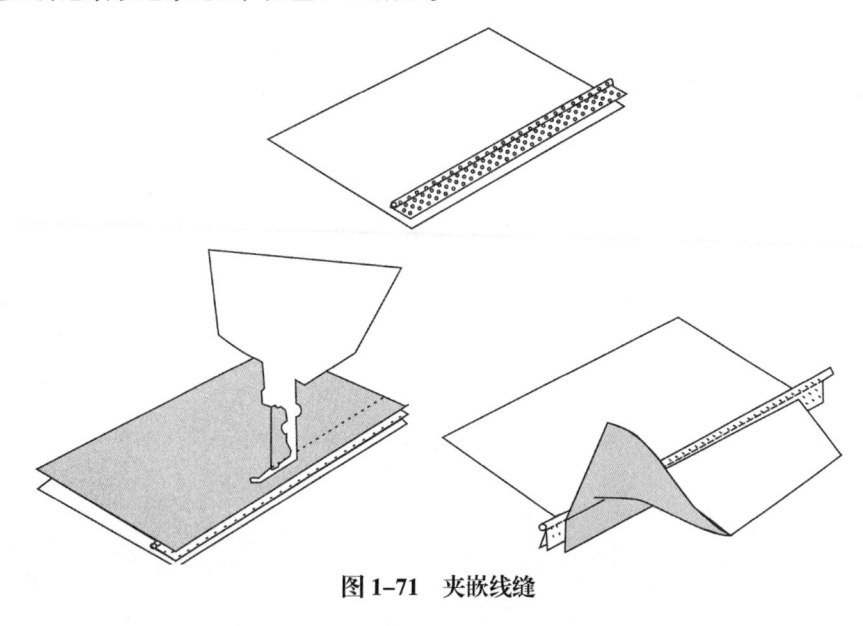

图 1-71 夹嵌线缝

第一章 缝制基础

六、弧线缝

弧线缝在多数情况下用于服装造型线，如公主线，衣身育克或裙子育克。将有凹弧线的衣片正面朝上放在缝制台上，根据图1-72按顺序进行缝合和熨烫。

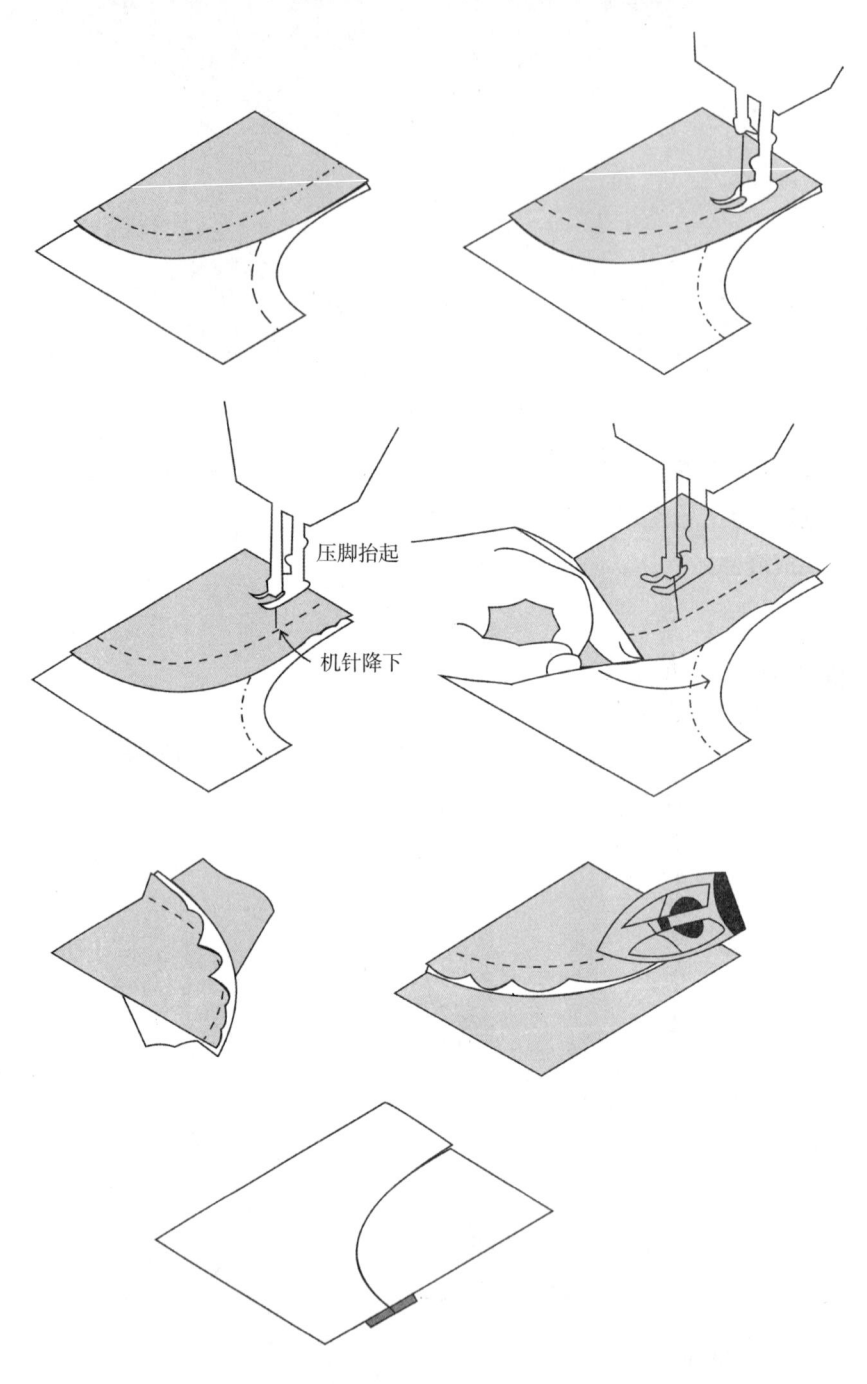

七、滚边缝

如图1-73所示，将斜条的边端对齐，进行车缝拼接，然后将缝份分开烫平，剪去多余的量。若裁剪成长斜条时，将其全部缝合在一起，做上标记，然后裁剪。

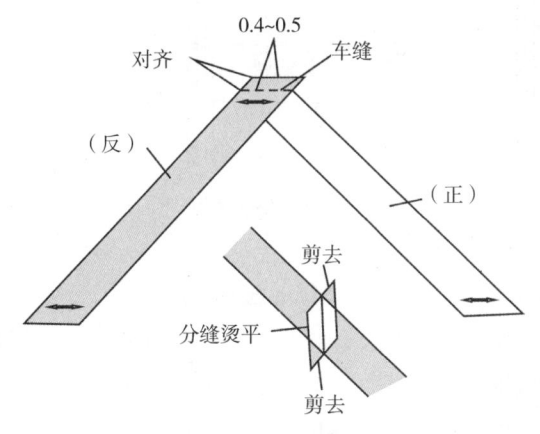

图 1-73　车缝斜条

（1）滚边方法一，见图 1-74，适用于中厚型面料。先将衣片正面向上，把缝边与滚边斜条拼合车缝0.5cm。翻转滚边布，在衣片正面仅靠滚边布的边车漏露缝。将滚好边的两片衣片正面相对，同时对齐缝份上的滚边布，连同滚边布一起车缝1.5cm的缝份。然后将衣片的缝份分开烫平即可。

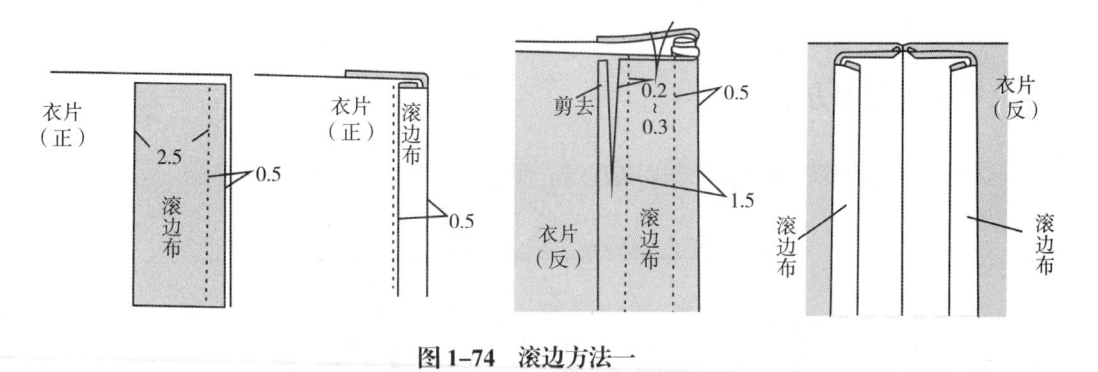

图 1-74　滚边方法一

（2）滚边方法二，见图 1-75，适用于薄型面料。先将两片衣片缝合，然后将滚边布放在衣片缝边的下侧，沿缝边车0.4cm的线，然后将滚边布翻转烫成所需的宽度，再将烫好的滚边布翻转包住两层衣片的缝边，在滚边布上车0.1cm的明线。

（3）滚边方法三，见图 1-76，适用于厚型面料。先分别将衣片的缝边与滚边布缝合，缝份为0.5cm。翻转滚边布，在衣片正面紧靠住滚边布处车漏露缝固定。然后将缝制好滚边布的两片衣片，沿净样线车缝，再分缝烫平，最后将缝边上的滚边布与衣片用缲针固定。

图 1-75　滚边方法二

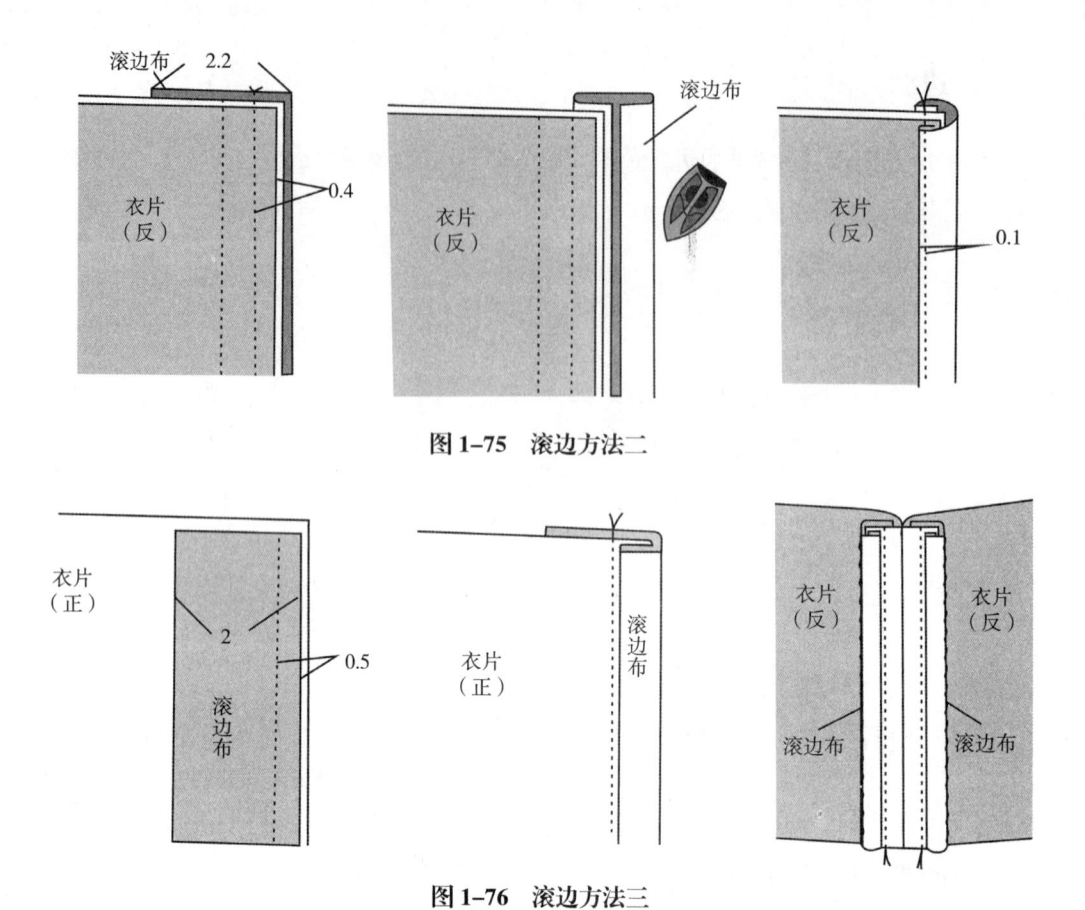

图 1-76　滚边方法三

八、省缝的处理方法

烫省时，省尖处在布馒头上作回旋压烫，见图 1-77。

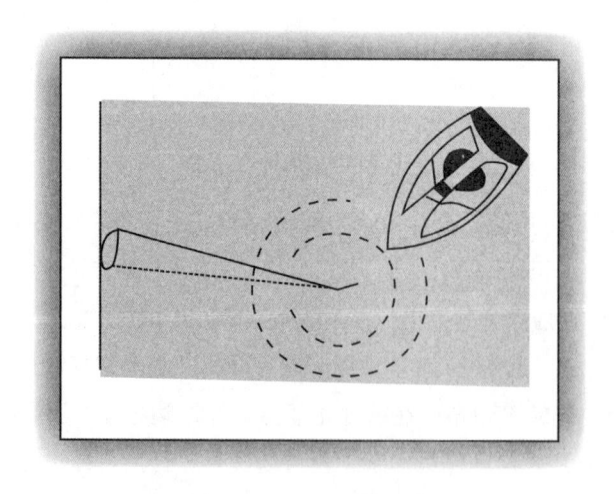

图 1-77　回旋压烫省缝

薄料时省的处理：

（1）省缝一边倒压烫，如图1-78所示。

（2）省缝分烫，如图1-79所示。

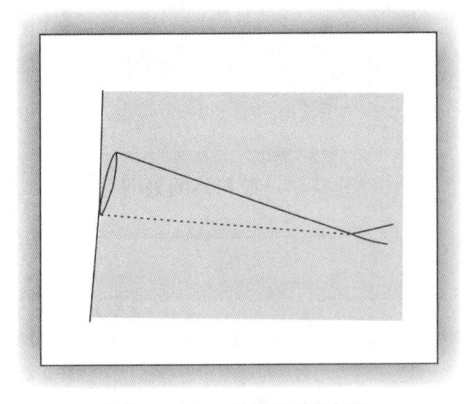

图1-78　一边倒压烫省缝　　　　　　图1-79　分烫省缝

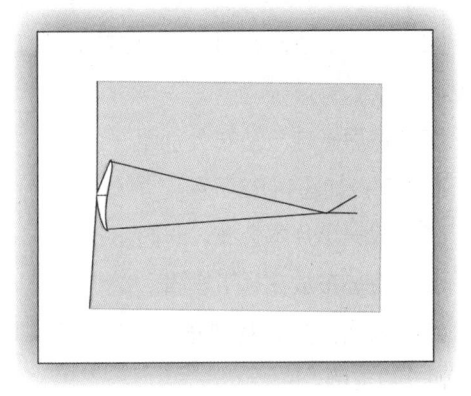

厚料时省的处理：

为使服装正面看上去平顺，当面料较厚时，省的处理可用剪开或垫布等方法。

1. 剪开分烫法（图1-80）

（1）剪开省缝份，剪到离省尖1～2cm左右。

（2）用熨斗分烫开，若无里布时，可对省的缝份进行缲缝锁边。

（3）省份大或弧形省时，需在缝份上剪切口后再作分烫。

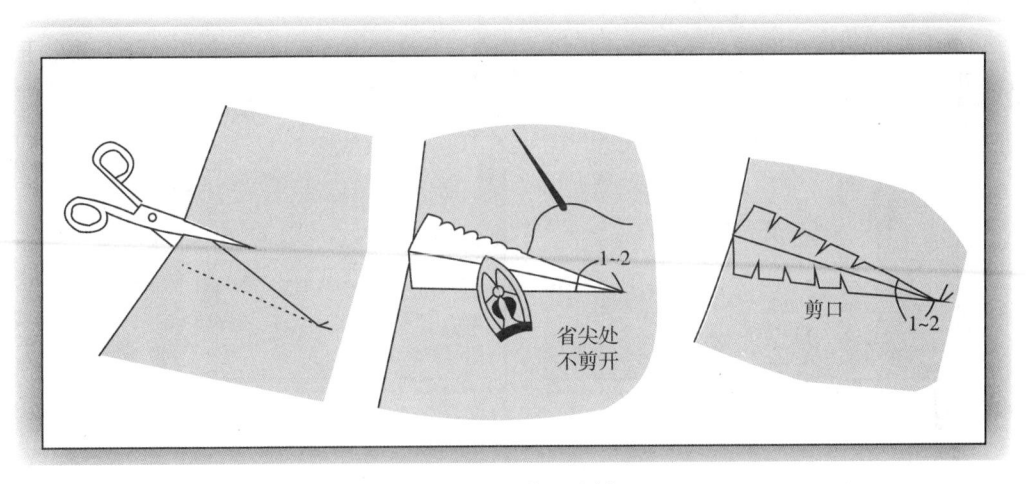

图1-80　剪开分烫

2. 垫布法

方法一：如图1-81所示。适合用于薄型或中等厚度的面料。

（1）裁一小片本色面料，形状与省道相同。

（2）车省时，将此省形布垫在省下对齐缉线。

（3）然后省道与垫布分别朝一边倒。

方法二：如图1-82所示。

（1）裁一小片本色布，长超出省长约1cm。

（2）将垫布放在省下车省。

（3）在省尖处，将垫布剪切口，省尖以上的垫布朝一边烫倒。

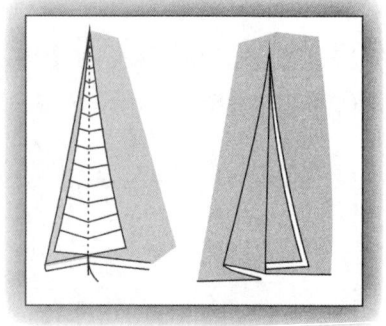

图1-81　厚料省的处理方法一

3. 剪开、垫布混用法

适合于中等厚度的面料。其操作方法是省缝剪开，省尖部分垫布。

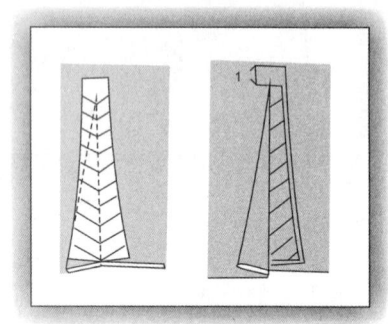

图1-82　厚料省的处理方法二

九、底摆缝的处理

底摆的处理方法是随面料厚薄、质地不同，底摆轮廓不同而不同。以下介绍其处理方法。

1. 薄型面料的底摆处理方法

（1）三折边后车明线。不完全三折缝，适合于不透明的面料，完全三折缝，适合于透明的面料，如图1-83所示。

0.1~0.15　　　　　0.1~0.15

（反）　　　　　　（反）

不完全三折缝　　　完全三折缝

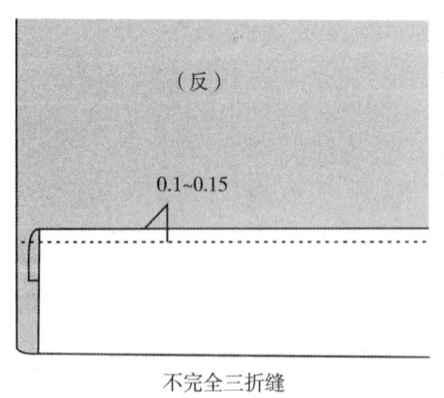

图1-83　车明线

（2）折缝后明缲针固定，如图1-84所示。先将底边缝份折进0.5cm车缝固定，再折出底摆宽度，用明缲针固定。

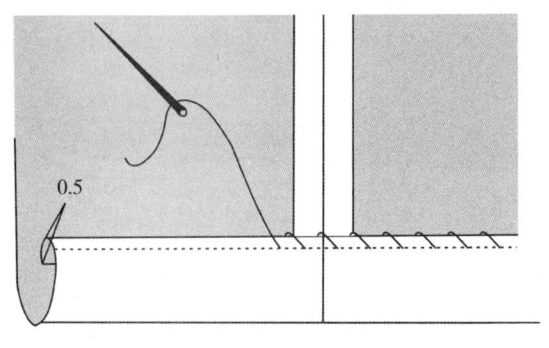

图1-84　明缲针固定

（3）烫好折边缝份后，再用明缲针将底摆与衣片固定。缲针的线要放松，如图1-85所示。

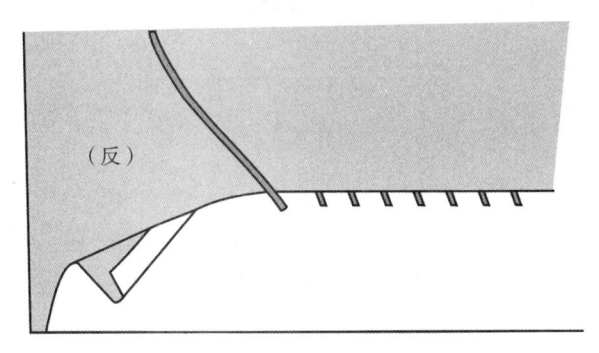

图1-85　明缲针法

（4）锁边后再车明线，如图1-86所示。

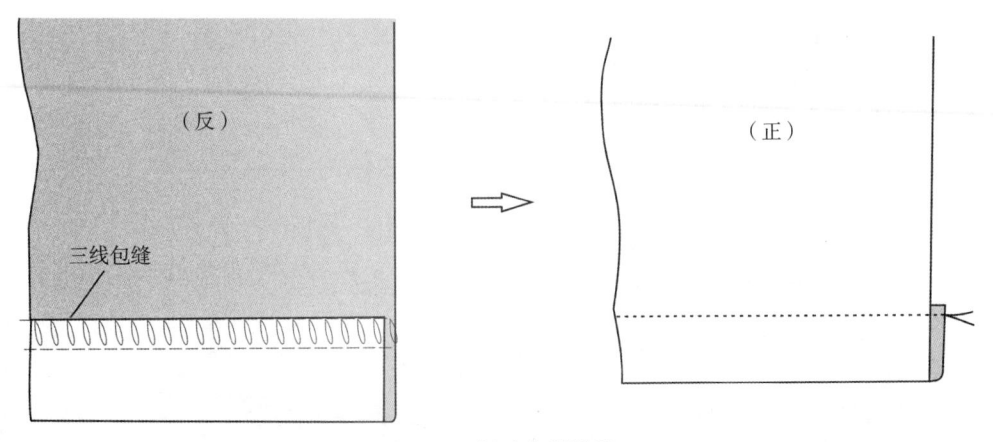

图1-86　锁边车明线法

2. 厚型面料的底摆处理方法

（1）将底摆毛边用包缝机锁边，先用手工绷缝，然后再用暗缲针的方法固定，如图1-87所示。

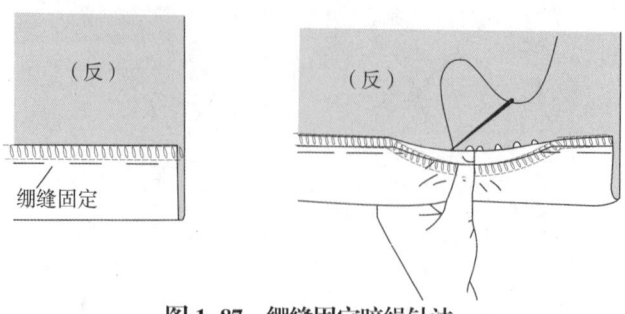

图1-87 绷缝固定暗缲针法

（2）固定边缝后做手针绕缝，再采用手工暗缲针的方法，如图1-88所示，做0.5cm的固边缝，不折边，用左手握住底摆，用细针绕缝锁边。在缝边往里0.8cm处用大头针密密地别住。然后边卸大头针边暗缲缝固定，线要放松，只缝住面料的一半深度。

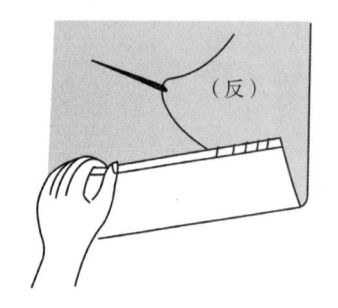

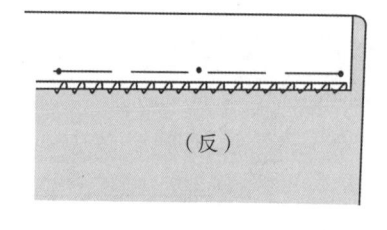

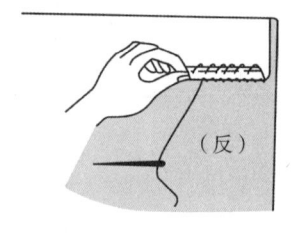

图1-88 固边、手针绕缝法

（3）先用斜条滚边车缝包住底摆缝边，再用手工缲缝的方法。单层斜料滚边法，如图1-89所示。双层斜料滚边法，如图1-90所示，用于易脱散的厚料。

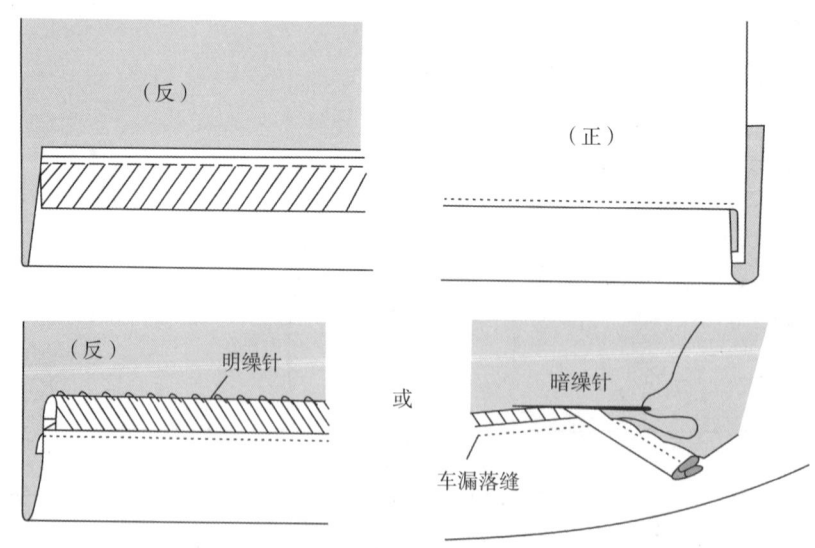

图1-89 单层斜料滚边法

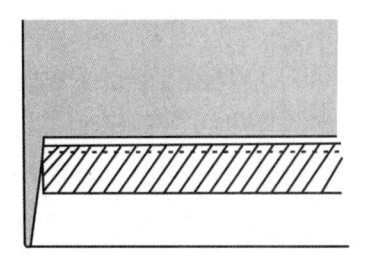

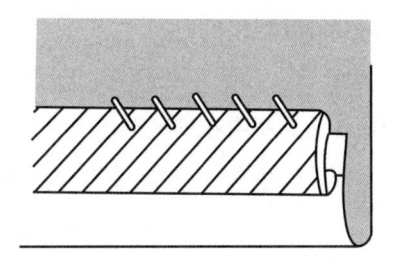

图1-90 双层斜料滚边法

（4）利用织带包边，然后手工明缲固定，如图1-91所示。

（5）先用花边剪刀剪出花边后，再用三角针固定底摆，如图1-92所示。用于缝边不脱散的厚料。

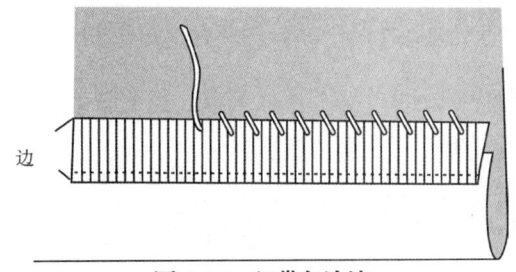

图1-91 织带包边法

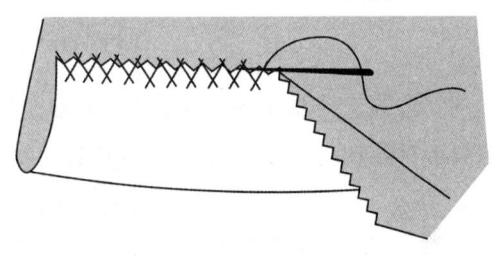

图1-92 剪刀剪出花边法

3. 弧度较大的底摆处理方法

（1）在弯曲度大的地方沿边缘用长针车缝一道，把多余的量作抽褶处理，然后再用手工缲针或三角针固定底摆，如图1-93所示。

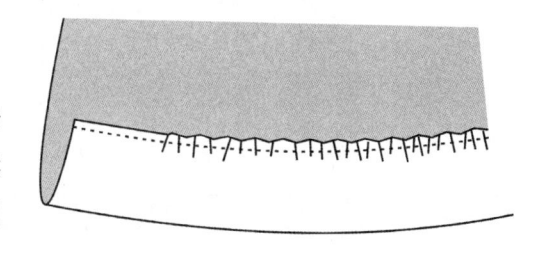

图1-93 抽褶处理法

（2）缝薄面料时，可在缝边上取小省，省尖不要达到底摆边沿。用熨斗烫死省迹，然后用手工缲缝固定，如图1-94所示。

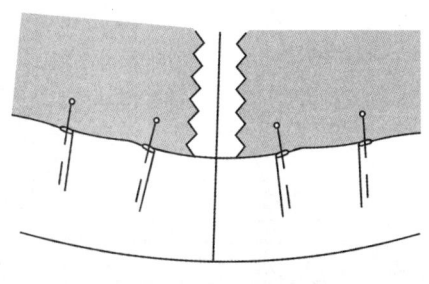

图1-94 取小省法

第一章 缝制基础

4. 有里布的底摆处理方法

（1）暗缲针法，如图1-95所示。适用于精制西服、套装等。先将面布的底摆折上，用三角针固定，然后将里布的底摆也烫折好。将面布与里布的底摆缝份对正后，用大头针或绷缝固定，再将里布底摆掀起直到用大头针别住的地方，用暗缲针加以固定。

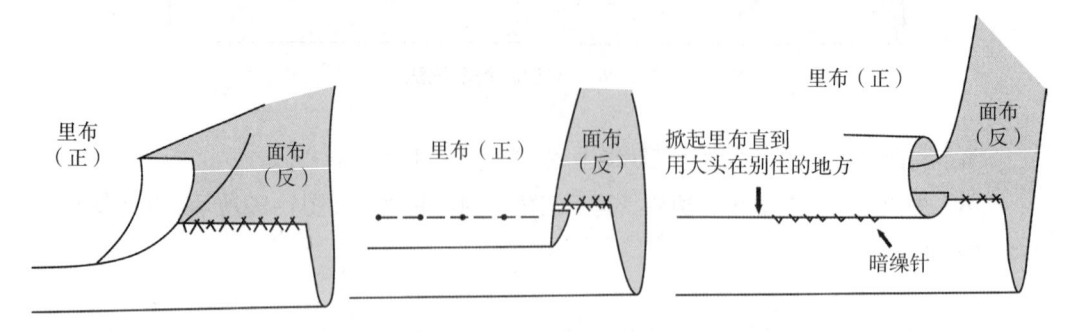

图1-95　暗缲针法处理底边

（2）里布与面布的底摆重叠缝合法，如图1-96所示。适用于女套装、男西服等。先将面布、里布的底摆合缝，再用三角针加以固定，最后烫出里布底摆。

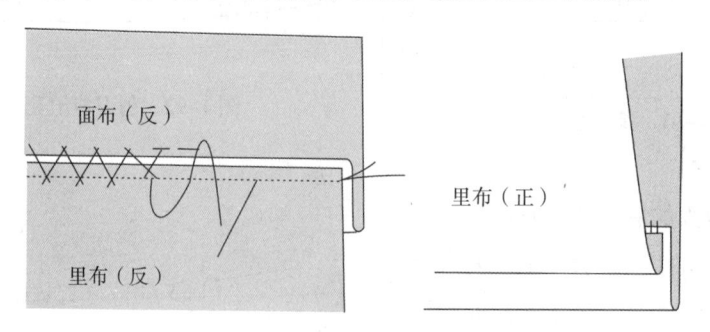

图1-96　里布与面布的底摆重叠缝合法

（3）里布底摆悬挂着不与面布底摆缝合，面布可采用单层滚边法处理底摆，里布底摆用折缝法固定，如图1-97所示。适用于大衣、风衣、外套等服装中。里布与面布的底摆采用拉线襻的方法加以固定。

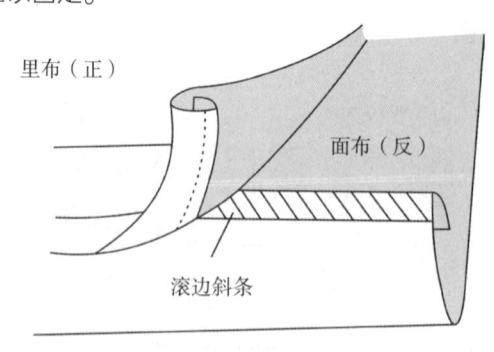

图1-97　底摆悬挂法

（4）面布与里布的下摆重叠缝合法，适用于棉袄、夹克衫等休闲服装中。如图1-98（1）所示为薄料的底摆处理；如图1-98（2）所示为厚料的底摆处理。

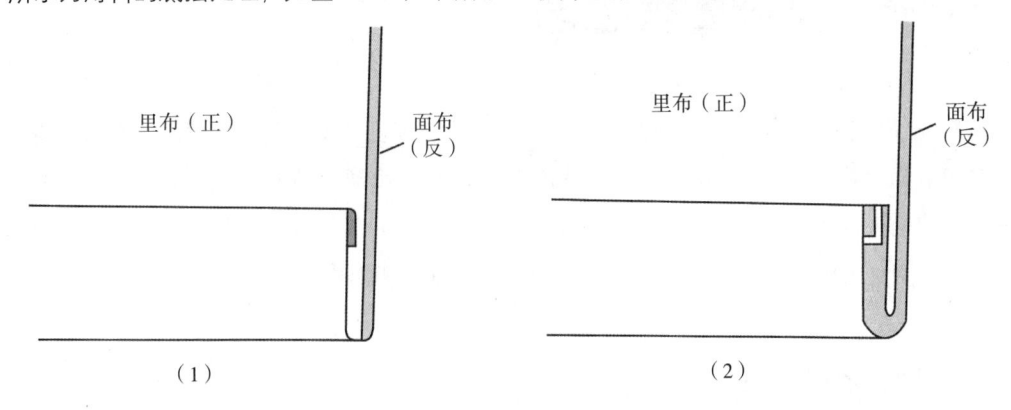

图1-98　重叠缝合法

第六节　基础熨烫工艺

熨烫技术和技巧作为服装制作的基础工艺和传统技艺，在缝制技术和工艺中占有重要的地位。从衣料的整理开始，到最后成品的完美形成，都离不开熨烫，尤其是高档服装的缝制，更需要运用熨烫技艺来保证缝制质量和外观造型的工艺效果。服装行业用"三分缝制七分熨烫"来强调熨烫技术在服装缝制过程中的地位和作用。

一、熨烫工艺的作用

在服装缝制的过程中，熨烫工艺贯穿从原料测试、预缩到成品整形整个过程。它的主要作用体现在以下四个方面：

1. 原料预缩

在服装缝制前，尤其是毛料和棉、麻、丝等天然纤维织物，要通过喷雾、喷水熨烫等不同方法，对面、辅料进行预缩处理，并烫掉折印、皱痕，得到平整的衣料，为排料、画样、裁剪和缝制创造条件。

2. 热塑变形

通过运用推、归、拔等熨烫技术和技巧，塑造服装的立体造型，弥补结构制图没有省道、撇门及分割设置等造型技术的不足，使服装立体美观。

3. 定型、整形

（1）压、分、扣定型。在半成品缝制过程中，衣片的很多部位要按照工艺要求进行平分、折扣、压实等熨烫操作，如折边、扣缝、分缝烫平等，以达到衣缝、褶裥平直，贴边平薄贴实等持久定型。

（2）成品整形。通过整形熨烫，使服装达到平整、挺括、美观、适体等成品外观形态。

4. 修正弊病

利用织物纤维的膨胀、伸长、收缩等性能，通过喷雾、喷水熨烫，修正缝制中产生的弊病。如对缉线不直，弧线不顺，缝线过紧造成的起皱，小部位松弛形成的"酒窝"，部件长短不齐，止口、领面、驳头、袋盖外翻等弊病，都可以用熨烫技巧给予修正，以提高成衣质量。

二、熨烫工艺常用工具

1. 电熨斗

熨烫用的主要工具。现多采用蒸汽电熨斗，这类电熨斗带自动调温装置和自动喷雾装置，可根据服装面料的不同耐热性来调节熨烫温度，以防烫缩或烫焦。

2. 熨烫台板

一般要求台板大小能便于一条裤子或一件中长大衣的铺熨工作，台板以5～6cm厚度且不变形为宜，高度以方便工作为准，根据一般情况，台板尺寸为长110～120cm，宽80～100cm，高为100cm为宜。

3. 台板熨烫垫呢

通常是用双层棉毯（或粗毛毯），上面再蒙盖一层白棉布，白棉布使用前应将布上的浆料洗去，然后将垫毯、白棉布固定在台板上。熨烫时垫在衣物下面。一般用棉毯或吸水性好而质地厚的线毯，上面再盖一层白棉布作垫布。

4. 布馒头

为了熨烫服装的凸出部位，如上衣胸、背、臀等造型丰满的部位所需的辅助垫烫工具，采用棉布包裹锯末做成，如图1-99所示。

5. 铁凳

熨烫中常用于熨肩缝、袖窿、裤裆等不能放平的部位。如图1-100所示。

6. 马凳

用作熨烫裤子腰头、裤袋、裙子、衣胸等不宜平烫部位的辅助工具（它可以代替布馒头），如图1-101所示。

7. 袖凳

常用于熨烫裙子的裙裥、裤子的侧缝、袖缝等，如图1-102所示。

8. 弓形烫板（拱形木桥）

通常用于分烫半成品和袖缝等部位，也可用于呢料压缝用，使缉缝或止口平整而薄，如图1-103所示。

9. 水刷、水盆、喷水器

喷水器是加湿熨烫定型处理的喷水用具。通常也用水刷、水盆等工具进行加湿，如图1-104所示。

图1-99 布馒头

图1-100 铁凳

图1-101 马凳

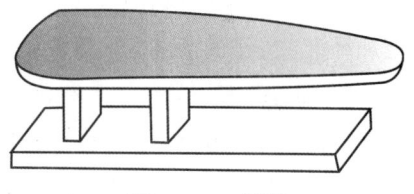

图1-102 袖凳

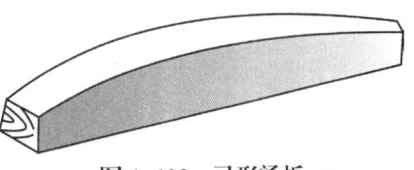

图1-103 弓形烫板

第一章 缝制基础

10. 烫布（也称水布）

它是熨烫服装，特别是呢绒服装的必备品。通常用退过浆的白棉布。熨烫时，水布盖在衣料之上，再用熨斗熨烫，以防衣料被烫脏、烫黄或烫出极光。

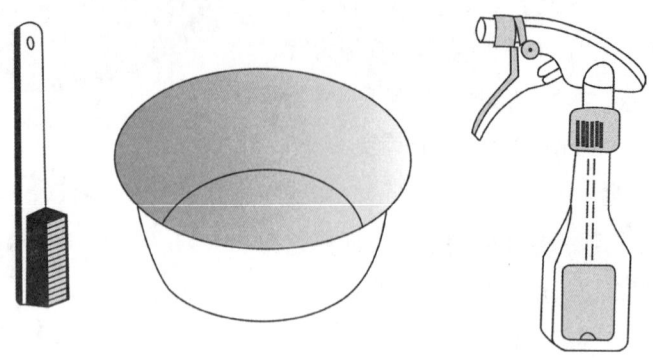

图 1-104　水刷、水盆、喷水器

三、熨烫工艺的基本原理

熨烫本质上是利用纤维在湿热状态下能膨胀伸展和冷却后能保形的物理特性来实现对服装的热定型。

对衣片进行加湿、加温、加压，使其通过塑型达到定型的过程，基本遵循以下三个原理，分阶段完成。

1. 给湿加温原理

运用熨烫工具对衣片给湿（喷雾、喷水），再给热升温。给湿后水分能使织物纤维膨胀，给热升温后水变为热蒸气，加快了热气的渗透和传递，使衣片的织物纤维均匀受热，增加纤维大分子的活性，从而有利于衣片塑型和定型。

2. 加压原理

运用熨斗、熨烫机械给衣片加湿、加温的同时，还要进行加压。经蒸气加湿、加热的织物纤维在压力的作用下，才能按预定需要进行伸直、弯曲、拉长或缩短，便于塑型和定型。

3. 冷却原理

衣片经过一定时间的加湿、加温和加压，再通过快速干燥和冷却，去掉衣片中的水气，使织物纤维的新形态固定，从而完成衣片的塑型。

四、熨烫工艺的基本原则

（1）把握正确的熨烫温度。熨烫中要常试温，不能烫黄或烫焦衣物。

（2）喷水均匀，不要过干或过湿。

(3)注意力集中，推移熨斗时根据熨烫要求，轻重得当，不能长时间地将熨斗停留在一个位置上，或将熨斗在衣物表面来回摩擦。

(4)被熨烫的衣物要垫平。

(5)熨烫时要根据衣物部位和熨烫要求的不同，有时用熨斗底全部，有时则用熨斗尖部、侧部或后部。

(6)熨烫时一只手拿熨斗，另一只手密切配合。例如压住衣物，使之不随熨斗移动；分缝时，另一只手需用手指将衣缝拨开等。

五、熨烫工艺的注意事项

(1)要注意服装材料的性能，选择适当的熨烫温度。

(2)通常尽可能在衣料反面熨烫，若在正面熨烫，一般要盖上烫布，以免烫黄或烫出极光。

(3)熨斗应沿衣料经向缓慢移动，这可以保持衣料丝缕顺直，使热量在纤维内渗透均匀，让纤维得到充分的膨胀和伸展。

(4)熨烫时压力的大小要根据材料、款式、部位而定。像真丝、人造棉、人造毛、灯芯绒、平绒、丝绒等材料，用力不能太重，否则会使纤维倒伏而产生极光；而像毛料西裤挺缝线、西服止口等处，则应用力重压，以利于折痕持久，止口变薄。

六、熨烫技法

半成品熨烫的基本技法和主要内容：服装缝制过程中的熨烫技术，主要是对半成品进行的边缝制、边熨烫，俗称"小烫"。半成品熨烫在各个环节、各道工序、各个部位随时进行，它是获得优良的成品质量的前提和基础。其基本熨烫技法有三种：分缝熨烫技法、扣缝熨烫技法和部件定型熨烫技法。

（一）分缝熨烫技法

服装缝制作业量最大的是"缉缝"。为了使半成品平顺、服贴、平整，在缝制过程中要随时进行"分缝"，即把缝子按造型、结构需要进行分缝熨烫，使缝份分匀、烫平、烫实。根据不同部位的造型需要，分缝熨烫基本有三种熨烫技法和形式，即平分缝、伸分缝和缩分缝。

1. 平分缝熨烫技法

把缉好的衣缝不伸、不缩地烫分开，烫实、烫平挺。常用于裙子的侧缝、裤子的侧缝以及直腰式上衣的摆缝等。熨烫技法：用熨斗尖慢慢地向前移动，将衣缝左右分开，然后盖上烫布，用蒸气熨斗逐渐向前压烫。操作时左右手的配合：左手配合熨斗的前进、后退，不断掀、盖烫布（为散发水汽）；右手随烫布的掀、盖节奏，将熨斗作前进、后退地往复移动熨烫（盖时前进，掀时后退），直至将缝子分开、烫平、烫实为止，如图1-105所示。

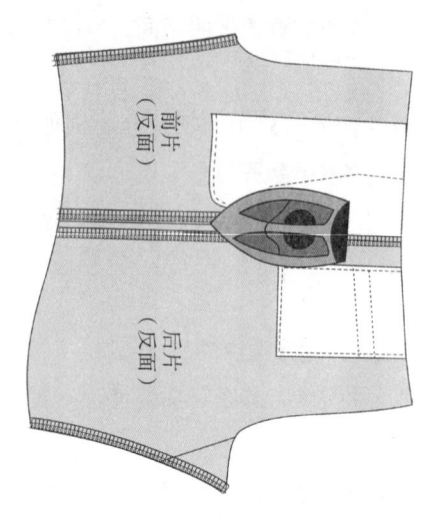

图1-105　分缝熨烫

2. 伸分缝熨烫技法

即在分缝熨烫时，一边熨烫，一边将缝子拉伸。主要用于裤子的下裆缝、袖子的前偏袖缝等衣缝，使缝缉后符合人体的立体造型，做到不紧、不吊、服体。这种缝子的特点都为内凹弧线。熨烫技法：向前进行劈缝熨烫，不握熨斗的手应配合拉住缝份，使缝子分平、分匀、烫实，达到伸而不吊、长而不缩的分缝效果，如图1-106所示。

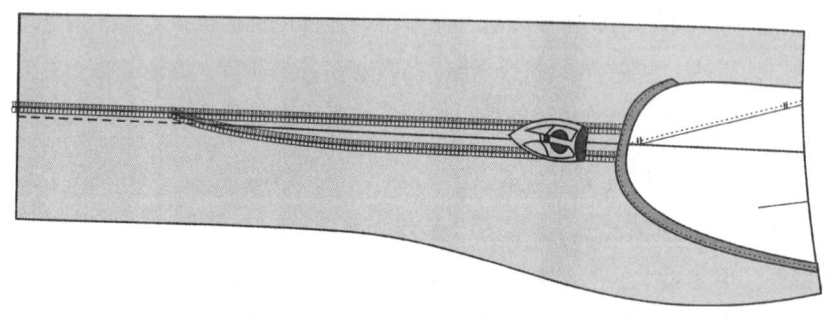

图1-106　伸分缝熨烫

3. 缩分缝熨烫技法

主要用来烫分上衣衣袖的外偏袖袖缝（俗称胖缝）、肩缝，裙子、裤子侧缝中的外凸斜弧形缝。在熨烫时，为了防止把缝子伸长、拉宽，应将熨烫部位的缝子放置在铁凳上或弓形板上熨烫。

熨烫技法：用不握熨斗的手的中指和拇指掀住衣缝两侧，再用食指对准熨斗尖稍向前推与分烫前进的熨斗协调配合，边分开缝份，边熨烫，控制衣缝在分开、烫平、烫实时不伸长，斜丝缕不豁开，不拉宽，如图1-107所示。

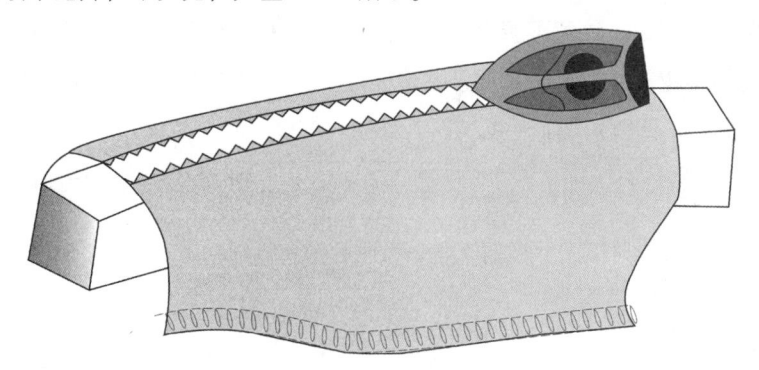

图1-107 缩分缝熨烫

（二）扣缝熨烫技法

在服装半成品缝制过程中，经常要进行扣缝、折边、卷贴边等扣缝作业。这些扣、折、卷作业只有经过扣缝熨烫，才能平服、整齐，便于机缝或手工绷缝。扣缝熨烫主要有三种技法：平扣缝熨烫、归扣缝熨烫和缩扣缝熨烫。

1. 平扣烫技法

即平扣缝熨烫，简称平扣缝，常用于裙子或裤子的腰头缝制。首先必须用平扣缝的方法将腰头两边的毛边扣折烫压为光边，而且要扣烫平顺、伏贴、压实。

熨烫技法：以腰头为例，将腰头料靠身一边放平，用不握熨斗的手的食指和拇指把腰头料靠外边的折缝按规定的宽度折转，边往后退边折转，同时另一只拿熨斗的手用熨斗尖，轻轻的跟着折转的折缝向前徐徐移动、压烫，然后用整个熨斗的底板，稍用力地来回熨烫（必要时垫烫布），如图1-108所示。

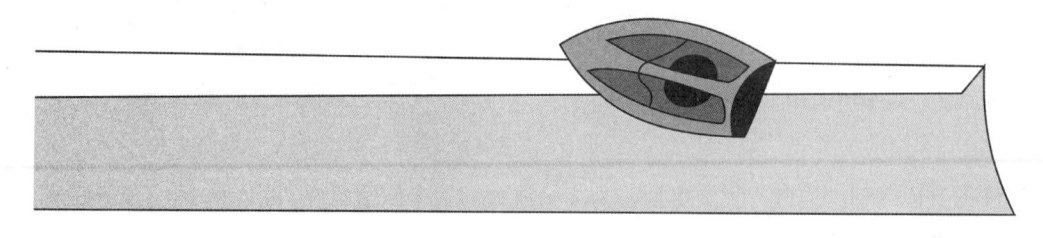

图1-108 扣缝熨烫

2. 归扣烫技法

归扣熨烫多用于有弧形或弧形较大的上衣、大衣或裙子等的底边、贴边的翻折扣烫。其目的是使底边、贴边的翻折宽窄一致，并且平整、服贴，具有和人体体型圆弧相适应的"窝服"（不豁、不向外翻翘）。因此，必须将底边、贴边进行边翻折、边归缩扣烫。

熨烫技法：扣烫时，首先将底边、贴边按翻折宽度翻折过来，再用不握熨斗的手的食指按住翻折底边、贴边，另一只手用熨斗尖在折转的底边、贴边折缝处进行归扣烫。扣烫时，双手要配合默契。注意不握熨斗的手的食指在按住翻折过来的底边不断向后退的同时，还要有意识地将按住的折翻底边、贴边往熨斗尖下推送，使熨斗在前进的压烫中，将底边或贴边成弧线形归缩定型，平服烫实，如图1-109所示。

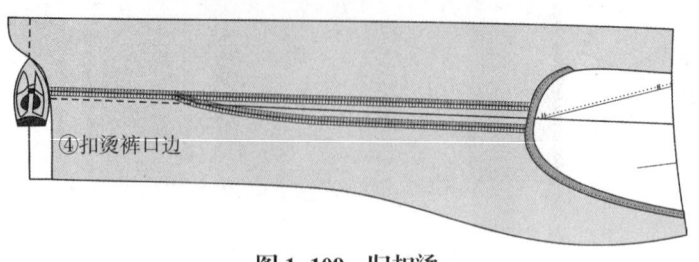

④扣烫裤口边

图1-109 归扣烫

3. 缩扣烫技法

缩扣烫和归扣烫相似，都是使熨烫部位收缩，但收缩程度不同，技法也有差异。缩扣烫多用在局部的小部位，如衣袋扣烫圆角，衣袖袖窿吃势的扣烫。

熨烫技法（以扣烫衣袋圆角为例）：先在衣袋圆角处用大针距从缝边距净线0.3cm处缉缝一道线，抽缩，使圆角收缩成曲势。扣烫时，将净样模板放在袋布上面，先将衣袋两边的直边扣烫平直，再扣烫衣袋圆角。

把袋口放在靠身一边，用熨斗尖侧面把圆角处缝份逐渐往里归缩熨烫平服。要求里外平服，里层不能出现褶裥，如图1-110所示。

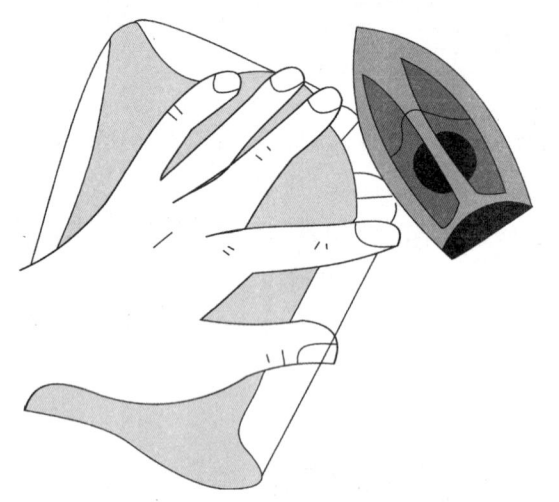

图1-110 缩扣烫

（三）部件定型熨烫技法

在半成品缝制过程中，一些部件和零件都要边缝制，边进行熨烫定型，为下一道缝制工序创造条件，并为整件服装良好的工艺和质量打好基础。

半成品部件和零件的定型熨烫，主要运用分烫定型、压烫定型、伸拔定型和扣烫定型四种熨烫技法。

1. 分烫定型技法

分烫定型的操作方法基本上与"分缝熨烫"相似。不同的是这种分烫定型主要运用于一些细小部位、特殊部位，如嵌线、扣眼，省道等的分烫定型。

2. 压烫定型技法

压烫定型熨烫，多用于半成品部件边缝止口和褶裥的压烫定型。主要要求烫实、烫薄，如图1-111所示。

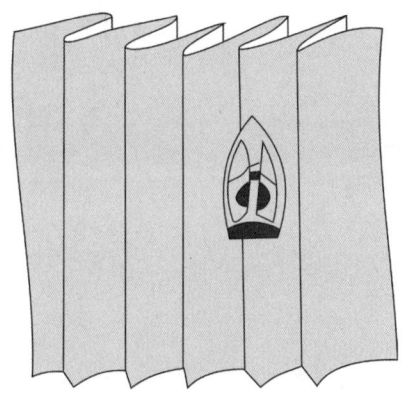

图 1-111　压烫定型

3. 伸拔烫定型技法

半成品缝制过程中的归、拔熨烫定型主要的两个作用：一是在缝制过程中巩固裁片的推、归、拔、烫塑型效果；二是对一些部件进行特殊需要的伸拔定型，如对裤腰、裙腰进行的伸拔熨烫定型。

熨烫技法：熨斗沿腰头外口箭头方向进行弧形熨烫。不握熨斗的手按箭头方向将腰头外口边进行弧形拉伸，双手配合进行伸拔熨烫定型，如图1-112所示。

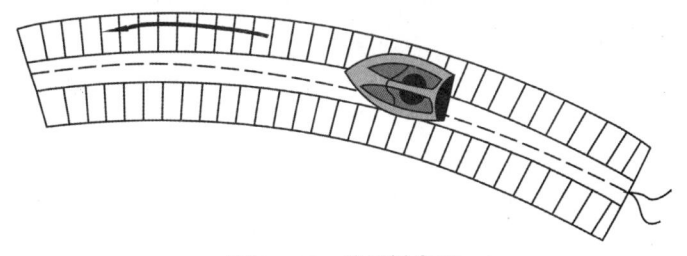

图 1-112　伸拔烫定型

4. 扣烫定型技法

与前述扣烫技法一样，只是重点用于小部件、小零件，如穿带边按规定要求进行翻折，熨斗随即跟进，进行压扣烫定型，如图1-113所示。

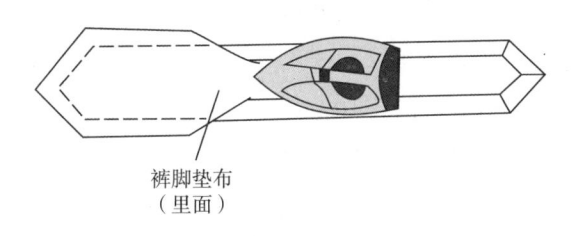

裤脚垫布
（里面）

图 1-113　扣烫定型

第二章
男西裤缝制工艺

第一节 男西裤结构制图与缝份加放

一、男西裤结构制图

（一）款式特点

男西裤一般款式为锥形裤，腰口装腰头，有八只串带襻，前中开门里襟，装拉链。前裤片左右两只反褶裥，侧缝斜插袋；后裤片左右各收两只省，两只嵌线开袋，如图2-1所示。

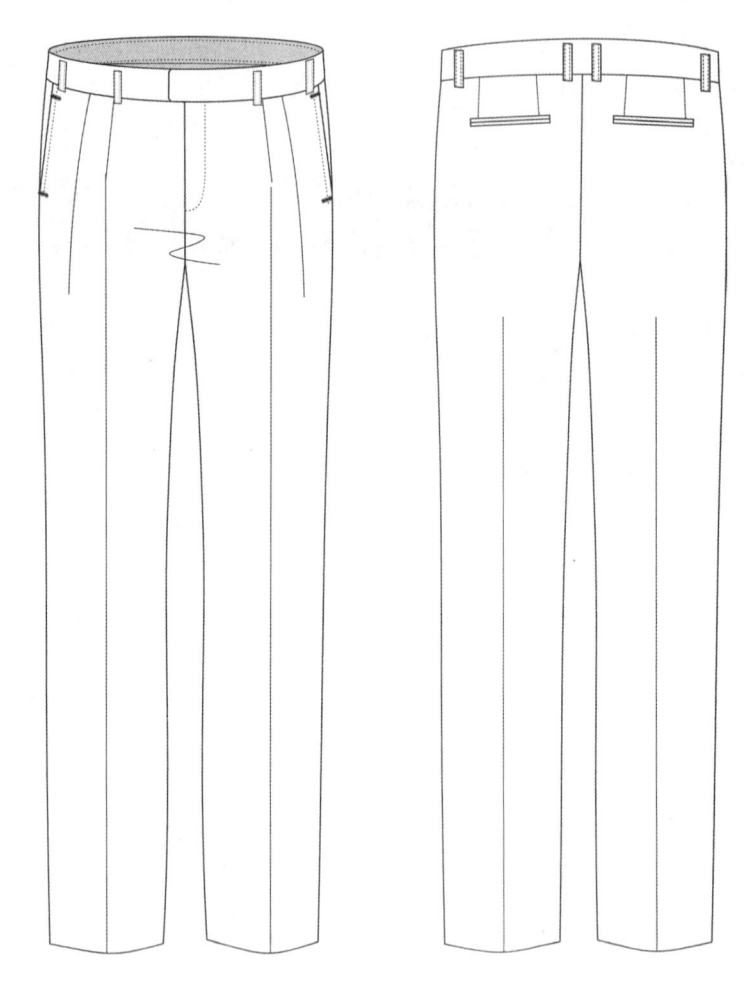

图 2-1 男裤款式图

（二）成品规格

表2-1为男西裤成品规格表，仅供参考。

表 2-1 男西裤成品规格表

（单位：cm）

号 型	165/70A	165/72A	165/74A	170/76A	170/78A	170/80A	175/82A	175/84A	175/86A	180/88A
裤 长	112	112	112	112	114	114	114	114	114	114
腰围（W）	72	74	76	78	80	82	84	86	88	90
臀围（H）	98	100	102	103	105	107	109	111	113	114
上 裆	27.6	28	28.4	28.8	29.2	29.6	30	30.4	30.8	31.2
裤口大	22.4	22.6	22.8	23	23.2	23.4	23.6	23.8	24	24.2

号 型	180/90A	180/92A	185/94A	185/96A	185/98A	190/100B	190/102B	190/104B	195/106B	195/108B
裤 长	116	116	116	116	116	116	116	116	116	116
腰围（W）	92	94	96	98	100	102	104	106	108	110
臀围（H）	116	118	119	121	123	125	127	128	129	130
上 裆	71.5	72.5	73	74	75	76	77	77.5	78	78.5
裤口大	24.4	24.7	24.7	25	25	25.3	25.3	25.6	25.6	25.9

（三）结构制图

如图2-2所示。

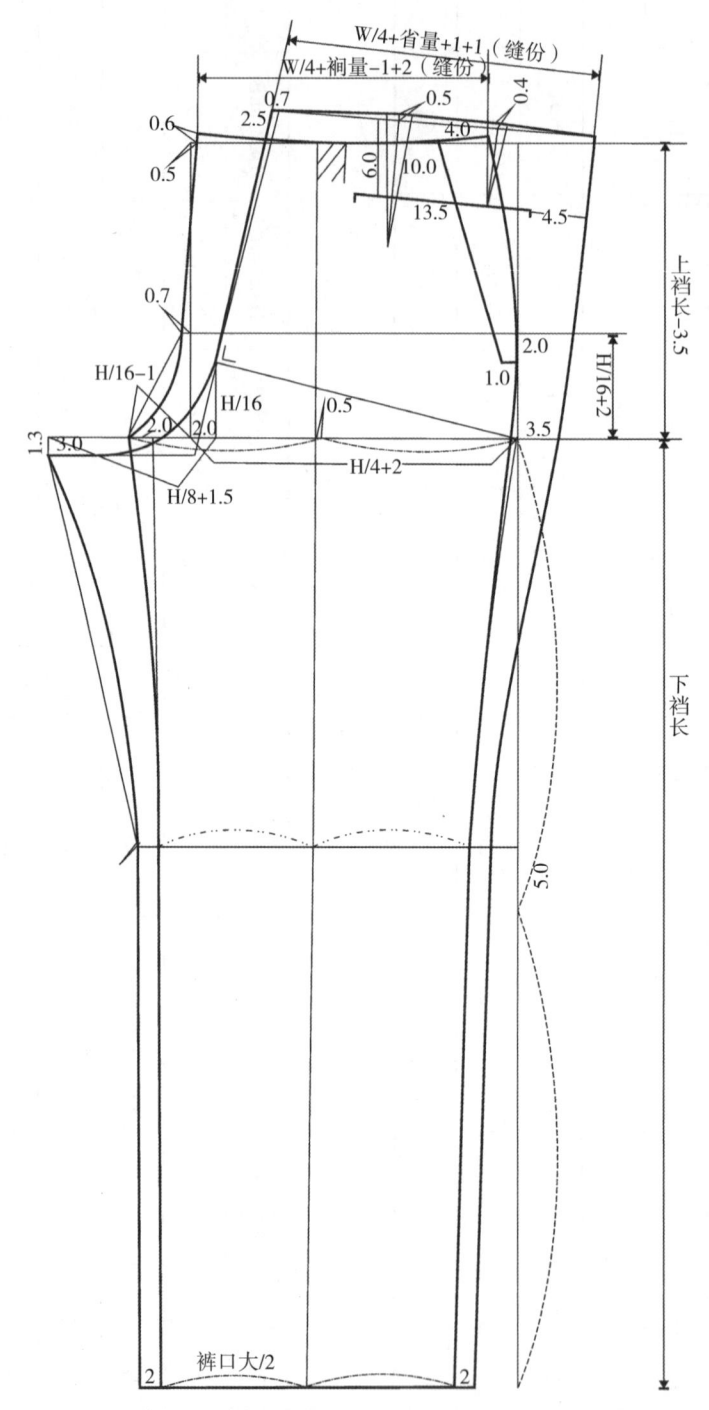

外侧缝、内侧缝、前中缝为毛缝，其他为净缝

图2-2 男西裤结构制图

二、缝份加放

（一）男西裤缝份加放

如图2-4所示。

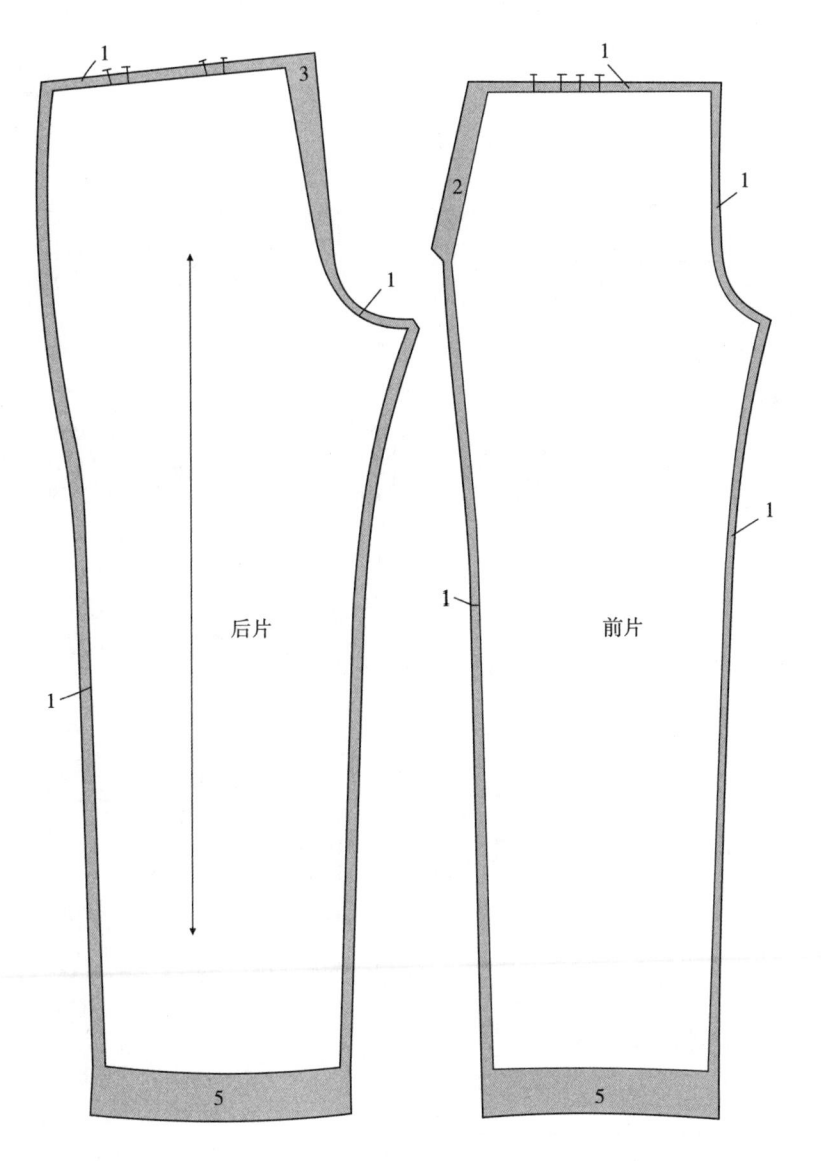

（1）前后片各2片

图 2-3　放缝规格图

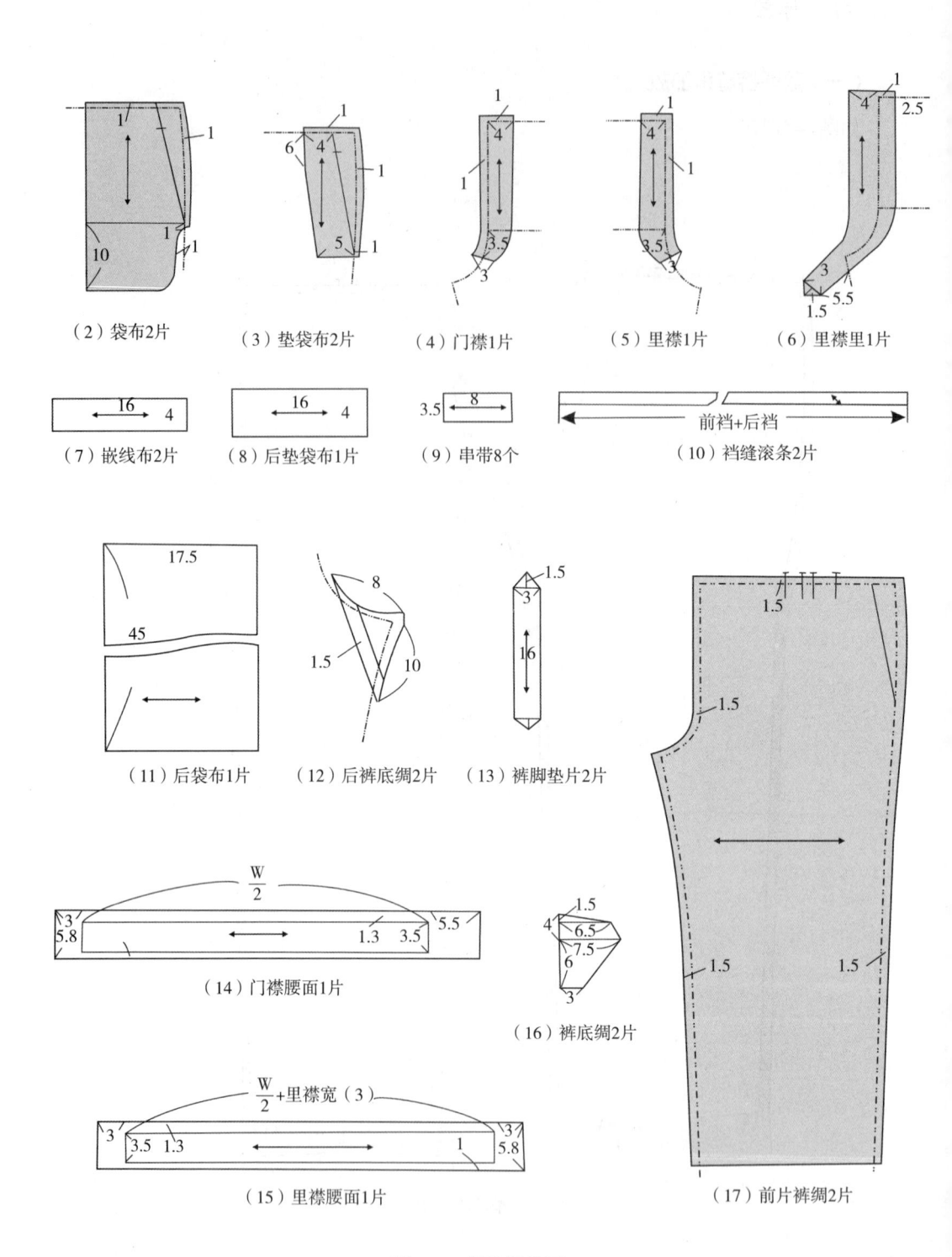

(2) 袋布2片　　(3) 垫袋布2片　　(4) 门襟1片　　(5) 里襟1片　　(6) 里襟里1片

(7) 嵌线布2片　　(8) 后垫袋布1片　　(9) 串带8个　　(10) 裆缝滚条2片

(11) 后袋布1片　　(12) 后裤底绸2片　　(13) 裤脚垫片2片

(14) 门襟腰面1片

(16) 裤底绸2片

(15) 里襟腰面1片

(17) 前片裤绸2片

图 2-4　放缝规格图

（二）黏合衬部位示意图

如图2-5。

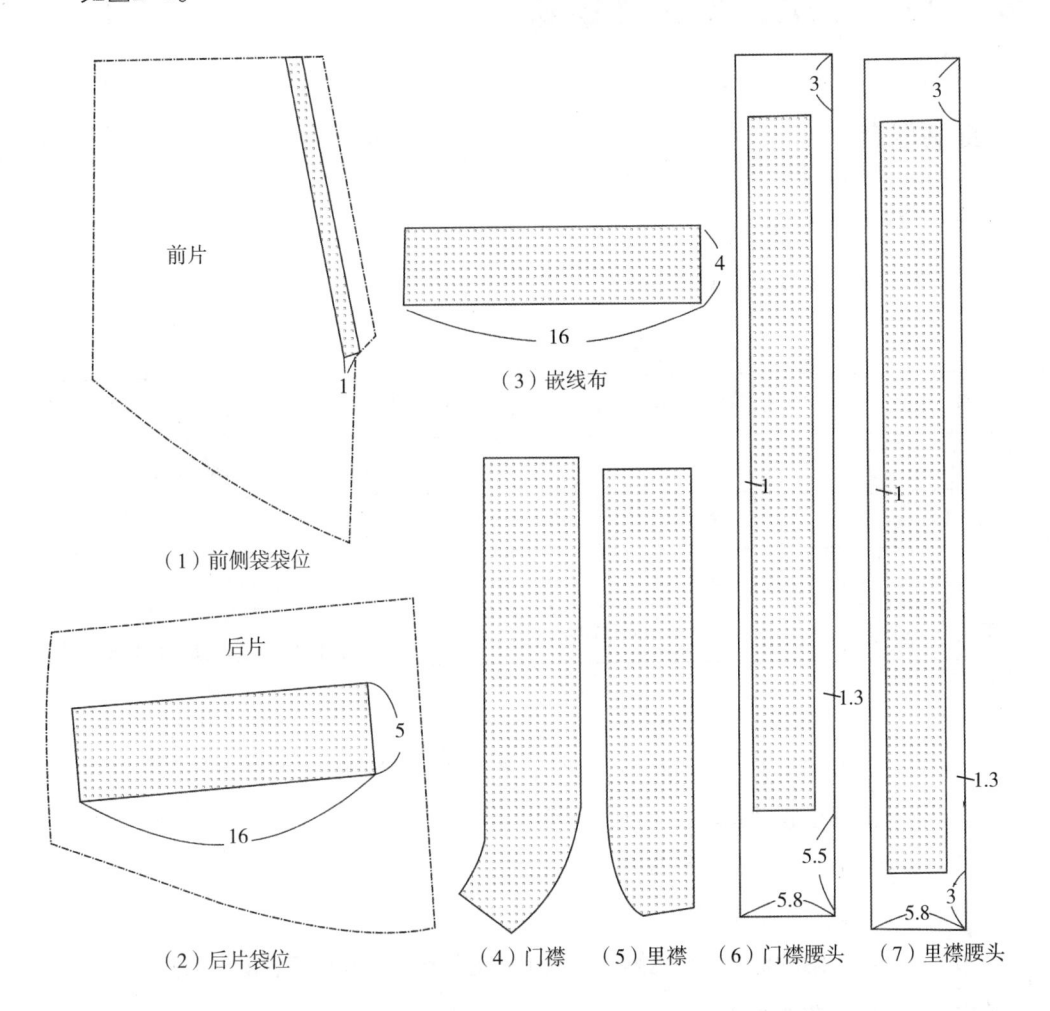

（1）前侧袋袋位
（2）后片袋位
（3）嵌线布
（4）门襟
（5）里襟
（6）门襟腰头
（7）里襟腰头

图2-5 黏合衬部位示意图

第二节　缝制规定与步骤

一、缝制规定

（一）缝制相关规定

（1）针距密度表执行，见表2-2。

表2-2　针距密度表

项　目		针距密度（cm）	针（针）	备　注
明　线		3	14–17	包括暗线
三线包缝		3	10–12	
三角针		3	8–9	以单面计算
钉扣	细线	每孔8根线		缠脚线高度与锁眼部位厚度想适应
	粗线	每孔4根线		

（2）各部位线路顺直，没有跳线、脱线，整齐牢固、平服、美观。
（3）面、底线松紧适宜，起落针时应回针。
（4）不能有针板及送布牙所造成的痕迹。
（5）接线处重合不低于2cm。
（6）倒顺毛、阴阳格原料全身顺向一致（长毛原料，全身向下，顺向一致）。

（二）各部位缝制要求

（1）裤腰头左右宽窄一致，腰头面、衬、里平服，腰里不反吐。
（2）省道长短一致，左右对称。
（3）门襟平服，不打绺；里襟平服，无吃势；门里襟长短一致，门襟止口不反吐。
（4）前裆、后裆缝圆顺、平服。
（5）侧袋口平服、顺直，两袋口大小一致，袋位高低、前后一致，口袋垫布平服。
（6）后袋开线宽窄、大小一致，袋口两端封线牢固。位置左右对称。
（7）侧缝、下裆缝顺直、平服、无吃势。
（8）侧缝、下裆缝熨烫要分开、平服。
（9）两裤腿长短、脚口肥瘦一致。

（10）商标位置端正，号型标志正确清晰。

（11）扣眼不偏斜。

（12）袋布的垫袋料要折光边或包缝。

（13）串带襻长短、宽窄一致，位置准确、左右对称。

（14）绱腰顺直，松紧适宜，无吃势。

（15）滚条、压条平服，宽窄一致，不毛、不漏。裤脚口折边一致，撬缝不露针。

（16）各部位熨烫平服，无水花、亮光、污渍。

（三）主要部位规格、允许偏差（表2-3）

表2-3　主要部位规格允许偏差范围表

部位名称	允许偏差（cm）
裤　长	±1.5
腰　围	±1.0

二、缝制步骤

（一）打线钉

如图2-6所示。

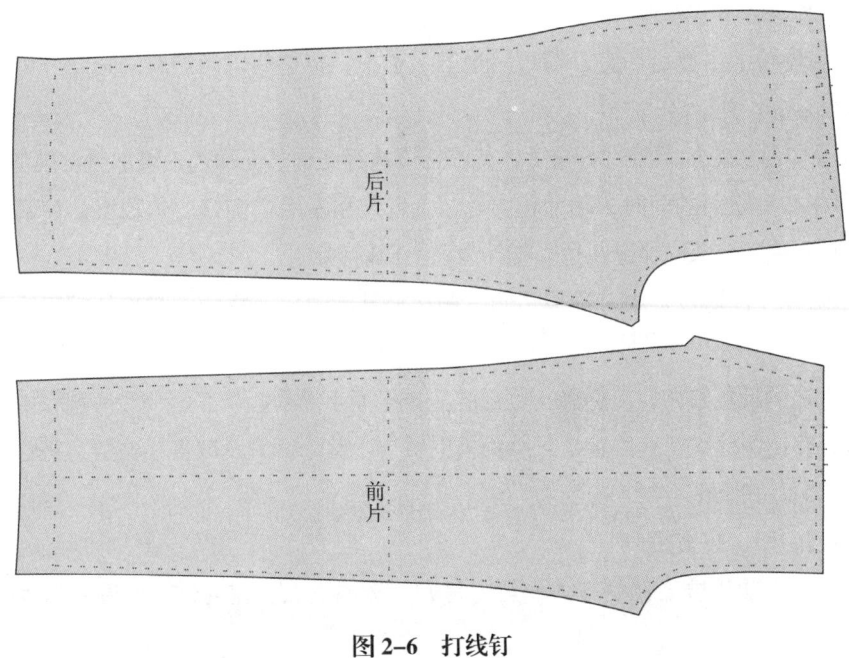

图2-6　打线钉

（二）归拔熨烫

1. 推、归、拔熨烫后裤片

后裤片的推、归、拔熨烫，俗称拔裆。拔裆基本上分为三个步骤：

（1）以裤挺缝线为标准界线，归拔熨烫侧缝一侧；

（2）以裤挺缝线为标准界线，归拔熨烫下裆一侧；

（3）整烫定型，如图2-7所示。

归、拔熨烫时，主要部位喷水量要多一些，次要部位喷水量可少一些。总的归、拔长度和范围。

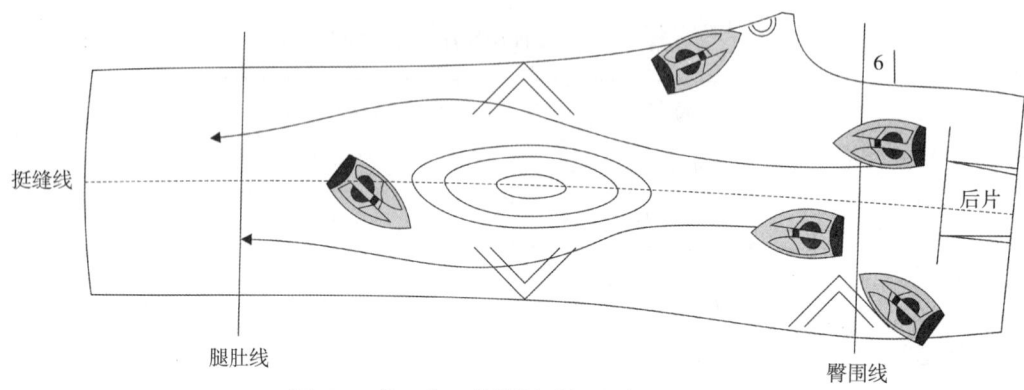

图2-7 推、归、拔熨烫后裤片总示意图

2. 裤侧缝的推、归、拔熨烫

以挺缝线为界线，熨斗由臀围以上约6cm处开始，按箭头方向拔烫，逐渐移到腿肚线。具体操作按以下程序进行：

（1）将臀位上下侧缝归直、缩短。边归、边推，将边线以内形成的隆起胖势，推烫移位到臀部后省尖处。

（2）将挺缝线处的臀部进行拔烫，使该部位的经线抻长而隆起，增加臀部胖势。

（3）在拔烫臀部的同时，随即将中裆以上部位用左手向侧缝一边拉出，使侧缝一边的直丝缕抻长变形，弯向侧缝一边。熨斗也随之向前移动。

（4）熨斗在往返拔烫中，边拔边归，归拢横裆、中裆，将余量归烫至挺缝线部位，注意归平烫尽。

经过上述的反复熨烫，应达到：臀部胖势拔出而丰满隆起，在挺缝线横裆和中裆部位归烫平服，臀位侧缝线弧线归直，且胖势推向臀部。整个侧缝变成直线顺势，符合人体体型曲线，如图2-8所示。

3. 下裆的归、拔熨烫

下裆的归、拔程度要比侧缝大一些，是归、拔的重点。熨斗仍从臀围线以上6cm处开始。

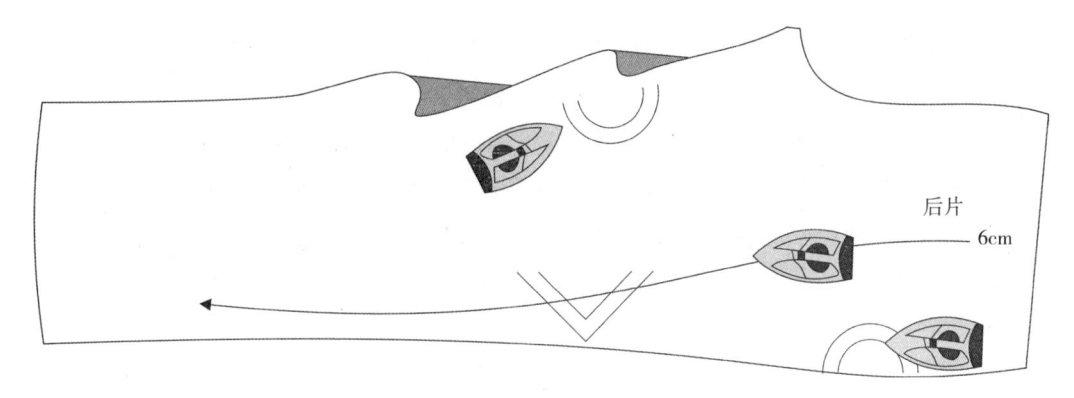

图 2-8　裤侧缝的推、归、拔熨烫

（1）沿挺缝线斜向下裆一侧中裆凹弧部位拔烫，同时左手在中裆稍上部位将下裆缝拉出，熨斗随即推进，将该处直丝变长，使丝缕变长，并向下裆一侧斜去，使下裆弯弧线变成直线。

（2）熨斗在往返熨烫中，将横裆以下部位的余量归烫平服。

（3）将大裆弯部位的横丝向下拔烫，并将横裆以下约10cm处进行归烫，使该部位的丝缕向下斜伸。

（4）下裆一侧的归拔熨烫，要求归拔平服，大裆弯不往上翘，整个下裆缝呈直线形，如图2-9所示。

上层裤片熨烫完成以后，将下层裤片翻到上面来，按上述归、拔方法归拔熨烫。要求上下两片后裤片的归、拔程度，归拔质量完全一致。

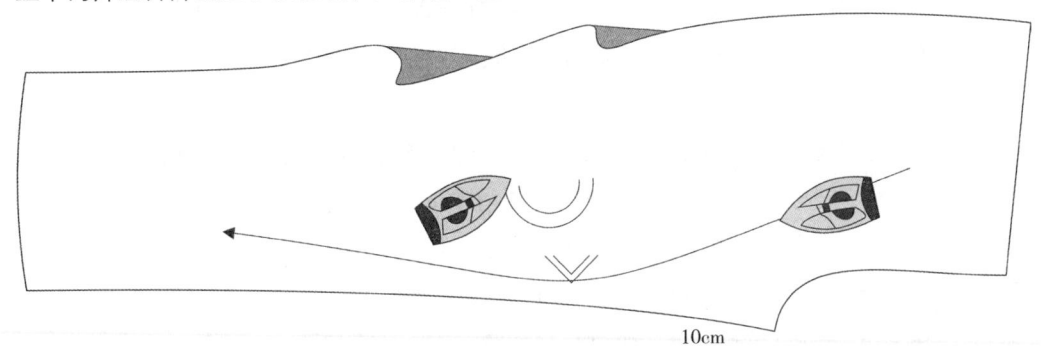

图 2-9　下裆的归、拔熨烫

4. 后裤片归拔整烫定型

整烫定型前先将烫好的裤片对折。下裆缝和侧缝对齐，然后检查一下归拔部位是否符合以下要求：

（1）臀部是否丰满圆出；

（2）下裆缝拔出后是否平直、平服；

（3）裤口是否平齐。

符合要求后，开始整烫定型。定型时，将裤子对直摆平，熨斗以中裆往上熨烫，归拔要求同上。上、下两裤片用同样的方法整烫定型。

整个后裤片归拔熨烫要求标准：侧缝和下裆缝缝合后下裆平服，不起吊；臀部丰满圆出；腿肚自然；与前裤片裤缝相符合；外观要有符合体型的曲线美。如果有不足之处的部位，应按要求重新归拔熨烫，直到符合要求为止。后裤片定型整烫如图2-10所示。

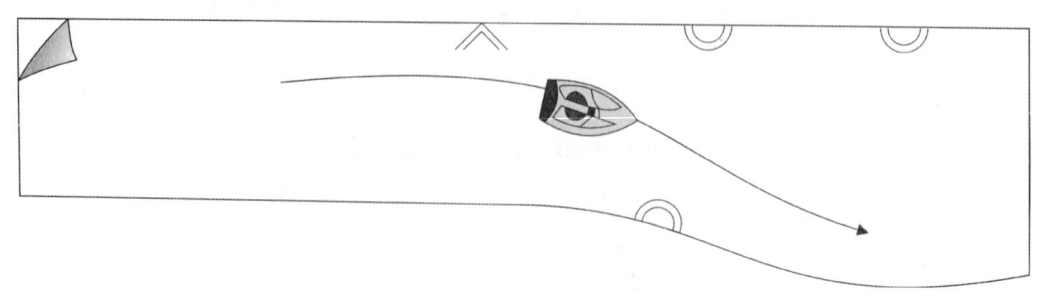

图2-10　后裤片归拔整烫定型

5. 归、拔熨烫前裤片（俗称拔脚）

（1）熨烫褶裥：

和后裤片一样，先从反面烫好平行褶和锥形压烫褶。

（2）前裤片归拔熨烫：

前裤片推、归拔熨烫较后裤片简单。由于前裤片的侧缝和下裆缝的倾斜度比后裤片较小，因而归拔量也较少。主要进行以下部位的推、归、拔烫：

① 将袋口部位侧缝弧线归直，并顺袋门贴边内敷粘合牵条，防止袋口松弛。

② 将侧缝和下裆缝中裆的凹弧部位略拔开。注意下裆缝的中裆线以上部位不要拔开（此处不需要隆起胖势）。

③ 侧缝下裆缝的中裆位拔烫后产生的余量，分别向挺缝线归拢、归烫平服。

④ 侧缝和下裆缝中裆以下的腿肚部位，要稍拔弯，并向挺缝线处归烫平服。

以上推、归、拔吸烫完成后，侧缝与下裆缝均由弧线变成了直线。将侧缝和下裆缝比齐对折，进行整烫定型。如有不足之处，再加归拔，直到侧缝和下裆缝均成直线，并与后裤片缝子相吻合，裤口平齐为止，如图2-11所示。

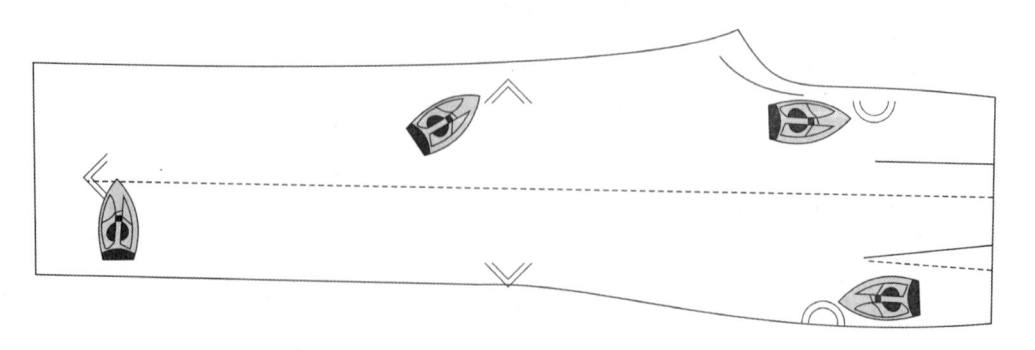

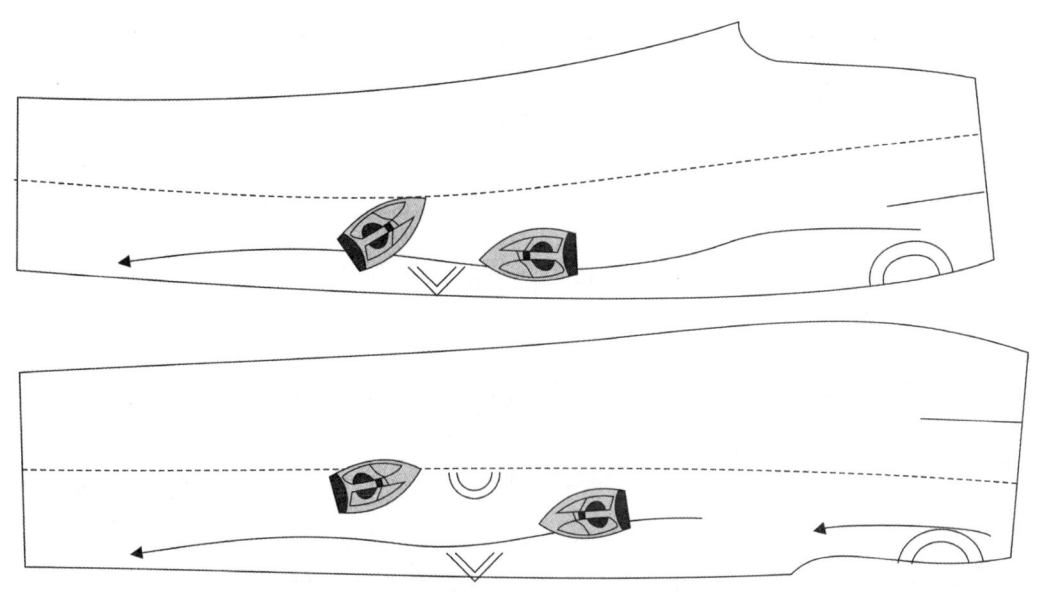

图 2-11 前裤片熨烫

如图2-12所示,将烫迹线先烫出来,注意布料正面要垫布。

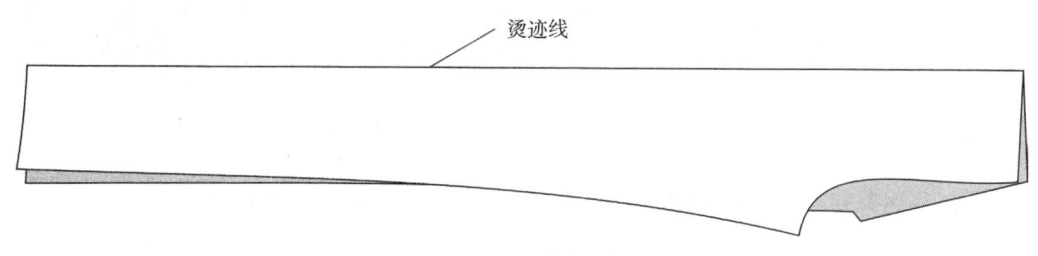

烫迹线

图 2-12 烫烫迹线

(三)敷裤绸

先将裤底绸用白扎线固定在后片裆位处,然后,用手针将折叠的直线部位与裤片缭牢。

(四)包缝

前后片侧缝及下裆缝包缝,如图2-13。

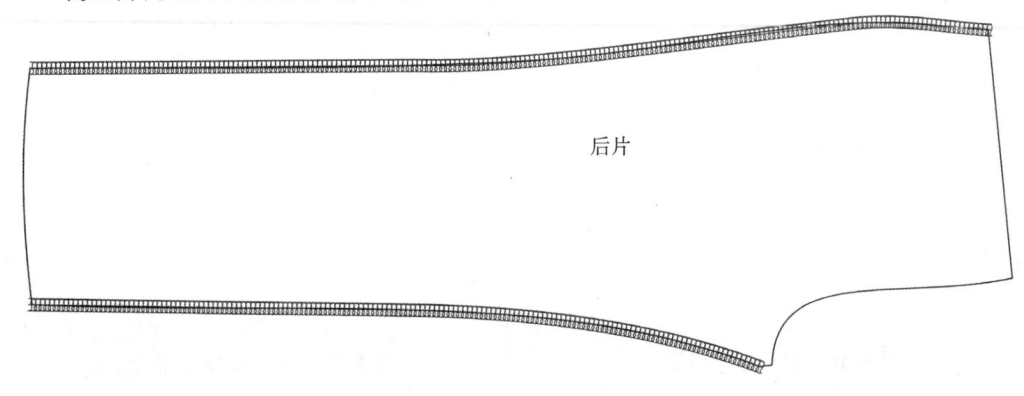

后片

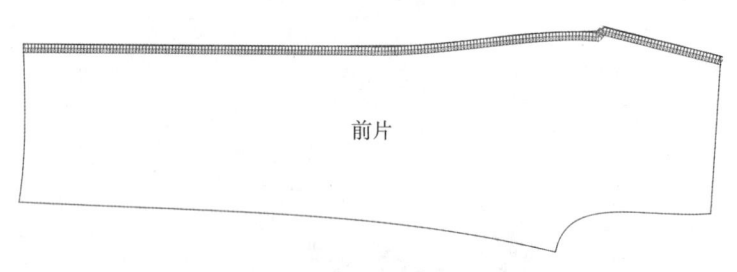

图 2-13 包缝前后片

（五）做后袋

（1）缝合后片省道。按纸样位置标记，缉合后省，省尖处继续空缉0.8~1cm，如图2-14所示。

（2）熨烫省道。熨烫时，熨斗要由省尖处往上归烫，使省尖平、实、勾，无泡印，如图2-15所示。

在后裤片反面将省道向侧缝的方向烫倒，省尖胖势烫散，推向脚口方向。

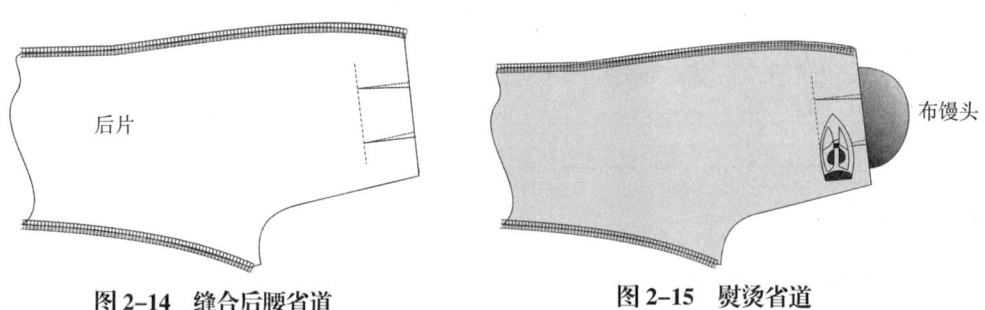

图 2-14 缝合后腰省道　　图 2-15 熨烫省道

（3）在后裤片反面的袋口处粘有纺衬或无纺衬。其长度左右比袋口大1~2cm，宽度大3cm左右，然后在后裤片正面画口袋位置，如图2-16所示。

（4）固定垫袋布和后袋布：将垫袋布与后袋布缉缝，然后置于后裤片的反面，然后将袋布与裤片固定；袋布上口超出裤后片腰上口线0.5cm，袋布左右要宽于袋口大的两端2cm，如图2-17所示。

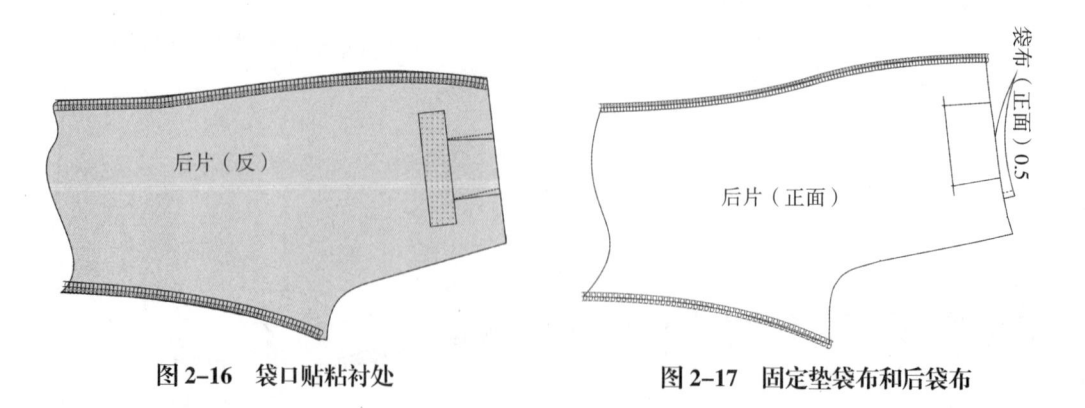

图 2-16 袋口贴粘衬处　　图 2-17 固定垫袋布和后袋布

（5）嵌线布反面粘衬后，将嵌线布正面和裤片正面相对，嵌线边中间缝对准袋口，袋布要参照袋口线，使其居中，然后距袋口线0.5cm处，各缉一条与袋口等长的线，两端要倒回车固缝，如图2-18所示。

（6）剪袋口。检查背面袋布上的嵌线缉线是否平行，宽度是否符合标准；上下袋口位是否在一条直线上。确定无误后，由上下袋口线的中间与袋口大的中间开始，剪至距袋端点两端约0.8cm处，剪成三角。剪到端点时，不能剪断缉线，要离开缉线1至2根丝缕，如图2-19所示。

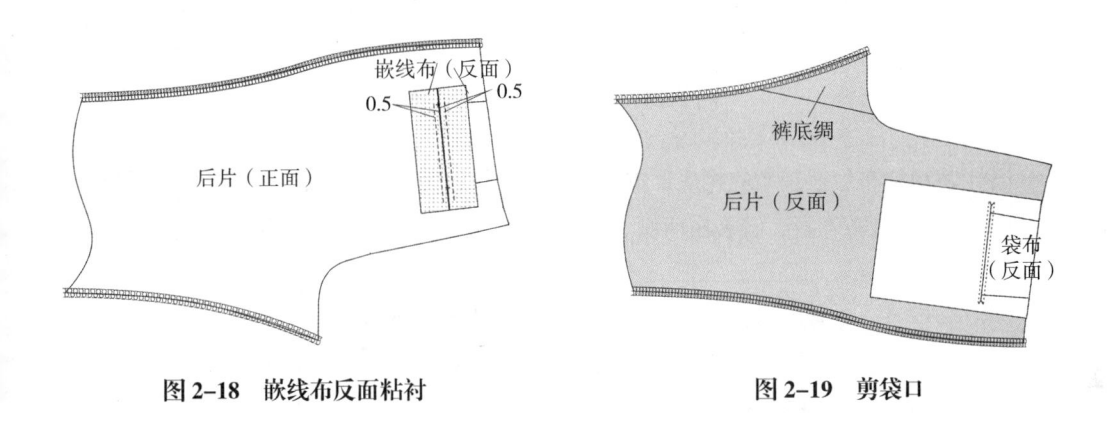

图2-18　嵌线布反面粘衬

图2-19　剪袋口

（7）将嵌线布翻向裤片反面，并将剪开的缝份劈缝熨烫。并按上下嵌线宽各0.5cm扣好上下嵌线，如图2-20所示。

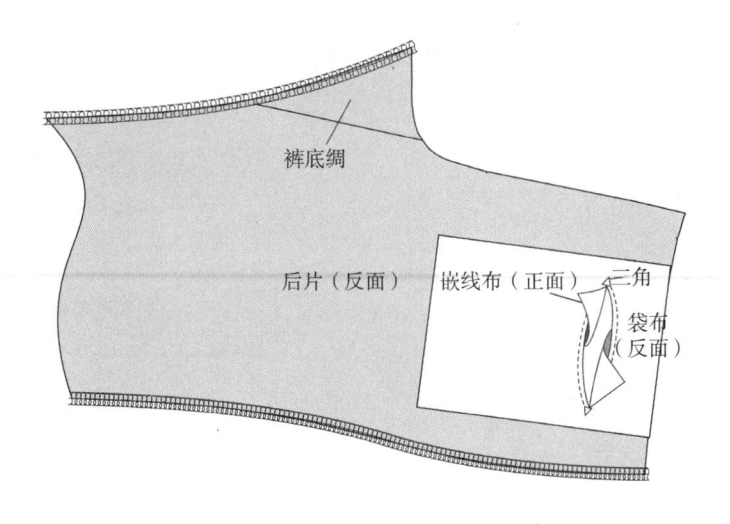

图2-20　翻嵌线布并熨烫

（8）掀起裤片，车缝固定下嵌线缝份及封三角，如图2-21所示。

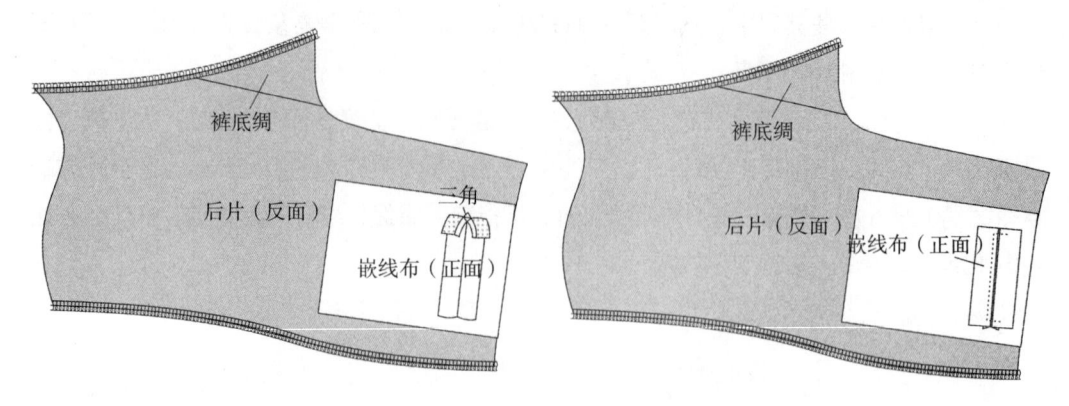

图 2-21　车缝下嵌线及封三角

（9）将垫袋布放在袋布的相应部位上，然后用固边缝的方法车缝，如图2-22所示。
（10）将垫袋布卷折，缝袋布两侧。先缝反面，缝份为0.3cm，如图2-23所示。

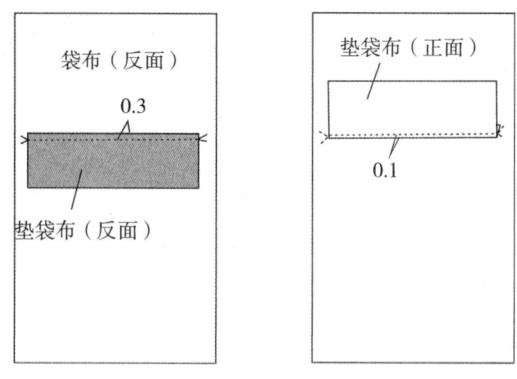

图 2-22　缝制垫袋布

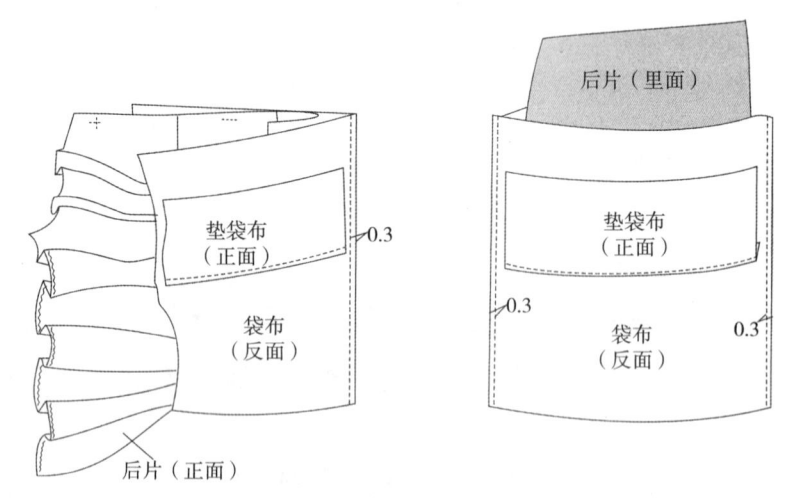

图 2-23　辑缝袋布

（11）将袋布翻向正面，将裤片掀起，车缝上嵌线，同时固定袋布和上嵌线，如图2-24所示。

（12）剪掉袋布超出腰口的多余部分，嵌线要求上下左右的宽度一致，四角方正，如图2-25所示。

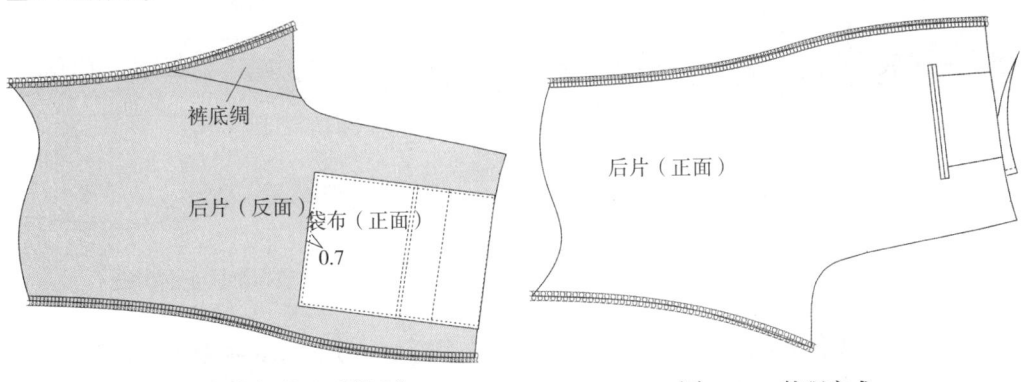

图 2-24 翻袋布到正面并固定

图 2-25 整理完成

（六）前片缝制

做侧袋：

（1）袋口贴嵌条衬，防止斜丝被拉开，嵌条宽1cm，如图2-26所示。

（2）口袋布缝垫袋布，需左右两边对称，距侧缝1cm不缝死，如图2-27所示。

（3）将袋布斜口一侧对准袋口线，扣烫前片袋口折边，袋口缉0.5cm明线，如图2-28所示。

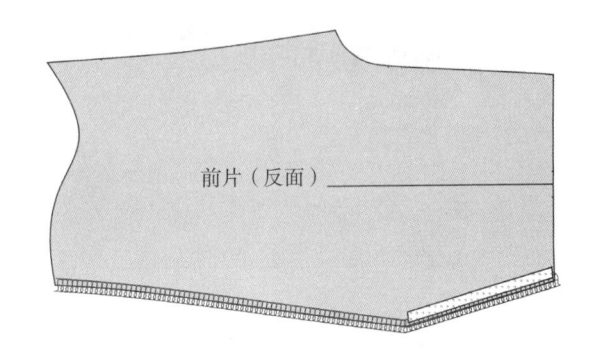

图 2-26 袋口贴嵌条衬

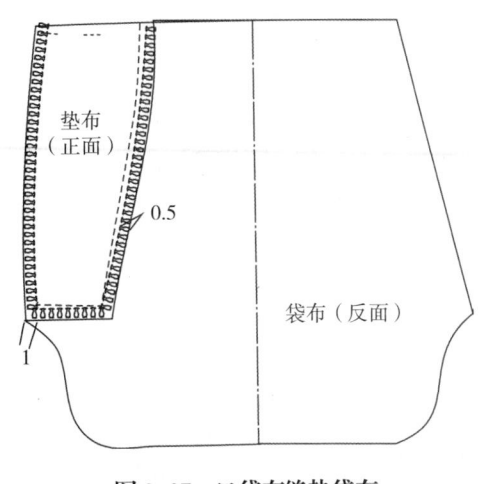

图 2-27 口袋布缝垫袋布

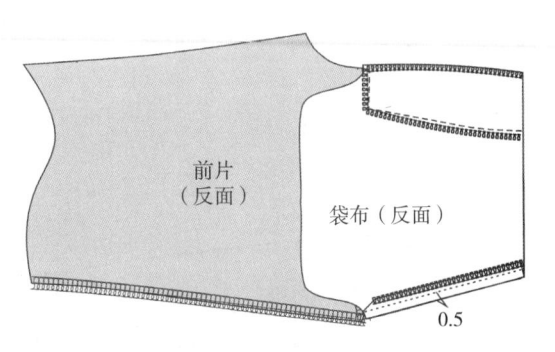

图 2-28 袋布斜口缉线

（4）将袋布折向反面，先缉缝下口0.3cm缝份，距袋口2cm处不缝，如图2-29所示。

（5）将袋布翻过来，再在正面缉缝0.7cm的明线，如图2-30所示。

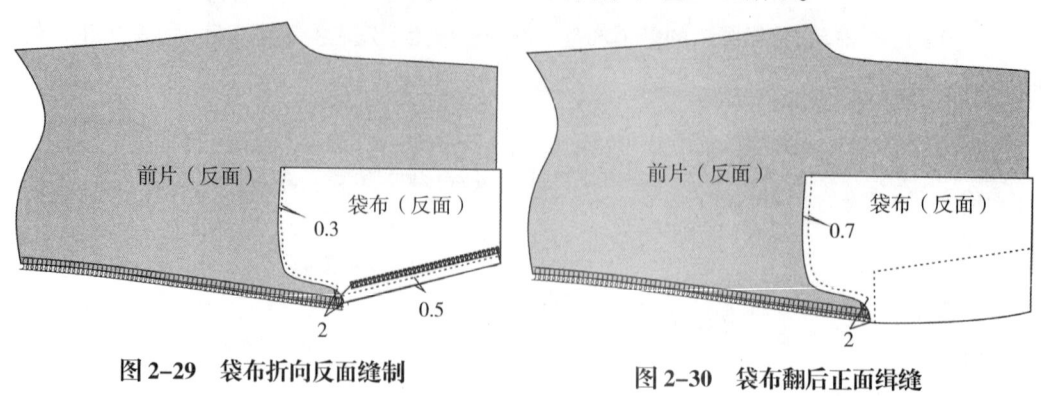

图 2-29　袋布折向反面缝制

图 2-30　袋布翻后正面缉缝

（6）车缝前腰褶裥2cm长并烫倒，正面倒向侧缝线，上面固定插袋对位。下面固定对位时，将袋布和垫袋布分开，使袋布不被缝死。最后将袋布余下的2cm长的折边单缝一下，如图2-31所示。

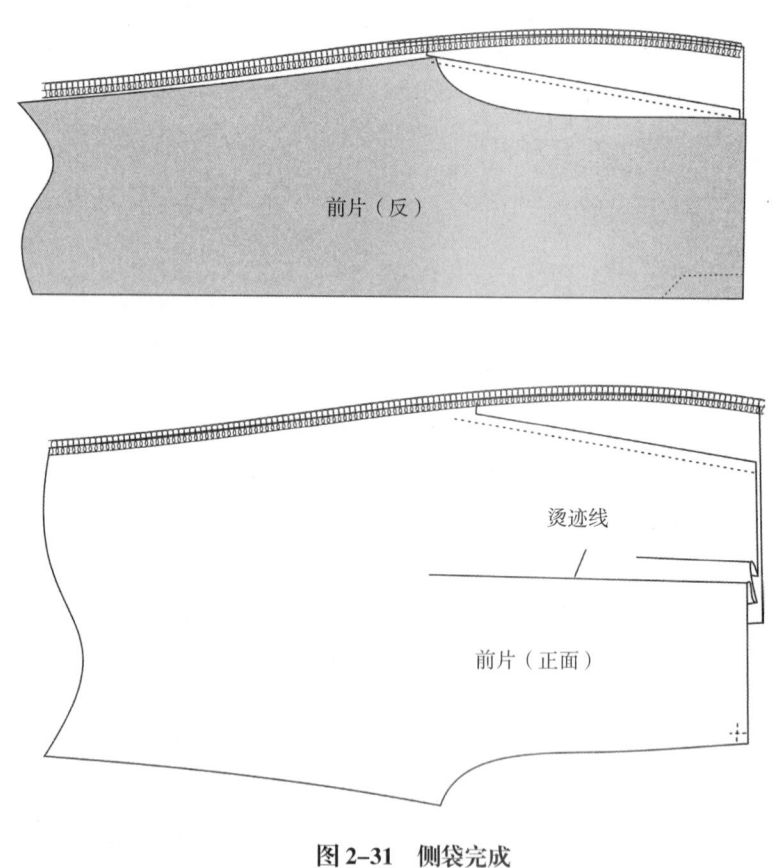

图 2-31　侧袋完成

（七）缝合侧缝

（1）侧缝缝合时将前裤片侧袋袋布掀开，使之不被缝合，并将袋布侧缝扣烫0.5cm，如图2-32所示。

图2-33将袋布与侧缝固定。

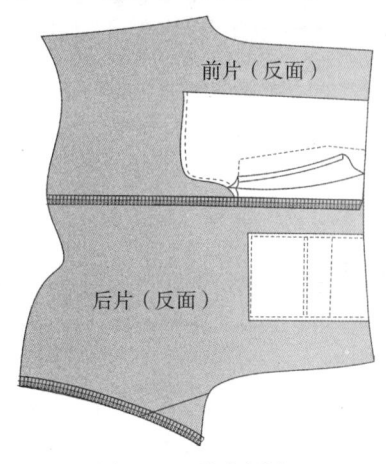

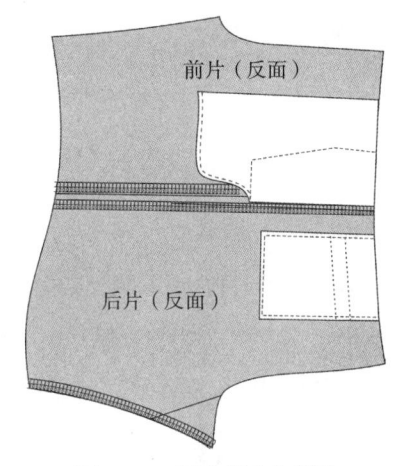

图2-32　缝合侧缝　　　　　图2-33　固定袋布与侧缝

（2）侧缝分缝后，铺好袋布，袋口封结。前后片侧缝正面完成图，如图2-34所示。

（3）侧缝及侧缝袋烫分缝。

将前后裤片的侧缝及后裤片的侧缝与直插袋垫袋口料缝合后，必须将侧缝及袋口缝进行分缝熨烫定型，如图2-35所示。

熨烫技法：

① 将中裆以上的侧缝部位及袋门放置在馒形"马凳"或其它烫凳上，进行缩分缝熨烫。以巩固前后裤片这一部位归推熨烫的塑型效果；再进一步将胖势推向前腹和后臀，使臀腹更丰满，见图2-35中①。

② 将中裆以下的侧缝（直丝部分），略进行拉伸分缝，并烫平、烫实，见图2-35中②。

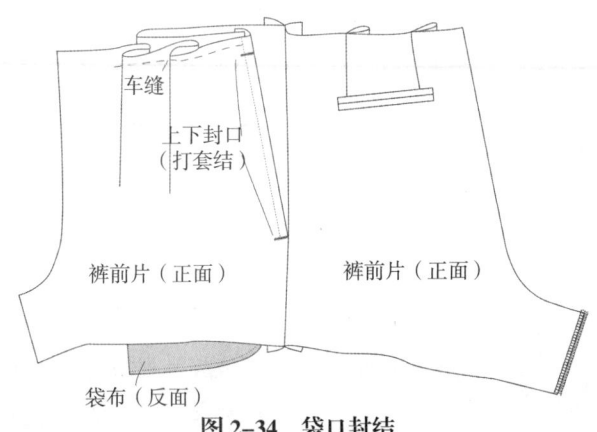

图2-34　袋口封结

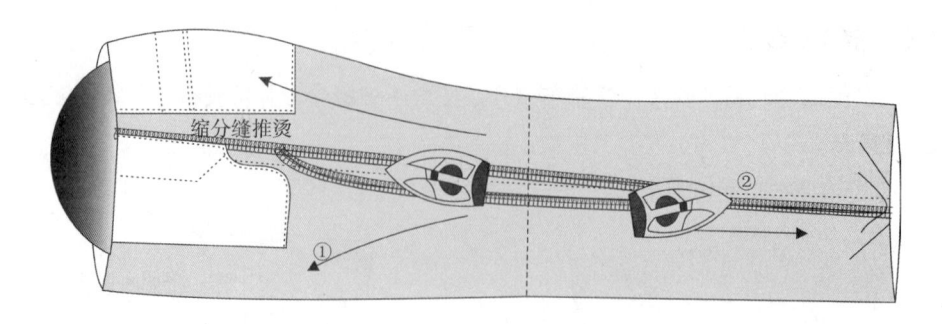

图 2-35　侧缝及侧缝袋烫分缝

（八）覆前片裤绸

将裤绸反面与裤片反面侧缝处相对，裤绸和后侧缝搭接缝合，裤绸折向前片，在侧缝缝份上边沿0.2cm用星点缝固定，按照前片位置，扣烫裤绸褶裥，并用白扎线绷缝，裤绸的前片下裆缝与面料一起包缝，如图2-36所示。

（九）车缝下裆缝

（1）缝合下裆缝，分缝熨烫，如图2-37所示。

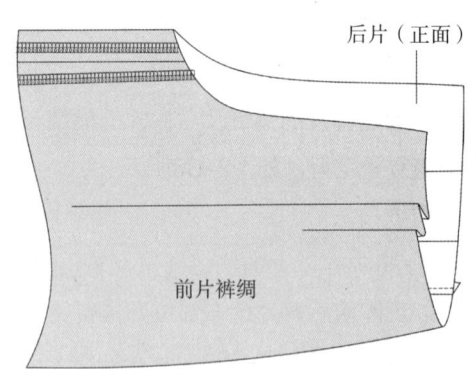

图 2-36　覆前片裤绸

图 2-37　缝合下裆缝并分缝熨烫

（2）在正面烫后裤烫迹线，注意在面料正面熨烫时要垫水布。然后用2cm宽45°斜纱绸包滚后裆缝份边缘和前裆缝份边缘，如图2-38所示。

（3）下裆烫分缝定型。

分烫下裆缝，是第二次"拔裆"、"拔脚"定型，十分重要。因为中、高档西裤都是使用质地较好也较紧密、硬挺的毛织

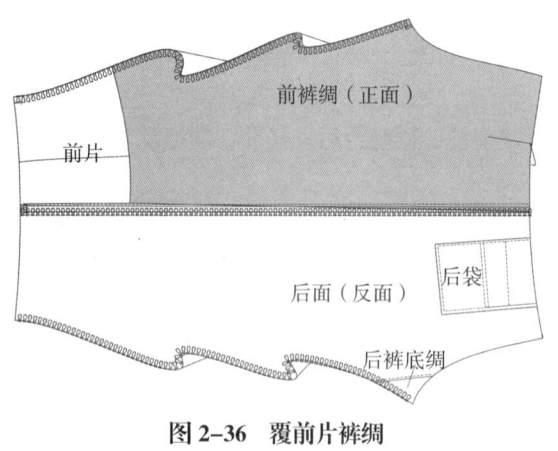

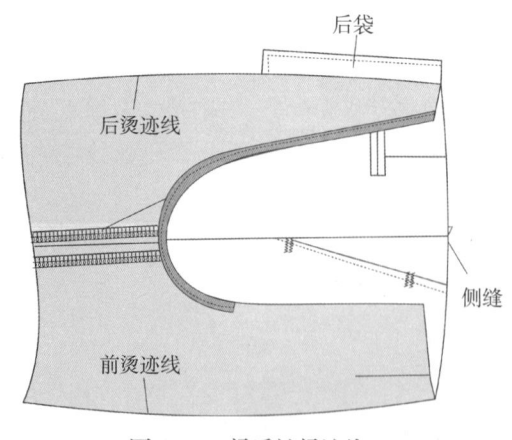

图 2-38　烫后裤烫迹线

物或毛型织物制作的，在进行缝制前，裤片虽然都经过拔裆、拔脚塑型熨烫，但隔一段时间，加上加工的搓揉，裁片难免要回缩还原。因此，进行分烫下裆缝时，要根据拔裆和拔脚工艺要求进行再定型。主要有以下熨烫：

① 伸分缝：将下裆缝和侧缝上下对齐、摆正，熨斗由上至下，按伸分缝技法进行分缝。要分平、烫实。目的是将绱缝分开、拉伸烫定型，避免因绱线紧而造成的下裆起吊。熨烫示意见图2-39中①。

② 将下裆摆平、摆正，熨斗由下往上，由下裆向臀部推烫、拔烫，进一步将臀部烫圆、烫丰满，熨烫示意见图2-39中②。

③ 将侧缝一边臀部至下裆的弯凹部位进行归烫，归平、烫实。熨烫示意见图2-39中③。

④ 扣烫裤口边，如图2-39中④。

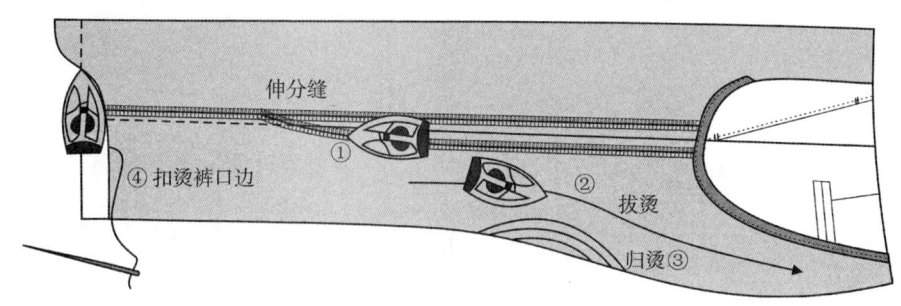

图 2-39　下裆烫分缝定型及扣烫裤口贴边

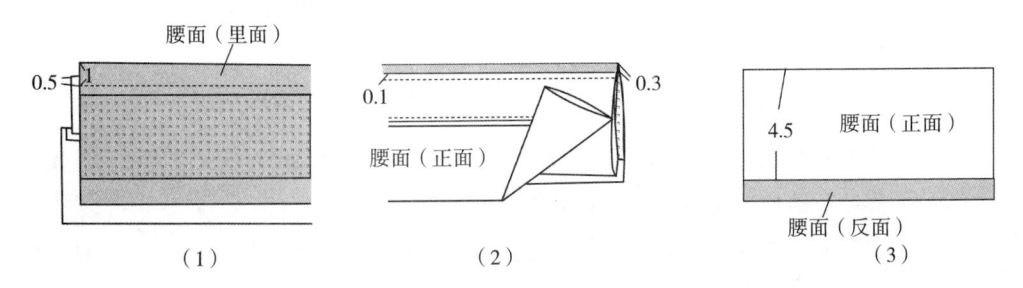

（十）制作腰头面、里及串带

具体操作如图2-40所示。

（1）将黏好衬的腰面和市面出售的防滑腰里正面相对缝合，腰里缝份0.5cm，腰面缝份1cm。

（2）将腰面翻向正面，腰里折死并压0.1cm的明线在腰里上，腰面折线应比下面少0.1cm，腰里多出0.3cm，烫死。

（3）此时腰面宽度为4.5cm。

（4）将串带正面相对，车缝串带宽度。

（5）分缝烫好后翻到正面，并绱缝0.1cm明线，缝份放在中间。

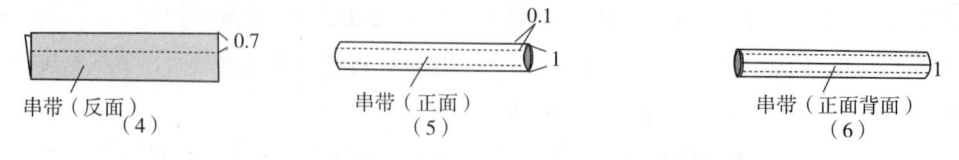

图 2-40　制作腰头面、里及串带

（十一）绱腰头，缉缝裆部

（1）先在裤片上定好串带的位置，前串带对准第一个裤褶，后中串带对准后裆斜线向内侧2cm，第一串带在第一前褶位置，进行三等分，等分点为串带的位置，如图2-41所示。

（2）将腰面正面与裤片正面相对缝合，距前片门襟、里襟7cm处不缝，串带同时被依次缝合。

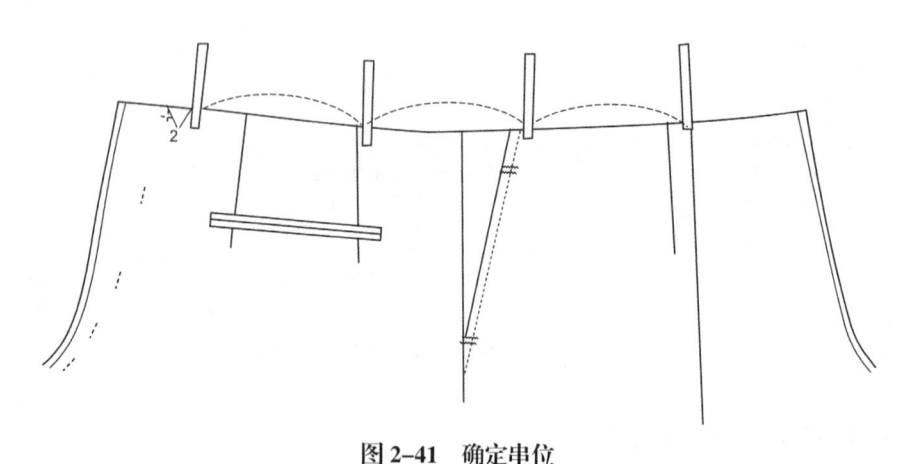

图 2-41　确定串位

（3）从后中线腰里开始缝合裆线，双线缝合，到前小裆封结点上2cm处止，并分缝熨烫。

（十二）绱拉链

具体操作，如图2-42所示。

（1）里襟粘衬，同里襟里子正面相对缝合。

（2）将里襟翻过来，并烫平再缝0.1cm明线。

（3）扣烫里襟里子前口，并烫出前段宝剑头。里襟里子多烫出0.1cm。

（4）用熨斗将里襟里子下部稍烫弯曲。

（5）门襟黏衬。

（6）将拉链正面与门襟正面相对，拉链边缘与门襟前口留0.5cm，另一边车缝双道线。

（7）门襟与左前片正面相对，车缝门襟线1cm。

（8）翻向正面，在反面扣烫翻折线，缉0.1cm明线。

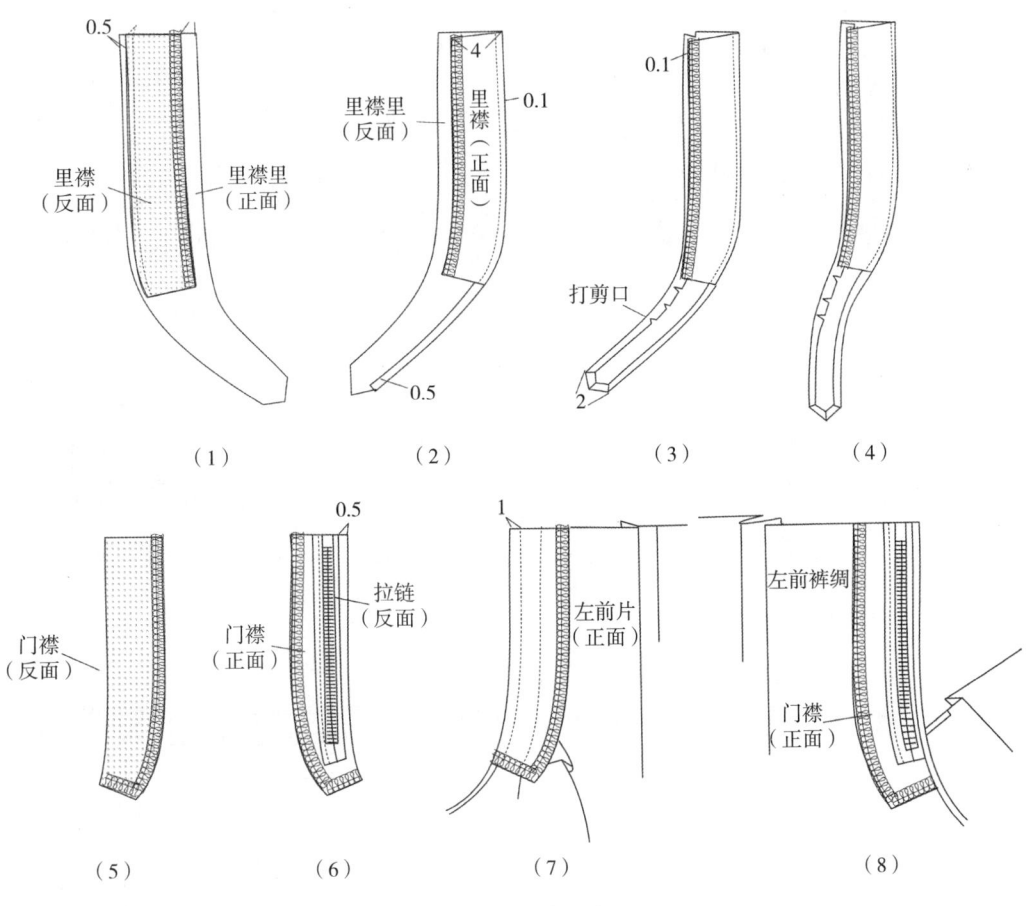

图 2-42 绱拉链

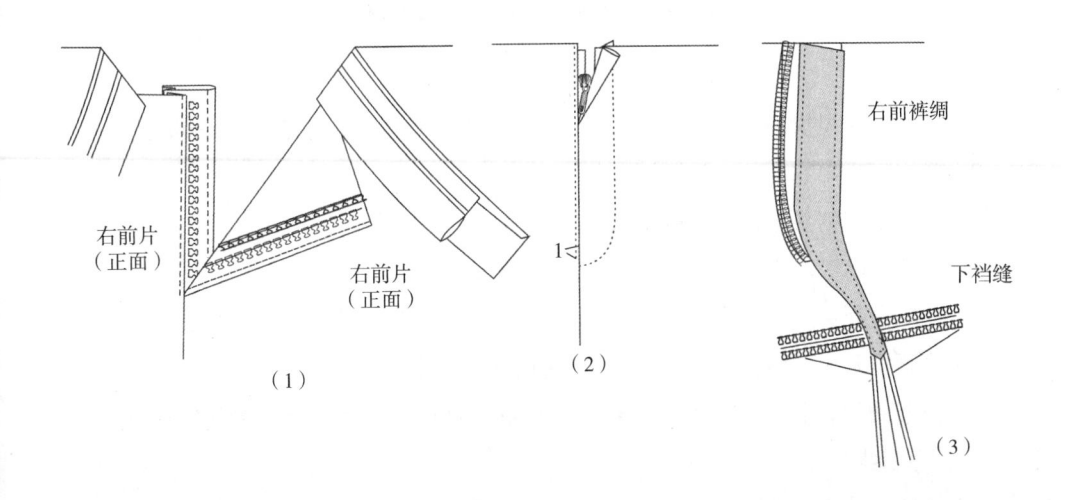

（十三）缝里襟、钉串带、钉裤钩

具体操作，如图2-43所示。

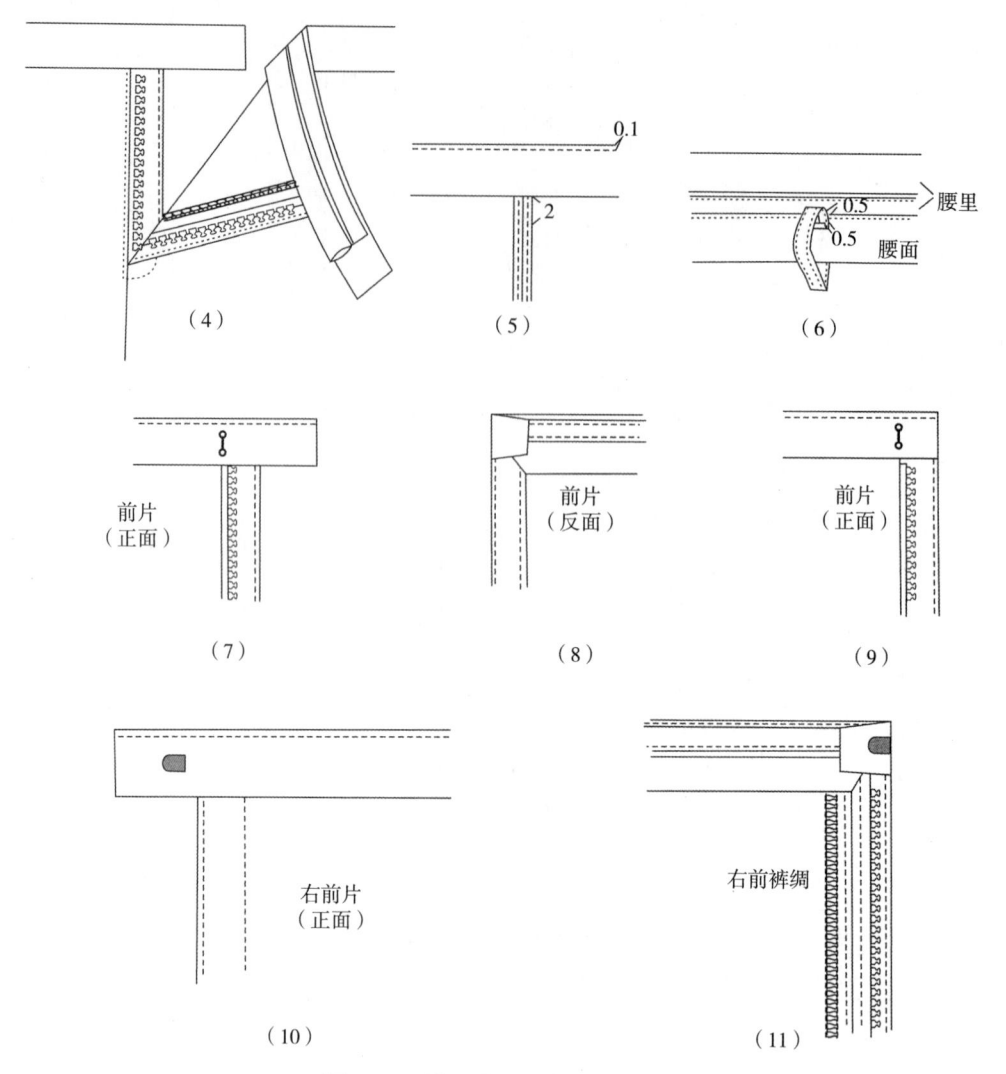

图 2-43　缝里襟、钉串带、钉裤钩

（1）将右前片里襟缝份向里扣倒1cm，与里襟夹住拉链边，压缝0.1cm的明线。

（2）将里襟折向右前片，车缝门襟明线。

（3）将里襟宝剑头与裆位缝份车缝固定。

（4）将前片门襟、里襟处腰头余下的7cm缝合。

（5）先车缝腰头止口明线0.1cm，在腰头夹着串带下2cm出封结一段串带。

（6）将腰里掀起，距腰里止口0.5cm处封结串带上线。

（7）掀起腰里，将裤钩钉好，裤钩对准拉链，然后将腰头多余的量翻折到背后，卷成光边，用手针缲好。

（8）裤钩对准门襟止口，将腰头长出的部分向腰里卷边，用手针缲缝固定。

82　男装缝制工艺

（十四）缝裤脚

具体操作如图2-44所示。

（1）扣烫踢脚布。

（2）将裤踢脚布与烫迹线对齐，垫放在脚口折边上，比脚口折边长出0.1cm，并车缝0.2cm的明线。

（3）扣烫好裤脚边，用三角针缲缝。

（4）正面的效果。

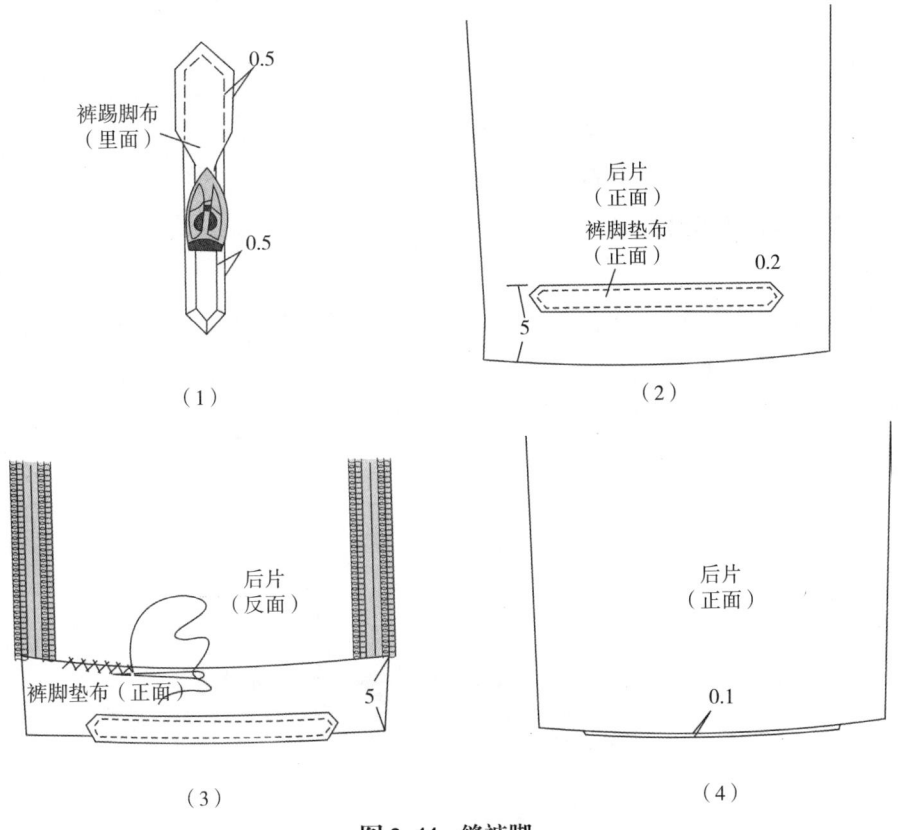

图 2-44　缝裤脚

（十五）手缲缝腰头里

将4cm宽腰里掀开，用三角针将2.5cm宽的对折腰里与腰头缝边固定，如图2-45所示。

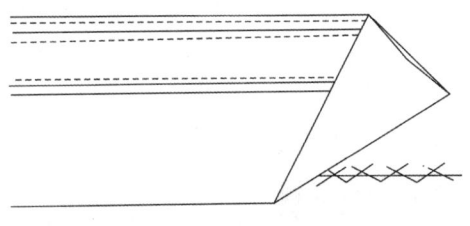

图 2-45　手缲缝腰头里

第三节　成品整烫工艺

（一）成品熨烫

1. 整形熨烫顺序

从反面烫裤子各条缉缝、裤底和裤上部→正烫裤上部→正烫右裤腿下裆各部位→正烫左裤腿下裆各部位→正烫正面左右侧各部位。

上述各部位，通过半成品"拔裆""拔脚"熨烫和部位小烫，已为成品整烫打下了基础。成品整形熨烫，主要就是巩固原有熨烫效果，并弥补半成品熨烫的不足，从而获得更佳的塑型和定型效果，使裤子更挺拔、美观、质量更好。

2. 整烫技法和技术要求

（1）熨烫准备：

熨烫前，清除裤子正面、反面各处攃线、线头、粉印、毛须等，确保产品整洁。

（2）反面熨烫裤缝：

整烫反面各条裤缝，包括两条下裆缝、两条外侧缝、前后裆缝等。要将缝子烫死、压死。注意两条侧缝上段应置于马凳上熨烫，两条下裆缝要在台案上进行"伸"烫，如图2-46所示。

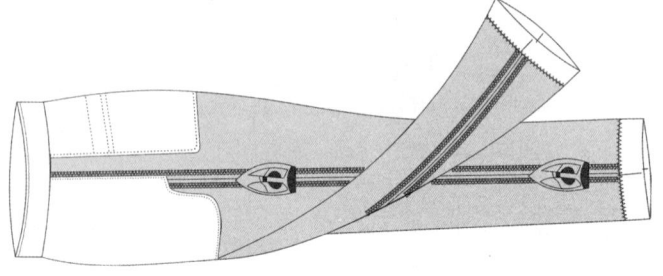

图2-46　反面熨烫裤缝

3. 反面熨烫裤底和踢脚条

（1）压烫大小裤底：把大小裆弯双叠，下垫布馒头，顺弯势把大小裤底烫压贴实，使裆底平整，如图2-47所示。

（2）压烫踢脚条：踢脚条又称"鞋磨"，是保护后裤脚口的重要部件。熨烫时要在裤反面把它烫平、烫贴，并吐出裤脚口0.1cm，如图2-48所示。

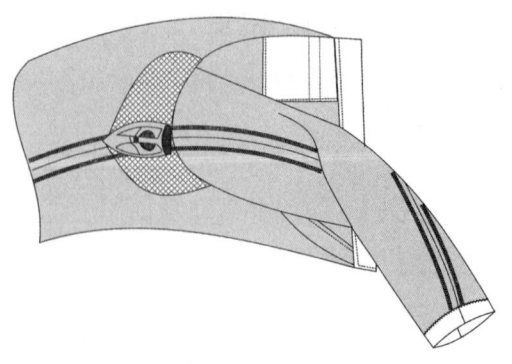

图2-47　反面熨烫裤底

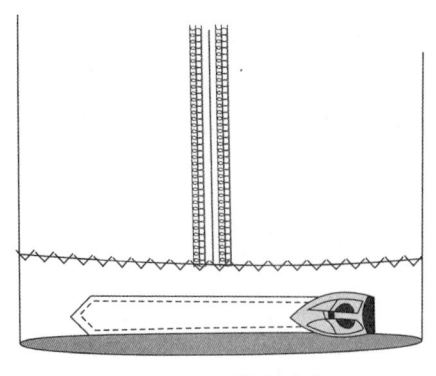

图 2-48 压烫踢脚条

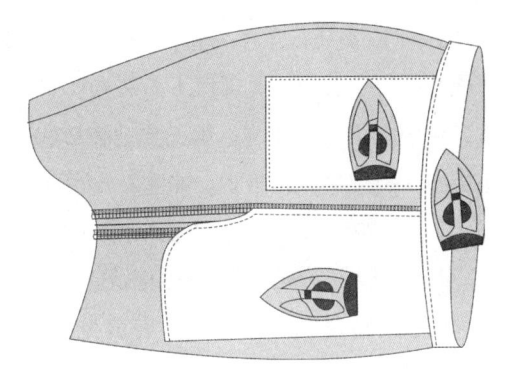

图 2-49 反面熨烫裤上部

4. 反面熨烫裤上部

从反面熨烫腰里、袋布、省道、裤袋缝等，要烫平，烫后无褶皱，如图2-49所示。

5. 正面整烫裤上部

正面整烫裤上部是裤子成品整形熨烫的重点工序。用铁凳或"马凳"等熨烫工具，将裤子上部架起来，盖上烫布，喷上水花，从门襟处开始，逐部位熨烫，至里襟止。顺序为：左门襟（包括正面裆底位）→左前身褶→左袋口→左后侧省道→后裆缝→右后侧省道→右袋口→右前身褶—里襟（包括裆底位），如图2-50所示。

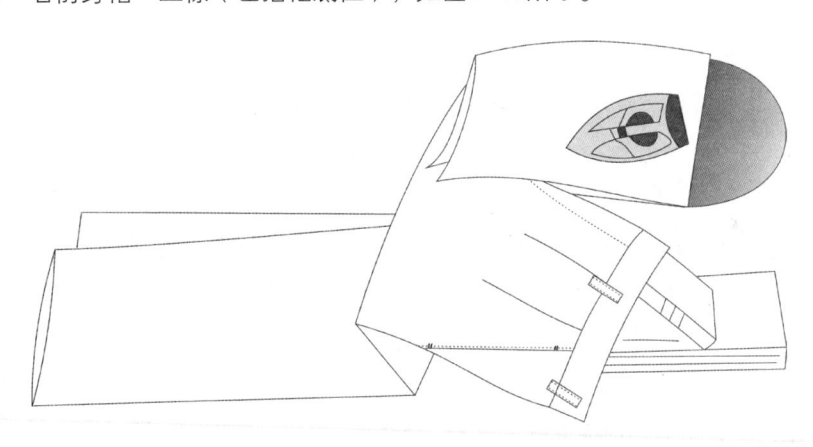

图 2-50 整烫裤上部

在整烫上部的同时，将腰面烫平，穿带烫压贴平、整齐，将裤腰接缝处的皱褶消除。上部整烫的技法和具体要求：

（1）门襟要熨烫平服，门、里襟要长短一致。同时掀起裤腿，将裤裆底烫平服，因为裆底在摆平熨烫时，不易烫平。

（2）整烫前身左侧的挺缝线直褶和压烫锥形褶。褶要烫平、烫直，丝缕要烫顺。锥形褶褶长不超过袋口，褶尖要顺直、平实。

（3）左侧袋口（多为直插袋）整烫，要烫好3个部位：第一要烫实、烫平，袋口下侧缝烫至袋口下2cm（此部位下有袋布和口袋缝份不易烫平），要烫平袋口处的"鼓包"；第二要归缩烫袋口部位；第三要把袋口和袋口缝并齐、合缝后再整烫，以免"豁口"露出垫袋布，熨烫平服、美观。如图2-51所示。

（4）烫右后侧省道，主要采用归烫技法把省道烫平，并消除省道尖处的泡状纹。

（5）烫平、烫实、烫顺后裆缝。

右后侧省道、右侧袋口、右前身褶、右里襟及裆底整烫技法和要求与以上（1）～（5）相同。

裤子上部正面熨烫技术要求：各部位熨烫平服，省、褶平顺，褶、省尖无"泡印"，袋口平服不紧不松、不裂口，袋口下2cm段烫平实、无鼓包，腰面平服、腰缝缉线无吃皱，穿带襻平贴、整齐，裆底平服无褶印。门襟、里襟平直、长短一致，各部位均应烫平挺。

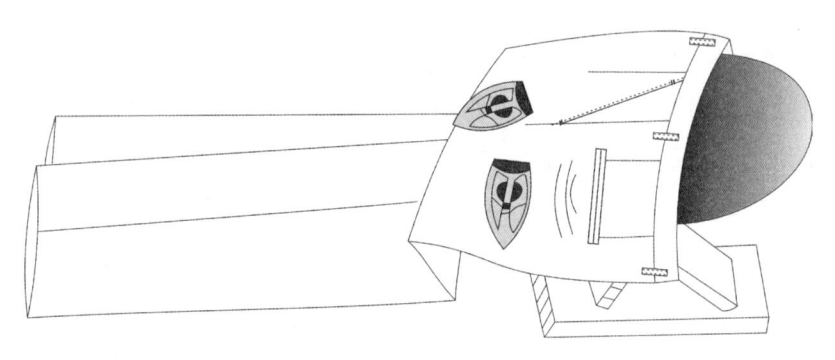

图 2-51 整烫裤省缝，侧袋口

6. 正面整烫左裤腿下裆各部位

将袋布向腰上掀起，裤子的下裆缝和侧缝对准、对齐后，再将裤前挺缝靠近身前，裤上部在右侧，裤腿在左侧摆平在台案上。然后，将右腿掀起、折叠，露出裆底和左裤腿下裆各部位，同时将前挺缝线部位和下裆缝伸直（与台案边平行，余量推到后挺缝线），再盖上双层烫布，喷水花熨烫以下部位：

（1）整烫左裤腿下裆前挺缝线：

将挺缝和丝缕摆直，由上至下或出下至上、用"平烫"技法，不归、不伸、不紧、不松地将前挺缝线烫直、压贴、烫死、烫干，并与前身直褶连顺，见图2-52①。

（2）整烫左裤腿下裆缝：

先将下裆缝摆直顺，盖上烫布喷水花，把裆底烫平，缝烫死（常有拼裆缝，都要烫实）。然后喷水，从上至下熨烫下裆缝。经加温加湿，使下裆缝的纤维变软后，再用右手握熨斗，左手抻拉裤口边，对下裆缝进行拉伸烫，使下裆缝缉线由紧变松，吃皱消失，获得下裆缝平、贴、直、顺，裤口平直不凹心的熨烫效果，见图2-52②。

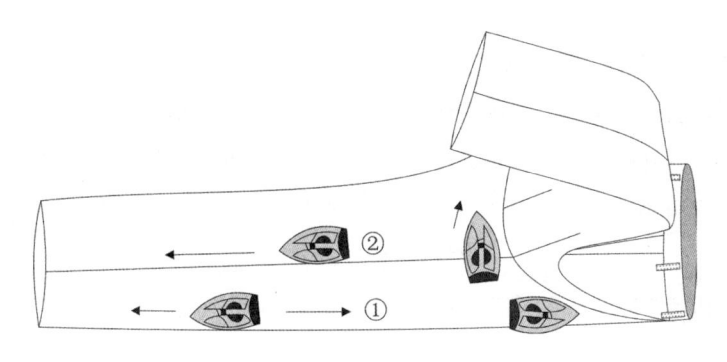

图 2-52　整烫左裤腿下裆前挺线和下裆缝

（3）整烫左裤腿后挺缝线和臀位：

这一部位的整形熨烫要巩固"拔裆"效果。首先，将裆部烫平，随即顺势向臀部推烫。将臀部推烫得平服、丰满、弧出。后挺缝线上端烫至与臀高位平齐为止。其次，将后挺缝线中裆以下至裤口一段烫直、烫平、烫死，最后将中裆至臀部一段的内凹弧线进行归烫，归平、烫实、烫顺，使后挺缝线全段从上至下展现出人体曲线美：臀丰圆、腿顺直、腿弯曲线自然，如图2-53所示。

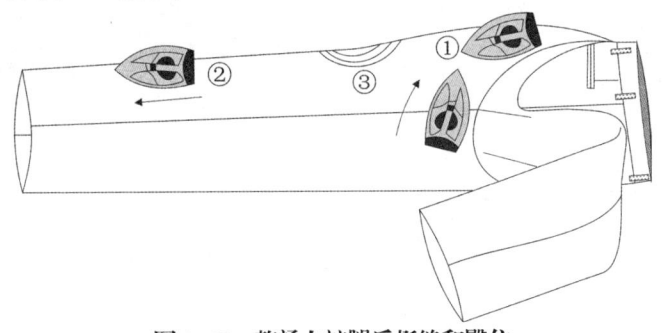

图 2-53　整烫左裤腿后挺缝和臀位

7. 正面整烫右裤腿下裆各部位

将前挺缝线靠近身前摆平在台案上，裤子上部放在左手一侧，裤口摆在右手一侧。掀起左腿，向上折叠，露出右裤腿下裆，并把前挺缝线位和下裆缝线摆直顺（与台案边平行），然后进行整烫。整烫技法、要求与整烫左裤腿下裆各部位相同，如图2-54所示。

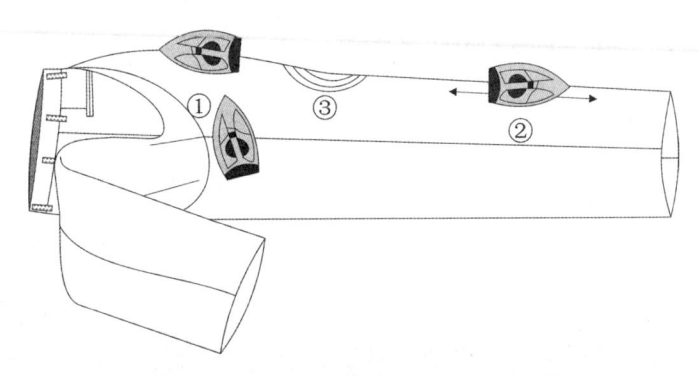

图 2-54　整烫右裤腿前挺缝线和下裆缝线

8. 整烫左裤腿正面外侧各部位

左右裤腿正面外侧各部位,是西装裤的主要外观部位,也是成品整烫的重点。

首先将裤子下部摆在左手一边,裤脚口摆在右手一边、两条裤腿上下、左右对叠(右裤腿在下层,左裤腿在上层)齐平,并将前挺缝线与台案边平行摆直、摆平。整烫顺序为:前挺缝线位——侧缝线位——臀位和后挺缝线位。

整烫技法和技术要求:盖烫布并刷水熨烫。

(1)整烫挺缝线:

从腰下直褶起至裤脚口止,盖烫布少刷水将挺缝线烫直、烫挺、烫死;同时将挺缝线以内至侧缝线各部位烫平贴,如图2-55①所示。

(2)整烫侧缝线部位:

侧缝线部位和下裆缝一样,要进行拉伸熨烫,并要烫平、烫直、烫平贴,裤口平直而不凹,如图2-55②所示。

(3)整烫后挺缝线和臀围:

在整烫下裆、后挺缝线的基础上,从正面再将臀部位烫平,烫丰满、圆顺、弧出;中裆以下至裤口烫平挺、顺直;中裆至臀部一段内凹弧线弯势归烫平服,如图2-55③所示。

通过上述三个部位的熨烫,使整个左裤腿各个部件达到平直、圆顺、丰满、挺括,外观及造型完美。

9. 整烫右裤腿正面外侧各部位

将右裤腿由下层翻转到上层,裤子上部摆在右手一侧;裤脚口摆在左手一侧;检查两条裤腿从上腰到裤口前后、左右、上下均对齐,并且前挺缝位于胸前与台案边平行后,进行整烫。

熨烫技法和要求与整烫左裤腿正面外侧各部位相同,如图2-56所示。

通过上述综合整形熨烫,核对裤子各部位是否达到腰平、臀圆、裤缝贴实、挺缝线挺直、袋口平顺;整条裤子造型美、外观整洁、无光亮、无水花、无烫黄、无污渍。如有缺陷,再补烫。

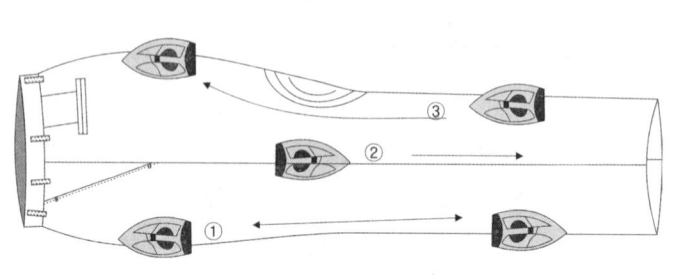

图 2-55 整烫左裤腿正面外侧各部位

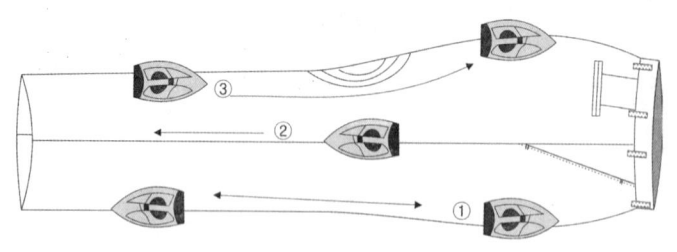

图 2-56 整烫右裤腿正面外侧各部位

第四节 质量检验与缺陷评定

（一）质量检验

1. 检验方法

（1）检验程序：

左裤腿→门里襟→裤后缝→裤右腿→省道→裤腰里→袋布（由外到里进行检验）

（2）成品规格测定：

① 成品主要部位规格按号型标准规定。

② 成品主要部位测量允许偏差按规格允许偏差表。

③ 腰围测量：扣好裤钩及钮扣，沿腰头中间横量（周围计算），臀围拉开省位测量（周围计算），裤长由腰上口沿侧缝摊平垂直量至裤脚口。

2. 西裤半成衣检验

（1）裤片锁边：锁边线要均匀、一致。

（2）门里襟：里、面、衬平服、松紧适宜、长短相差不大于0.2cm。里襟比门襟长0.5~1cm。绱拉链松紧适度，要顺直、均匀、平服。

（3）腰头：面、里、衬平服、不露里，勾腰头直角要方正，宝剑头三角方正。（注：松紧腰：两边距离对称、保持腰里、面平整、腰面宽窄一致）。绱腰合缝平服、顺畅。

（4）串带襻：长短、宽窄一致，位置准确、端正、对称。串带长短相差不大于0.1cm，左右位置相差不大于0.3cm。

（5）前袋：袋位高低、左右长短相差不大于0.5cm，袋口顺直、平服、压线均匀。

（6）后袋：袋位高低、左右大小相差不大于0.2cm，袋唇上下宽窄一致、平服，凤眼要对中省位。

（7）裤腿：左右两裤腿长短、肥瘦相差不大于0.3cm。

（8）裤腰里：腰里止口大小一致、均匀，腰里与裤腰面相适宜，后中缝对准后裆缝。

（9）侧缝：合缝要顺直、均匀，不能有松紧现象。

（10）省位：省道长短、左右对称，相差不大于0.2cm，省道线要顺直、不能歪斜。

（11）过程熨烫：整洁、无线头，无亮光，采用黏合衬的部位要粘牢，不能脱落，不能渗胶。

（12）钮扣：钮扣与凤眼位相对、钮扣光滑、与面料色相适宜。

3. 西裤成品检验

（1）腰头：面、里、衬平服，松紧适宜。

（2）门、里襟：面、里、衬平服，松紧适宜，长短互差不大于0.2cm。门襟不短于里襟。

（3）前后裆：圆顺、平服。

（4）串带襻：长短、宽窄一致。位置准确、对称，前后互差不大于0.2cm，高低互差不大于0.1cm。

（5）口袋：袋位高低，前后大小互差不大于0.2cm，袋口顺直平服。

（6）裤腿：两裤腿长短，肥瘦不大于0.2cm。

4. 熨烫检验

腰部平服，腰上口归拢自然，门里襟、斜袋、后袋熨烫平服，挺缝线顺直，臀部圆顺、侧缝、下裆缝平服，无松紧，裤脚平直。

5. 色差、面料等相关检验

（1）色差规定：

下裆缝、腰头与大身色差不低于4级，其他表面部位色差级别4-5级（判定依据：参照GB250—1995评定变色用灰色样卡）。

（2）面料规定：

① 经、纬纱条格料不准倾斜，素色料裤身允许倾斜1cm，零料允许倾斜0.3cm。

② 倒顺毛面料，全身顺向一致

③ 面料有条的后立裆、前袋垫布与前片、裤腰面应对条；格料、后立裆、前袋垫布与前片对格，侧缝及前裆对横、裤腰面对条，见表2-4。

表2-4 对条、对格规定表

部位名称	对条、对格规定
侧缝、下裆缝	侧缝袋口下10cm处起，格料对横互差不大于0.2cm
前后裆缝	条料对条，格料对格，互差不大于0.2cm
袋盖与大身	条料对条，格料对格，互差不大于0.2cm
腰面	左右两片条格对齐，不允斜
斜袋垫布	与袋口条格对齐

注：对条、对格规定面料有明显条、格在0.5cm以上的按表执行。

（3）经纬纱线规定：

① 前身：经纱以挺缝线为准，互差不大于0.2cm。

② 后身：经线以烫迹线为准，左右倾斜不大于0.7cm。

③ 腰头：经纱倾斜不大于0.3cm。

（二）缺陷评定

1. 外观疵点规定图表（表2-5）

表2-5 外观疵点规定图表

疵点名称	各部位允许程度（部位划分见图2-57）		
	1部位	2部位	3部位
粗于一倍粗纱	0.2—0.4	0.4—0.8	0.8—1.5
大肚纱（三根）	不允许	0.1—0.3	0.4—0.6
条痕（折痕）	不允许	0.6—1.2（不明显）	0.4—0.6（不明显）
毛粒（个）	不允许	2	3
斑疵（油、锈、色斑）	不允许	不允许	不大于0.42（不明显）

注：每个独立部位只允许疵点一处。

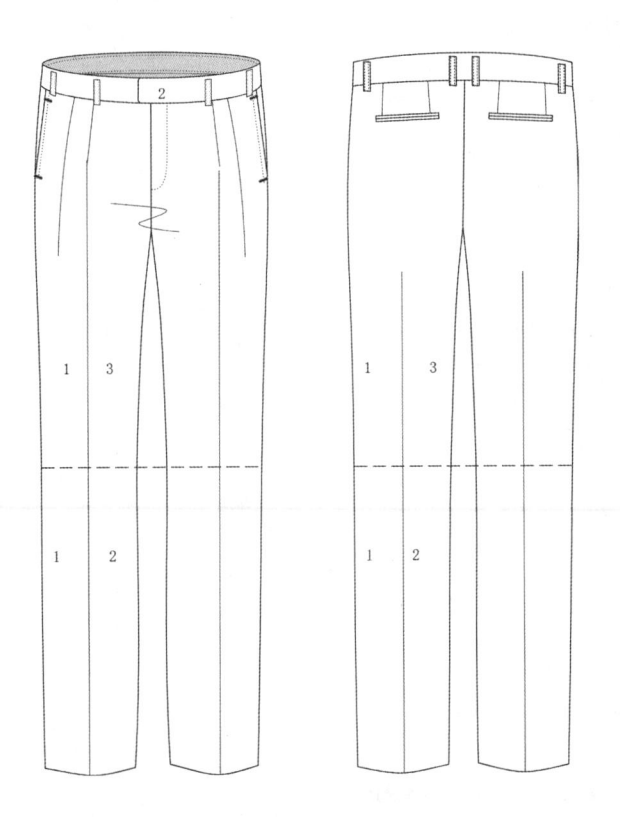

图2-57 各部位允许程度划分

2. 缺陷判定规则（表2-6）

表 2-6 缺陷判定表

序号	轻缺陷	重缺陷	严重缺陷
1	裤腰头左右宽窄互差大于0.2cm		
2	腰头面、衬、里不平服，腰里明显反吐，绱腰明显不顺，松紧不平	绱腰有明显吃势	
3	省道长短，左右不对称，互差大于0.3cm		
4	马王带长短互差大于0.3cm，前后互差大于0.2cm，高低互差大于0.1cm	马王带钉得不牢（一端掀起）	
5	门里襟长短互差大于0.3cm，门襟支口明显反吐，门襟不平服		
6	小裆、后裆缝明显不圆顺、不平服、裤底不平	后缝平拉断线，后缝少一趟线	
7	锁眼偏斜，扣与眼位互差大于0.3cm，拉链不顺直，不平服	锁眼跳线、开线，扣掉落	
8	侧袋口明显不平服、不顺直，两袋口大小互差超过0.3cm		
9	侧袋上口高低，前后互差大于0.3cm.		
10	后袋盖不圆顺，不方正，不平服，袋盖里明显反吐，嵌线宽窄大于0.1 cm，袋盖小于袋口0.1 cm以上	袋口明显毛漏	
11	袋布垫底不平服		
12	栋缝不顺，不平服，缝子没分开	栋缝、下裆缝明显松紧	
13	栋缝与裆缝不相对（裤烫迹线错位）横裆处两处互差大于0.5cm，裤脚口两缝互差大于0.3cm		
14	两裤腿长短不一致，互差大于0.3cm	两裤腿长短不一致，互差大于0.5cm	
15	两裤腿、脚口左右大小不一致	两裤腿、脚口左右大小不一致，互差大于0.3cm	
16	裤脚口不齐，吊脚大于0.3cm，晃脚两腿前后互差大于1.0cm	裤脚口明显不齐，吊脚大于0.5cm，晃脚两腿前后互差大于1.5cm	
17	钉商标明显偏斜，号型标志不清晰	号型标志表示方法不符合工艺规定	无商标、厂标

（续表）

序号	轻缺陷	重缺陷	严重缺陷
18	各部位熨烫不平服，产品有水花、亮光、污渍	有较严重污渍	烫黄、破损等严重影响使用和美观
19	表面有大于1.5cm的死线头5根以上		
20	表面部位色差超过本标准规定的0.5级，缝线、钮扣与面料色泽差异明显	表面部位色差超过本标准规定1级以上	

注：凡属丢工、少序、错序均为重缺陷。

3. 西裤缝制质量评价表（表2-7）

表2-7　西裤缝制质量评价表

序号	部位名称	质量要求
1	门襟侧腰面 里襟侧腰面	腰面平服，止口顺直
2	裤腰串带	裤腰串带宽窄一致，钉的位置准确、牢固
3	后袋	后袋平服，嵌线宽窄一致、四角方正，封口整齐、牢固
4	后省缝	后省缝平服，长短相适应
5	各部位套结	各部位套结牢固、整齐
6	眼扣位	眼位准确，眼扣相符
7	尺码带	位置准确，码带准确
8	前斜袋	斜袋平服，袋底牢固，袋口松紧适宜
9	前裆	前裆顺直、平服，位置准确
10	栋缝	平服；顺直、不皱缩
11	前后挺缝	挺缝平服，丝缕符合标准规定
12	脚口贴后跟	位置居中宽窄一致，中间略露脚口
13	后裆缝	松紧一致、平挺、顺直、牢固
14	封小裆	封口牢固、平服，弧度圆顺
15	下裆缝	缝子顺直，宽窄一致
16	门里襟	门里襟平服，长短一致，缉线顺直，拉链完好

（续表）

序号	部位名称	质量要求
17	四件扣	吻合相符、牢固，不生锈
18	裤腰串带对称	裤腰串带高、低、进、出两侧都对称
19	两侧裤腿前后	二裤腿前后一致
20	里小裆膝盖绸	小裆圆顺、膝盖绸平服
21	大裤底	大裤底平服、牢固
22	前腰里	腰里整洁
23	前袋布	袋口无缺口，止口宽窄一致，袋垫头符合工艺要求
24	四缝锁边	锁边整齐无脱针漏针
25	后腰里	腰里整洁
26	后袋布	后袋垫布平服、整齐，袋布止口整齐、牢固
27	号型标记商标成分带洗涤说明	各种标志位置准确、端正、清晰
28	整件产品规格测量	规格测量准确裤长允许±1.5cm，裤腰允许±1cm，臀围允许±2cm
29	整件产品拼接	拼接不允许
30	整件产品色差	1部位高于4级 2、3部位不低于4级
31	整件产品对条对格	侧缝、前后裆缝、袋盖与大身
32	整件产品对称部位	对称部位要求一致
33	整件产品针距密度	明线每3cm 14～17针 每三线包缝每3cm不少于9针
34	整件产品整洁	无油渍、污渍、水花渍、极光、线头

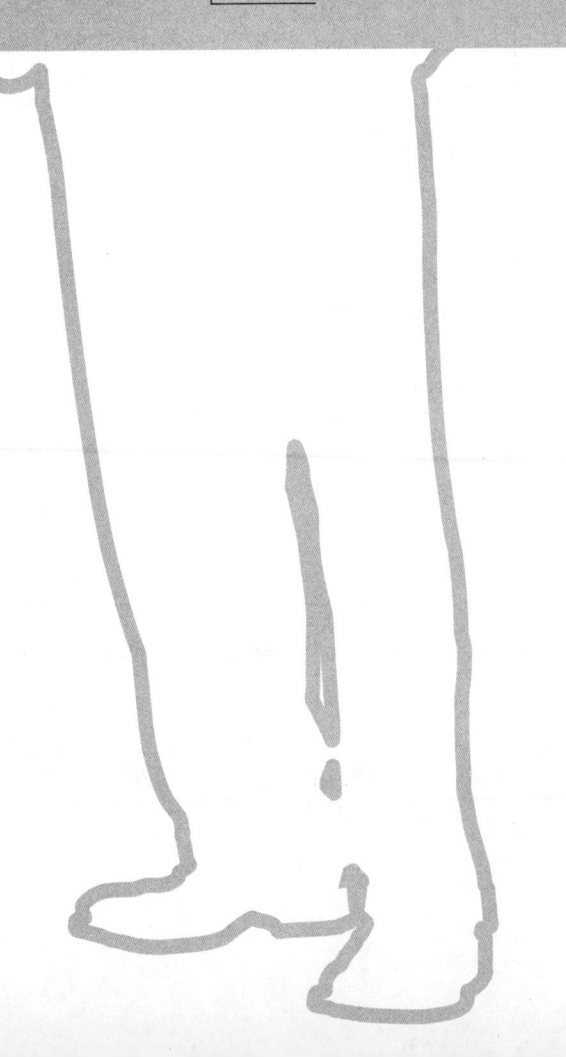

第三章
男衬衫缝制工艺

第一节　男衬衫结构制图与缝份加放

一、男衬衫结构制图

（一）款式特点

图3-1所示款式是较典型的男士长袖衬衫，领子由上领、下领组成。左前片为明门襟，胸贴袋一只。后片有复肩，背中有一明褶裥。袖窿处，在衣身压明线，袖口2个褶，宝剑头开衩，圆头袖克夫。

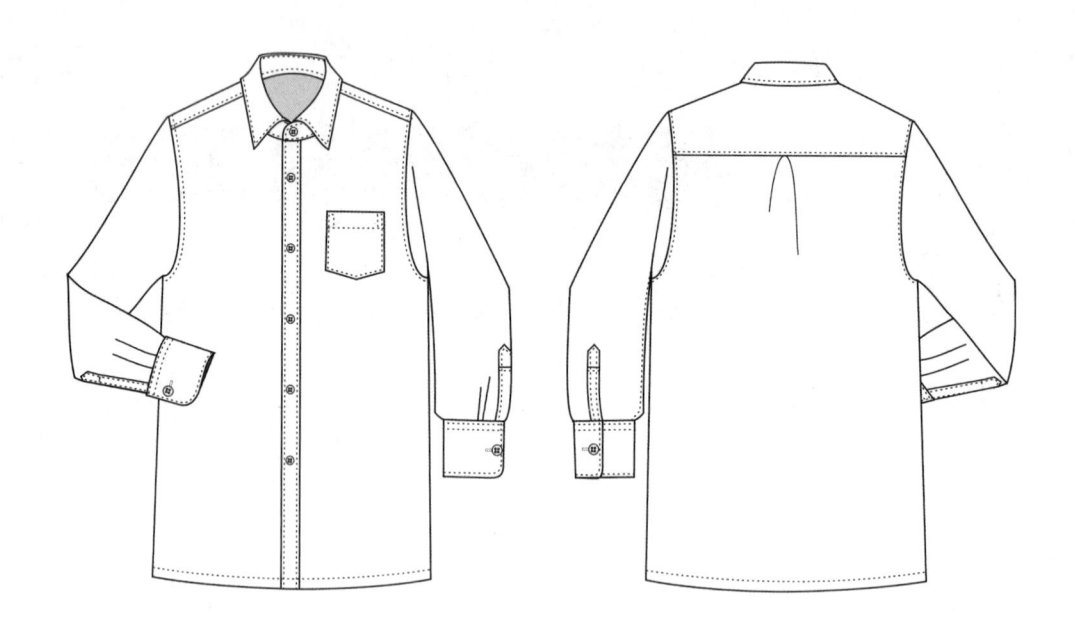

图 3-1　男衬衫款式图

（二）成品规格

男衬衫成品规格参见表3-1。

表3-1　男衬衫成品规格表

（单位：cm）

型号规格 部位	165/80A	170/84A	170/88A	175/92A	175/96A	180/100A	180/104A	185/108A
领大（N）	37	38	39	40	41	42	43	44
胸围（B）	102	106	110	114	118	122	126	130

（续表）

型号规格 部位		165/80A	170/84A	170/88A	175/92A	175/96A	180/100A	180/104A	185/108A
衣长	圆摆	72	74	74	76	76	78	78	80
	平摆	70	72	72	74	74	76	76	78
肩宽（S）		45.6	46.8	48	49.2	50.4	51.6	52.8	54
长袖长		56	57	58	59	60	61	62	63
短袖长		24.5	25	25.5	26	26.5	27	27.5	28

（三）结构制图

前后衣身结构图见图3-2，袖子和领子的结构图见图3-3。

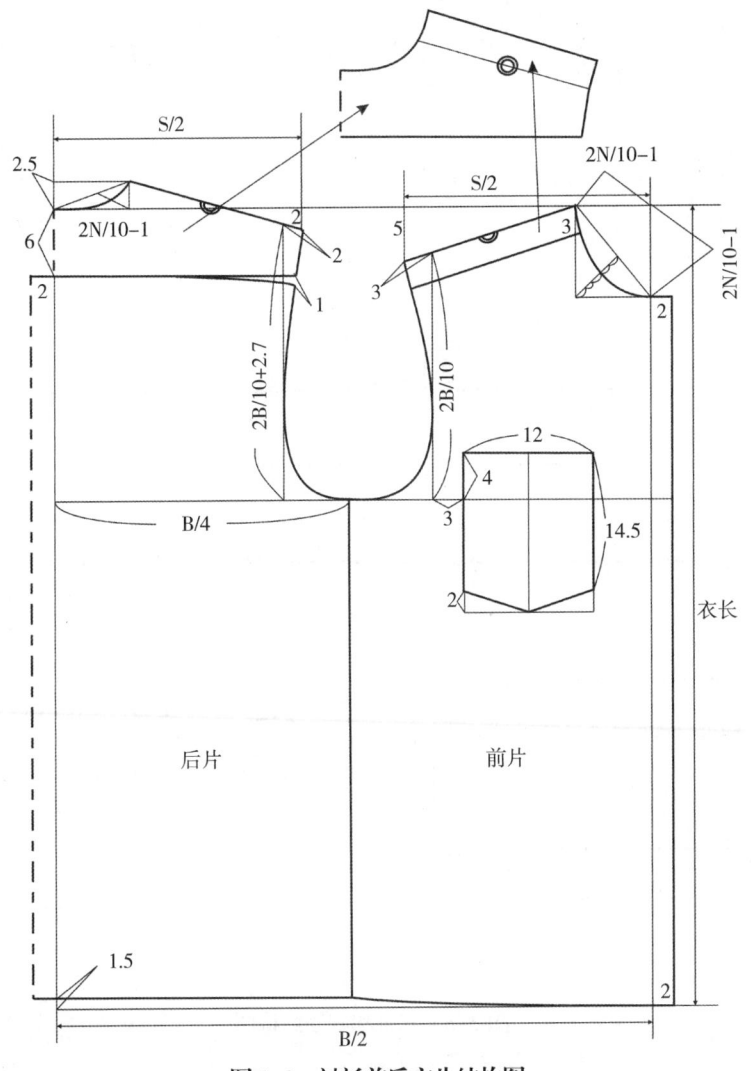

图3-2 衬衫前后衣片结构图

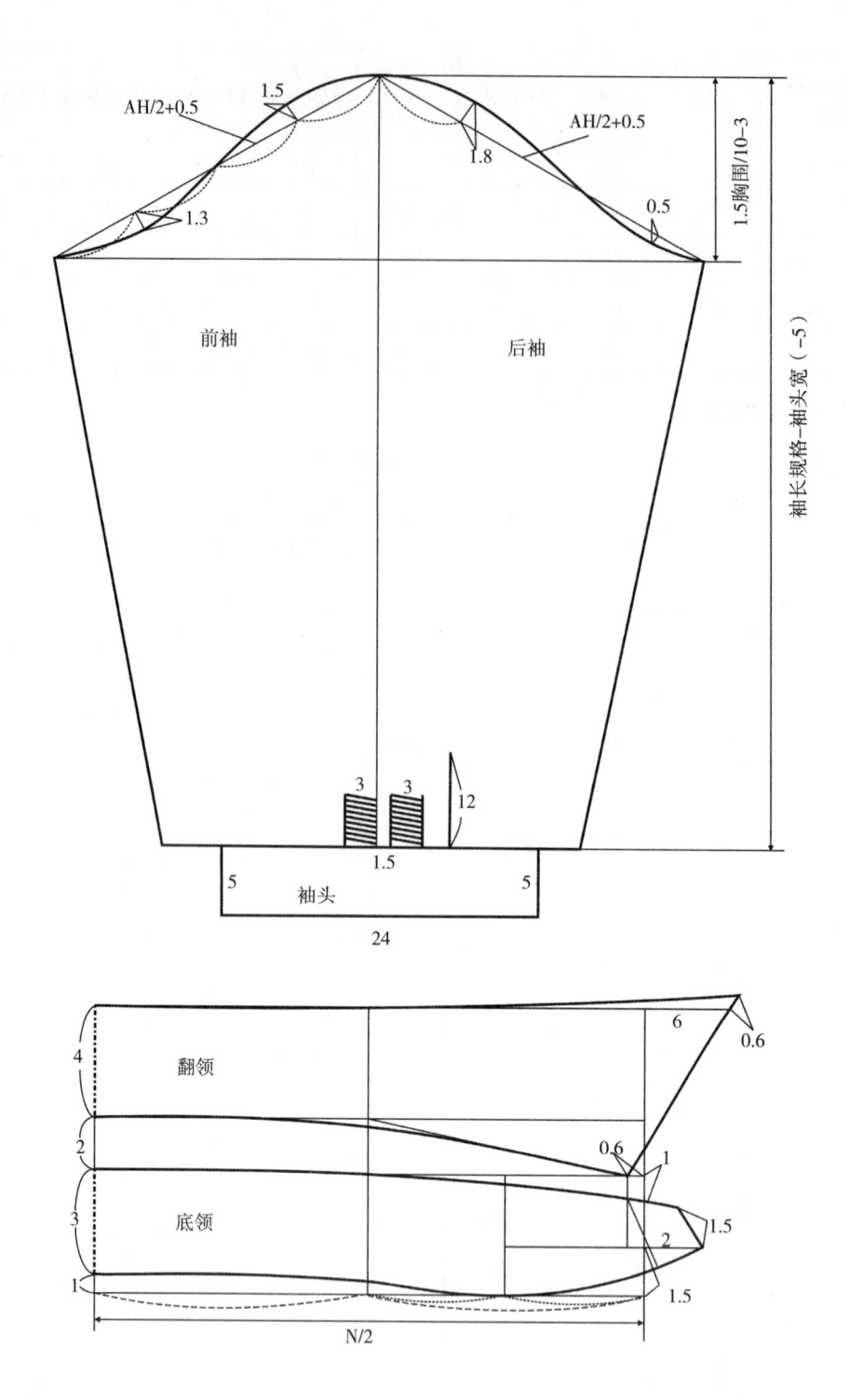

图 3-3 衣袖和衣领结构图

二、缝份加放

男衬衫放缝图如图3-4所示。

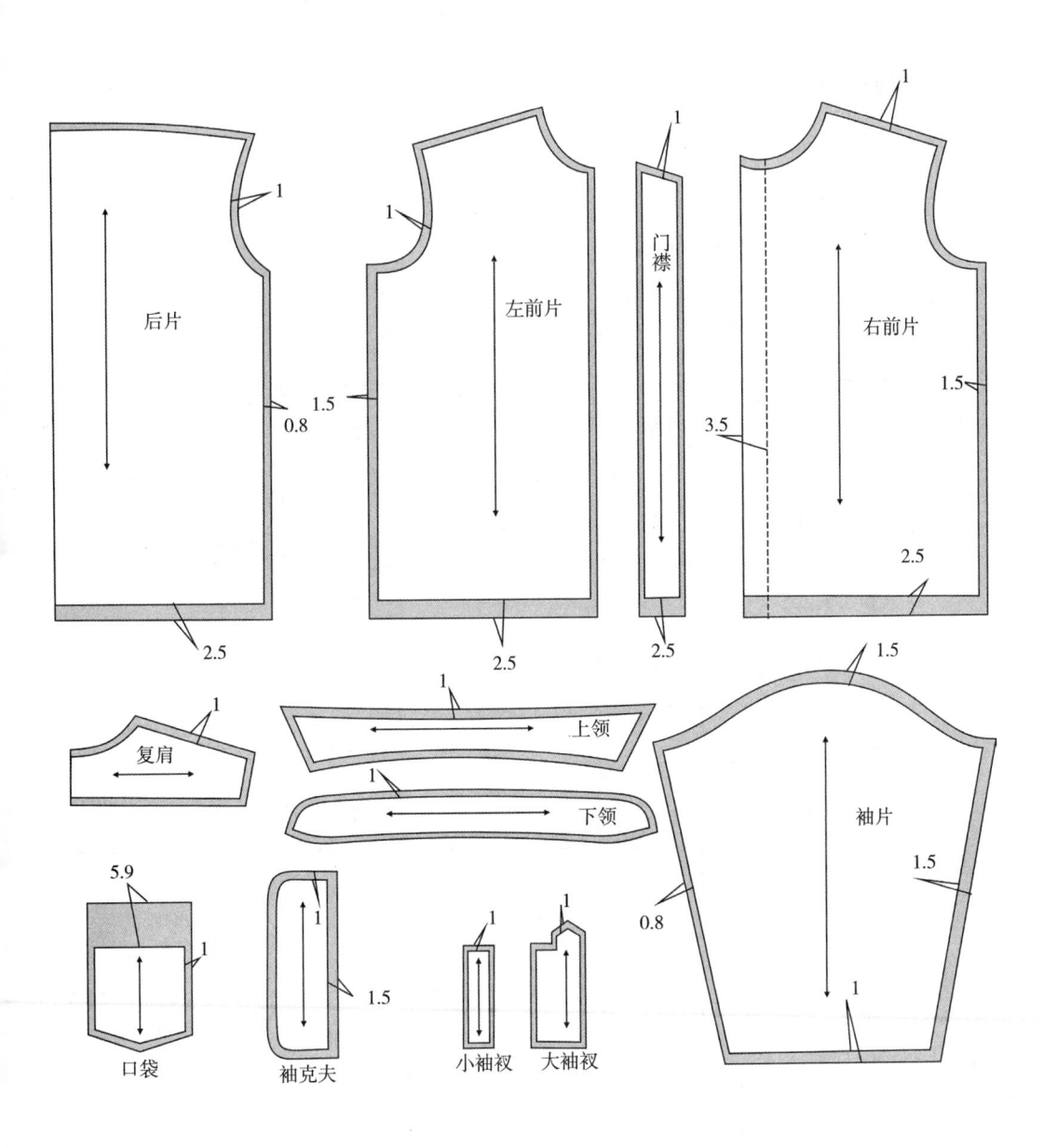

图3-4 男衬衫放缝图

第二节　缝制规定与步骤

一、缝制规定

（1）缝纫针距：明线不少于12针/3cm，暗线不少于9针/3cm。
（2）缝纫线路顺直，定位准确，距边宽窄一致，结合牢固，松紧适宜。
缝制工艺要求：按表3-2的规定。

表3-2　男衬衫缝制工艺要求

（单位：cm）

部位	工序名称	缝份	缝制形式及缝线道数	明线距边	要求
领子	钩压翻领	0.4	明暗线各一道	0.5	不反吐，压明线时将领插片扎住
	扎坐领里、下口明线	0.8	明线一道	0.6	正面扎线
	领结合	0.6	明暗线各一道	0.1	反面上炕0.1~0.15
	上领子	3	明暗线各一道	0.1	底领面上炕0.1~0.15
布袋	扎袋布上口折边	0.8	明线一道	0.1	折边0.3cm
	上袋布	—	明线一道	0.1	袋口两端拐扎三角形封结，结宽距袋布边0.6，结长齐折边明线
前后身	后背褶	0.8	—	—	按后背标印打活褶两个，向外倒
	过肩与后身结合	0.8	明暗线各一道	0.1	过肩面明暗线各一道，里暗线一道
	合肩缝	0.8	明线一道	0.1	夹上，反面上炕0.1~0.15
	扎左前门明贴边	0.8	两侧明暗线各一道	0.5	

（续表）

部位	工序名称	缝份	缝制形式及缝线道数	明线距边	要　求
前后身	缝右前里襟折边线	前片0.6 后片1.8	明线一道	0.1	缝份折光
	合腰袖缝		明线两道	0.1×0.6	双针双链包缝
	缝下摆	0.5	明线一道	0.1	折边0.6
袖子	缝袖头面里口线	—	明线一道	1.0	—
	钩压袖头	0.4	明暗线各一道	0.5	不反吐，明线缝至里口线
	夹压下袖衩条	0.6	明线一道	0.1	缝至袖片开口处
	封下袖衩暗结	—	暗线回针三道	—	开口处打三角形剪口、下牙条宽1.2
	夹压上袖衩条	0.7	明线一道	0.1	距宝剑头向下3.8处转缝。打横结回针三道，反面折光，明牌宽2.5
	夹绱袖头	0.8	明线一道	0.1	按袖口标印打活褶两个，面褶向后倒，反面上炕0.1-0.15
	绱袖子	袖圈0.6 袖子1.6	明暗线各一道	0.9	身包袖
商标	订商标	—	暗线一道	—	领下口居中量下2.0，两头缉缝
	订尺码标	1	暗线一道	—	领中心偏左3.0，绱领时夹上
	订洗涤标	1	—	—	压里襟时夹上，距下摆15.0

二、缝制

（一）做门、里襟

（1）固定翻门襟。翻门襟反面烫上无纺黏合衬后，画门襟宽3.3cm，并扣烫。翻门襟反面在上与左前片反面相对，沿门襟一侧净线车缝，翻转到正面后，再沿门襟两侧各缉0.3cm明止口。要求缉线顺直、宽窄一致。

（2）固定里襟。以止口净线剪口为准，将里襟贴边扣烫折向反面，再将贴边按里襟宽2.5cm扣光，沿边缉0.1cm明止口。要求缉线顺直、宽窄一致，如图3-5所示。

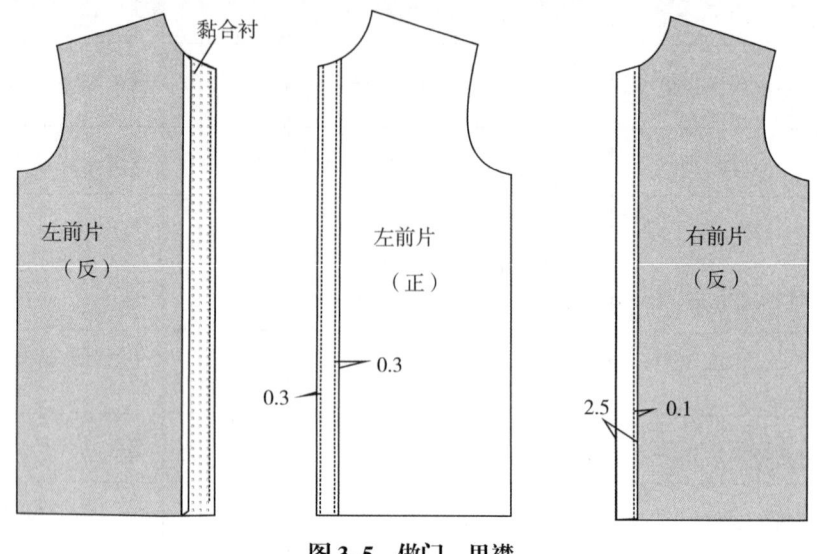

图 3-5 做门、里襟

（二）缝制胸袋

（1）烫袋和缉袋口线。将5.9cm袋口贴边分两次扣烫，分别为2.9cm和3cm。其余三边按净样板扣烫，内缝一般不超过0.8cm。要求袋底尖角居中，两角斜度对称，袋口边缝不可虚空，袋角U型袋口线缉0.1cm固定，袋角三角形袋口不缉线。

（2）钉袋。根据袋位将袋布用0.1cm明止口装于左前片。两袋角缉U型或者三角形状（袋口不缉线），宽为0.5cm，长以袋口贴边宽3cm为准。要求袋口牢固、内缝不外露、缉线整齐平直，需缉牢回针，大身不可起皱，如图3-6所示。

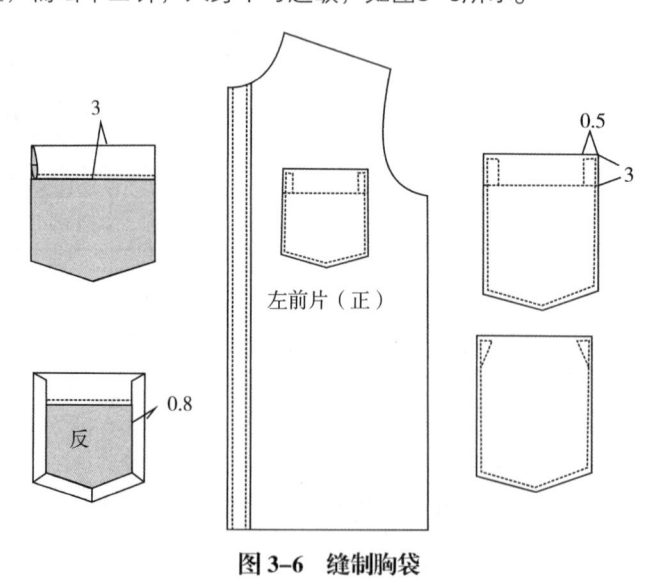

图 3-6 缝制胸袋

(三)装复肩、合肩缝

(1)装复肩。根据背中裥为刀眼车缝固定背裥,背裥面为2cm的明褶裥。上下裥向后折,缉线整齐、平服,起落手回针缉牢。现在也有无裥类。复肩面在上,里在下,正面相对,后片正面向上夹在两片复肩中间,按缝份三层合一车缝固定,然后衣片翻向正面,将复肩里布推向衣身放平,在复肩上缉0.1cm明止口,注意复肩里布不要缉住。要求车缝时三层后中刀眼对准、内缝宽窄一致、顺直,如图3-7所示。

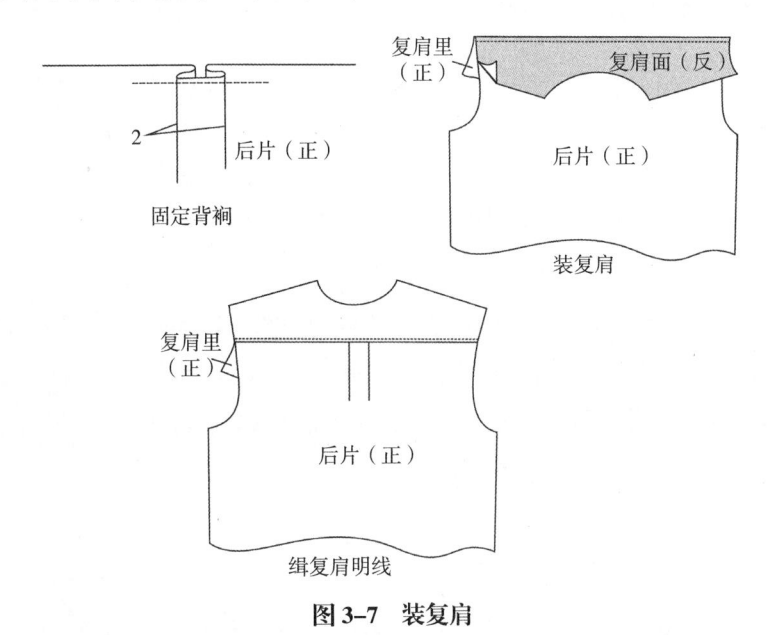

图3-7 装复肩

(2)合肩缝。先将复肩里分别与左右前片缝合,理顺理平复肩面与里,在前复肩上缉0.1cm明止口,同时缉住复肩里子,如图3-8所示。

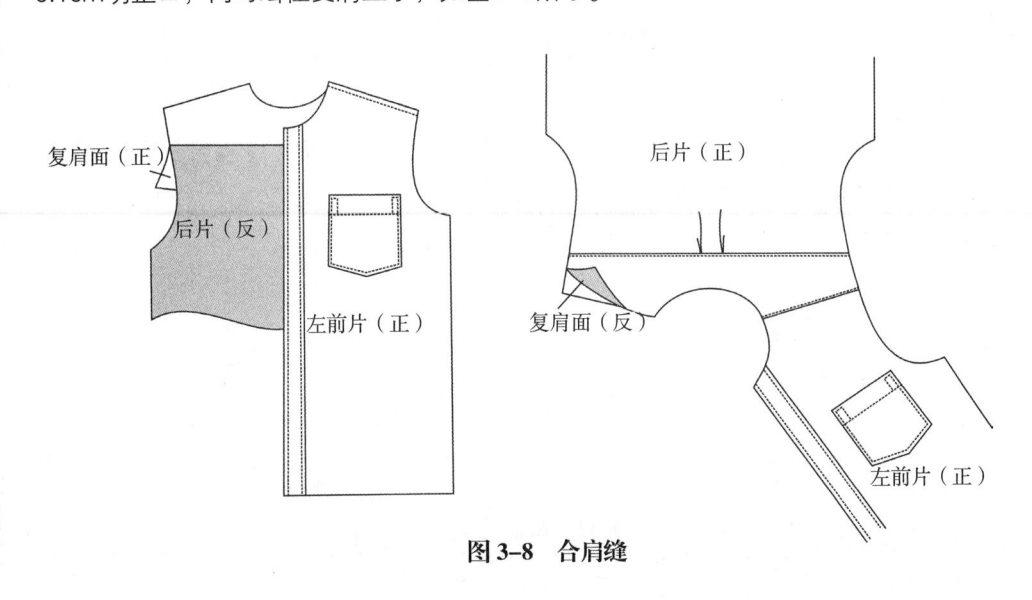

图3-8 合肩缝

（四）做领

（1）烫上领衬。在树脂黏合衬上取斜料，用铅笔画出上领净样，下口放缝0.7cm，其余三边0.5cm，领角处将缝份剪去，然后将领衬用熨斗粘烫于上领面的反面，在140℃的压领机内进行热处理，时间为10~15s，再在两领角处烫上比净样小0.2cm的领角薄膜衬。要求领面无起泡、起壳现象，如图3-9所示。

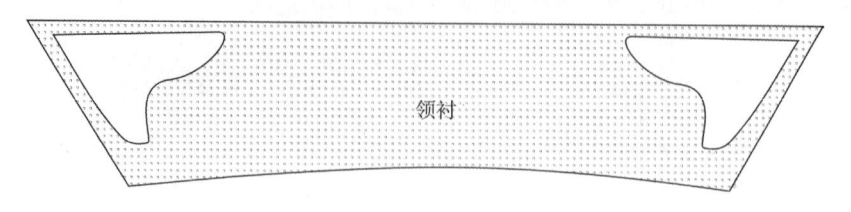

图3-9　烫上领衬

（2）缝合上领。上领面、里正面相对，离领衬净样线0.1cm处车缝上领。车缝时，领角两侧领里稍拉紧，拉紧程度视面料而定，目的是保证领角有窝势、不反翘。另外，为了使领角翻得尖，可在车缝领角时，在面、里两层中间放一缝纫线，以便于翻领，如图3-10所示。

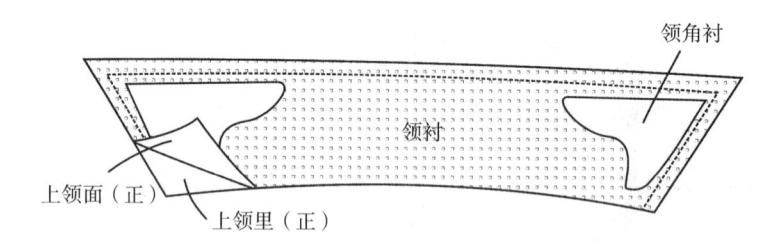

图3-10　缝合上领

（3）修、翻、烫上领：上领外口修剪，留缝0.5cm。两领角修成宝剑形，留缝0.2cm，用翻领机翻出上领，领间要翻足、左右对称、不变形。领里在上，熨烫领外口线，要求止口不反吐、领丝缕顺直，如图3-11所示。

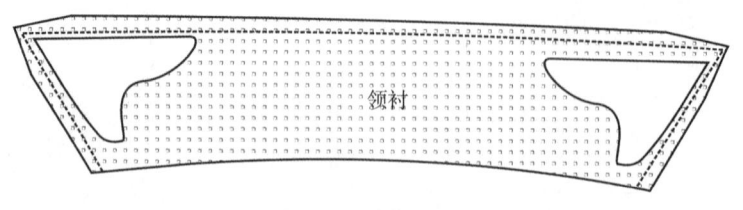

图3-11　修整上领

（4）缉上领。沿上领外口缉0.6cm明止口，在领角10cm范围内不允许接线。然后用长针车缝固定上领下口，下口留缝0.7cm，定出居中对位记号。缉线时要防止起皱起泡。在领两头直线1/3的地方不可接线，领面止口线迹整齐，领尖缉满，不缺针，不跳针，不起皱，如图3-12所示。

图 3-12　缉上领

（5）下领烫黏合衬。在树脂黏合衬上取直料，用铅笔画上领净样，将其粘烫于下领里反面居中。然后按领衬下口净样扣烫缝份，再修剪上口缝份，留缝0.7cm，并根据净样定出缝合上领时需要的对位记号，如图3-13所示。

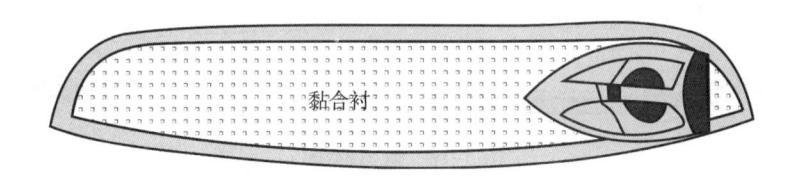

图 3-13　下领烫黏合衬

（6）缉下领。沿下领扣烫线车缝0.6cm止口。要求缝线顺直，起始针在两端缝份上，如图3-14所示。

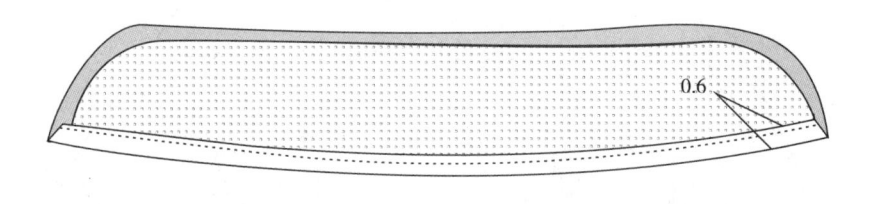

图 3-14　缉下领

（7）缝合上、下领。下领里在上，面在下，正面相对，上领面在上，夹在两层下领中间，按0.7cm缝份（净线）对准记号车缝缝合，如图3-15所示。

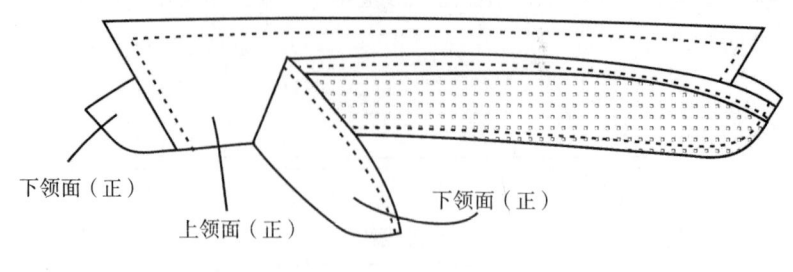

下领面（正）
上领面（正）
下领面（正）

图3-15 缝合上下领

（8）修剪缝份，两圆头留0.3cm，其余留0.5cm，翻出下领并熨烫。然后在下领里上口缉0.2cm明止口，起始于上领两前端各进2cm处。最后修剪装领缝份留0.8cm，定出定位记号，准备装领，如图3-16所示。

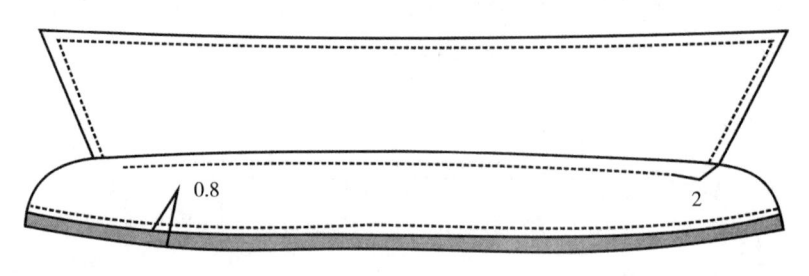

图3-16 修剪缝份

（五）装领

（1）装领。下领面反面在上，与衣片正面相对，按0.8cm缝份（净线）并对准记号车缝装领。要求起始点必须与衣片对齐，回针固定，如图3-17所示。

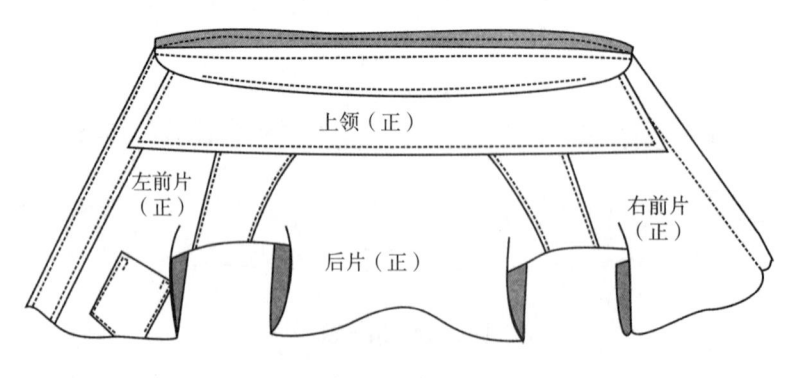

上领（正）
左前片（正）
右前片（正）
后片（正）

图3-17 装领

（2）闷领。下领里盖住装领缝线，从下领上口缉线处起针连接，连续沿下领一周缉明线至另一侧对应点止。缉线宽从0.2cm过渡到圆头0.15cm，至下口0.1cm。要求两头接线不双轨，领子不能错位，不能有链形，反面座缝不超过0.3cm，如图3-18所示。

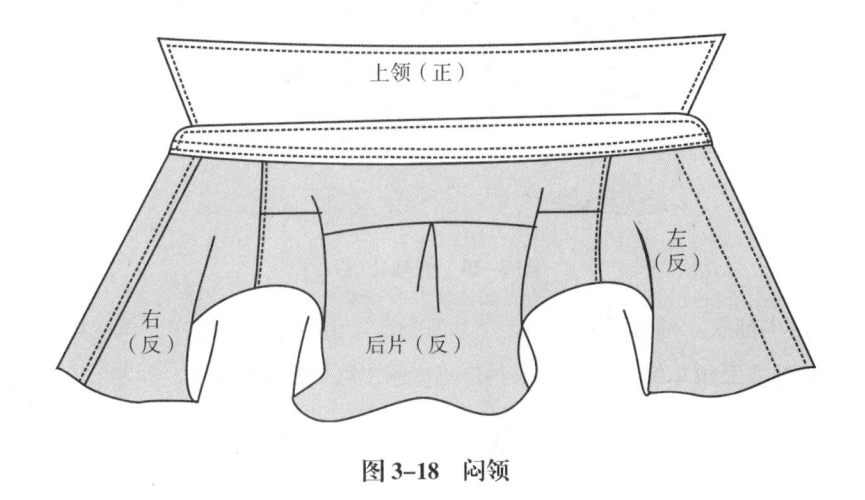

图 3-18 闷领

（六）做袖

（1）扣烫袖衩条、固定缝份。按净样扣烫大、小袖衩条。要求衩里吐出0.1cm，便于车缝，如图3-19所示。

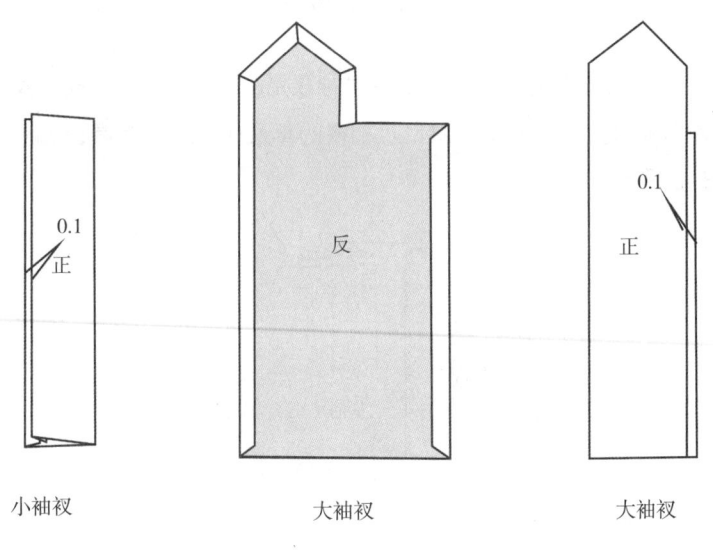

图 3-19 扣烫袖衩条

（2）绱大、小袖衩。如图3-20所示，将大小袖衩分别缝在开衩处，剪袖开衩，开衩口呈"Y"形。注意不要离缝线太近，否则容易起毛。

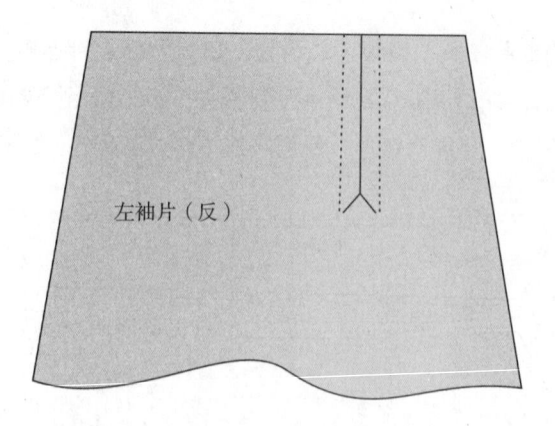

图 3-20 剪袖衩

（3）固定小袖衩。袖片正面在上，然后车缝0.1cm明线于小袖衩，再在袖片正面将小袖衩上口与袖开衩三角车缝封口。要求封口不少于3次，三角不毛出，如图3-21所示。

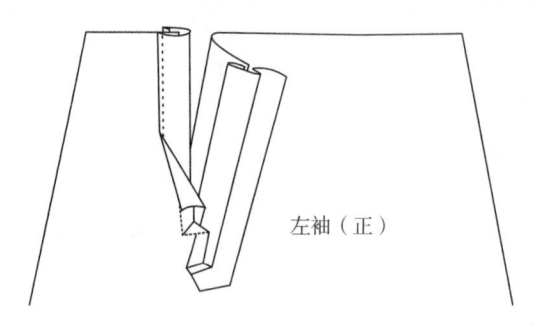

图 3-21 固定小袖衩

（4）装大袖衩。用同样的方法将宝剑头大袖衩用0.1cm闷缝装于袖开衩的另一侧，然后摆正袖片和大小袖衩，在开衩口处封口。袖衩的正反面都不能有漏针、毛边、破洞、链形出现，如图3-22所示。

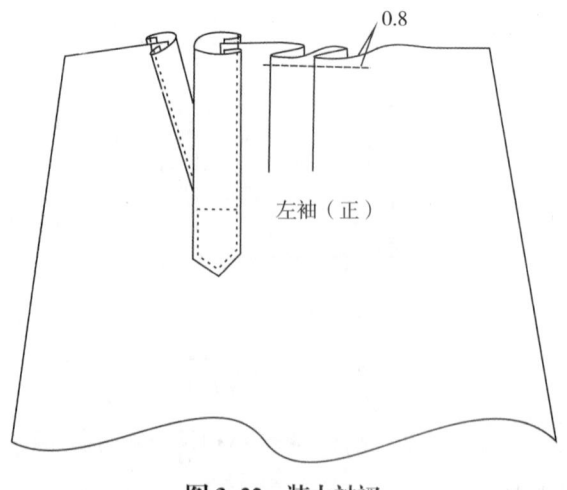

图 3-22 装大袖衩

（5）固定袖裥。袖口有两个活裥。根据刀眼位，用0.8cm缝份车缝固定裥位，裥面倒向大袖衩，如图3-22所示。

（七）装袖

（1）确定对位记号。装袖之前必须分别在衣片、袖片上定出装袖对位记号。

（2）装袖。先用熨斗沿袖山弧线朝正面扣烫0.5cm缝份，然后采用内包缝方法装袖，即袖片在下，衣片在上，正面相对，将袖片的缝份1.5cm包住衣片的缝份1cm，按净线车缝，然后将缝份朝衣片一侧倒，把衣片翻转到正面，沿袖窿线一周缉0.9cm的明线于衣片上。要求缝线顺直，缝份宽窄一致，无链形，无夹止口，如图3-23所示。

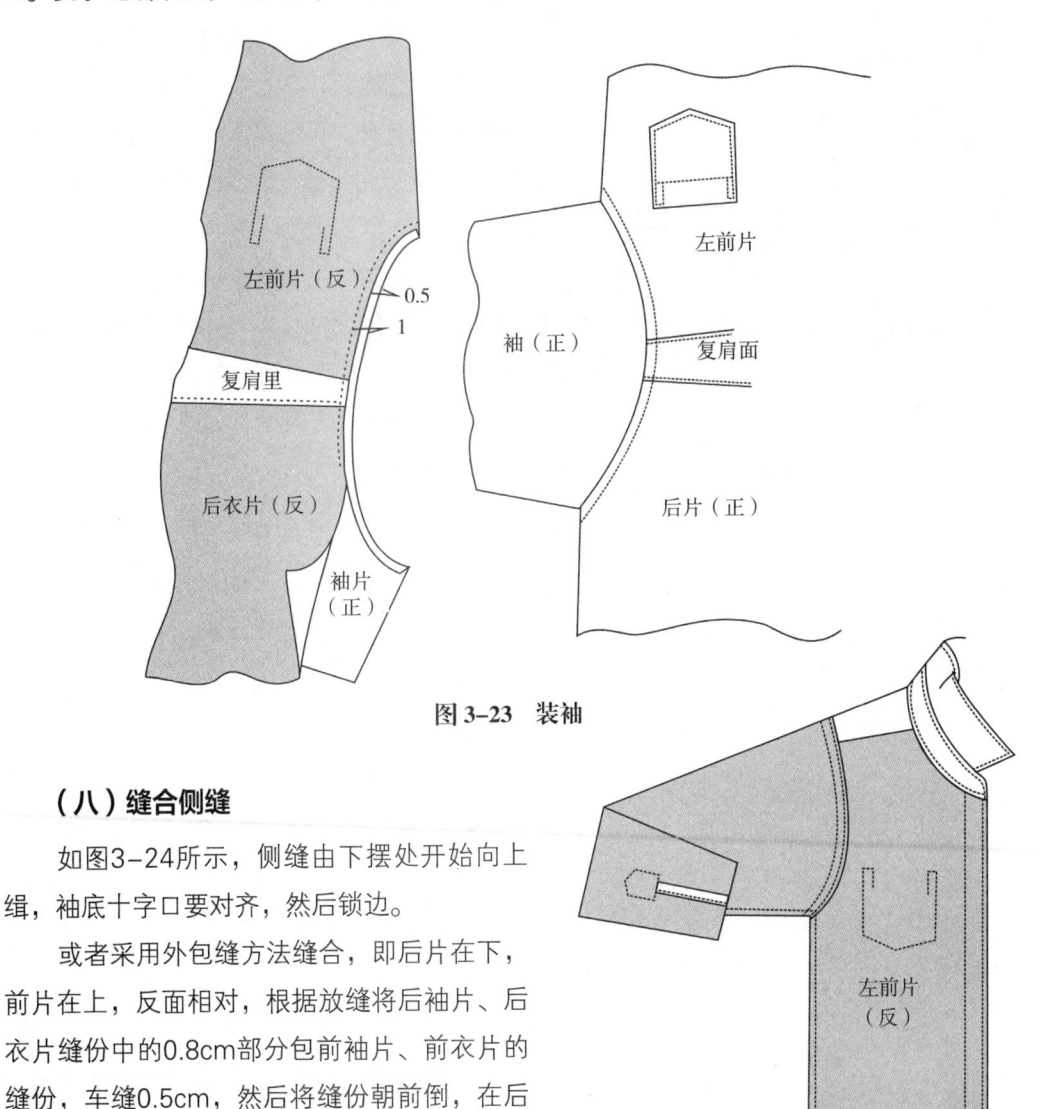

图 3-23 装袖

（八）缝合侧缝

如图3-24所示，侧缝由下摆处开始向上缉，袖底十字口要对齐，然后锁边。

或者采用外包缝方法缝合，即后片在下，前片在上，反面相对，根据放缝将后袖片、后衣片缝份中的0.8cm部分包前袖片、前衣片的缝份，车缝0.5cm，然后将缝份朝前倒，在后袖片、后衣片正面沿边车缝0.1cm的明线。外包缝的明线要求是双道线缉。要求袖底十字缝

图 3-24 缝合侧缝

对准，两明线顺直，宽窄一致，无链形，无起吊，无夹止口。

（九）做、装袖克夫

（1）缉袖克夫：在克夫面的反面烫上树脂黏合衬并画出净样，然后按净样扣烫克夫上口，要求样板要放正，四周留缝要适当，注意两端宽窄，圆角要圆顺，大小相同，夹里不能有层势。沿边车缝1cm明止口，再将克夫面、里反面相对，沿净线车缝袖克夫，如图3-25所示。要求两圆头处里布适当拉紧，有里外匀。沿边修剪缝份，留缝0.5cm，圆头处0.3cm。然后沿克夫净线将缝份朝克夫面一侧烫倒，翻出克夫，再将其烫平。最后把克夫里布上口缝份向里折光扣烫，宽度比面布大0.1cm。要求止口不反吐，圆头大小一致。

（2）装袖克夫：克夫面在上，用0.1cm闷缝的方法将克夫装于袖口，然后沿克夫三边缘缉0.6cm明止口。要求克夫两头装平齐，袖衩长短一致，止口宽窄一致，无反吐，如图3-26所示。

（十）卷底边

反面在上，修顺底摆，按放缝第一次折0.5cm，第二次折1.5cm，沿边缉0.1cm止口。要求门、里襟长短一致，线迹松紧适宜，底边不起裂，起落针回针，两端平齐，中间平服不起皱，如图3-27所示。

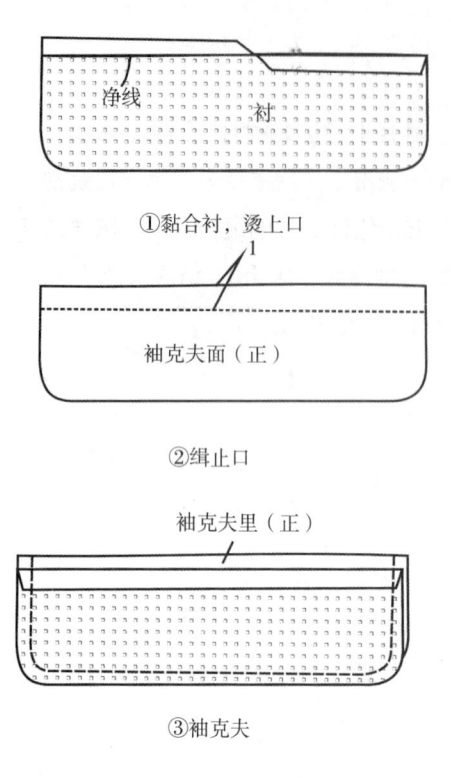

图3-25　缉袖克夫

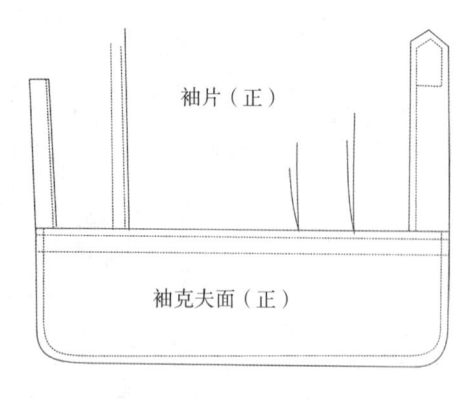

图3-26　装袖克夫

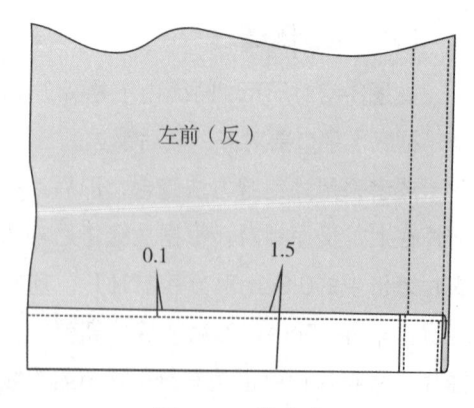

图3-27　卷底边

(十一)锁眼、钉扣

锁眼、钉扣见图3-28所示。

(1)平头锁眼:下领门襟头横眼1只,翻门襟竖眼5只,两袖克夫门襟头各1只,两大袖衩处各1只,共10只,眼大1.2cm。

(2)钉扣:在各锁眼位相对应的下领里襟头1颗、里襟5颗、袖克夫里襟头各2颗、小袖衩各1颗,共12颗。门里襟平齐,根据所定钮眼钉扣。钉扣时必须把门襟翻起,基点要小,钉牢。

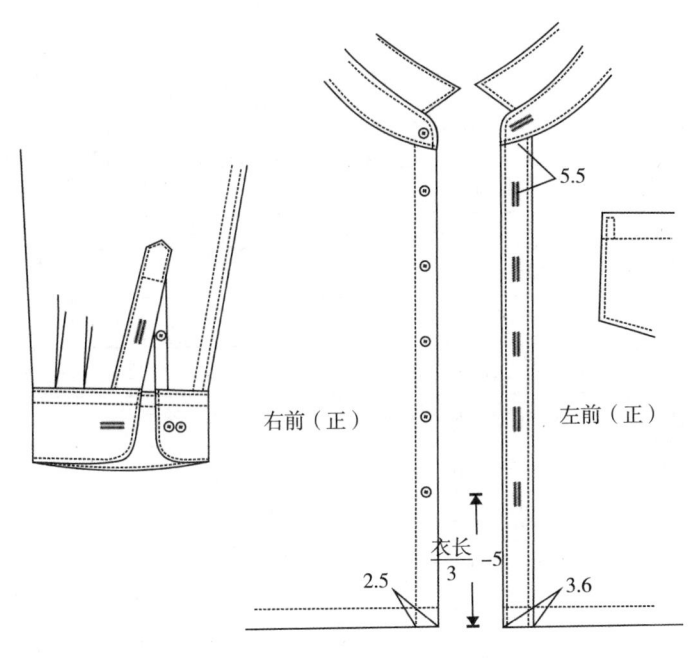

图3-28 锁眼、钉扣

(十二)整烫

整件衬衫缝制完毕,先修剪线头,如发现污渍,要清洗干净。再用蒸汽熨斗进行熨烫,需加烫布和喷水。首先上领里在上,沿领止口起将上领熨烫平服。要求领角不可烫煞,有窝势、不反翘,与下领贴合,翻转自如,其次将前后袖子、底缝、口袋、衣身等熨烫平整。门里襟前片向前翻开,烫后背,再烫门里襟。然后扣上钮扣,熨烫肩部折叠成型。

第三节　外观质量与缺陷评定

一、外观质量

男衬衫外观质量标准见表3-3。

表3-3　男衬衫外观质量标准

序号	部位	外观质量标准
1	翻领	领平挺，两角长短一致，互差不大于0.2cm，并有窝势；领面无皱、无泡、不反吐
2	底领	底领圆头左右对称，高低一致，装领门里襟上口平直，无歪斜，明线接线顺直
3	胸袋	胸袋平服，袋位准确，缉线规范
4	肩	肩部平服，肩线顺直
5	袖头	两袖头圆头对称，宽窄一致，止口明线顺直
6	袖衩	左右袖衩平服，无毛出，袖口三个裥均匀，宝剑头规范
7	袖	装袖圆顺，前后适宜，左右一致，袖山无皱、无褶
8	底边	卷边宽窄一致，门襟长短一致
9	后背	后背平服，左右裥位对称
10	止口	钮扣与扣眼高低对齐，止口平服，门里襟上下宽窄一致
11	熨烫	各部位熨烫平服，无烫黄、水花、污迹，无线头，整洁，美观

二、质量缺陷判断依据

男衬衫质量缺陷判断依据见表3-4。

表3-4　男衬衫质量缺陷判断依据

项目	序号	轻缺陷	重缺陷	严重缺陷
使用说明	1	商标不端正，明显歪斜；钉商标线与商标底色的色泽不相适宜	使用说明内容不准确	使用说明内容缺项

（续表）

项目	序号	轻缺陷	重缺陷	严重缺陷
外观及缝制质量	2	—	使用黏合衬部位渗胶	使用黏合衬部位脱胶、起泡
	3	熨烫不平服；有光亮	轻微烫黄；变色	变质，残破
	4	—	—	成品里含有金属针
	5	领型左右不一致，折叠不端正，互差0.6cm以上；领窝、门襟轻微起兜，底领外露；胸袋、袖头不平服，不端正	领窝，门襟严重起兜	—
	6	表面有连根线长1cm；纱毛长1.5cm，两根以上；有轻度污渍，污渍小于等于2cm²；水花小于等于4cm²	有明显污渍，污渍大于2cm²；水花大于4cm²	—
	7	领子不平服，领面松紧不适宜；豁口重叠	领尖反翘	—
	8	缝制路线不顺直；止口宽窄不均匀，不平服；接线处明显双轨长大于1cm；起落针处没有回针；毛、脱、漏小于等于1cm；30cm内有两个单跳线；上下线轻度松紧不适宜	毛、脱、漏大于1cm，小于等于2cm；连续跳针或30cm内有两个以上单跳针；上下线松紧严重不适宜	毛、脱、漏大于2cm；链式线迹跳线
	9	表面绗线不顺直；横向绗线、对称绗线互差大于0.4cm	横向绗线，对称绗线互差大于0.8cm	—
	10	领子止口不顺直；止口反吐；领尖长短不一致，互差0.3cm～0.5cm；绱领不平服；绱领偏斜0.6cm～0.9cm	领尖长短互差大于0.5cm；绱领不平服；绱领偏斜大于等于1cm；绱领严重不平服；0号部位（图3-29）有接线、跳线	领尖毛出
	11	压领线：宽窄不一致，下炕；反面线距大于0.4cm或上炕	—	—
	12	盘头：探出0.3cm；止口反吐、不整齐	—	—

（续表）

项目	序号	轻 缺 陷	重 缺 陷	严重缺陷
外观及缝制质量	13	门、里襟不顺直；门、里襟长短互差0.4~0.6cm	门、里襟长短互差大于等于0.7cm	—
	14	针眼外露	针眼外露	—
	15	口袋歪斜；口袋不方正、不平服；缉线明显宽窄不一；双口袋高低大小0.4cm	左右口袋距扣眼中心互差大于0.6cm	—
	16	绣花：针迹不整齐；轻度漏	严重漏印迹；绣花不完整	—
	17	袖头：左右不对称；止口反吐；宽窄互差大于0.3cm，长短互差大于0.6cm	—	—
	18	褶：互差大于0.8cm，不均匀、不对称	—	—
	19	大小袖衩长短互差大于0.5cm；左右袖衩长短互差大于0.5cm；袖衩封口歪斜	—	—
	20	绱袖：不圆顺；吃势不均匀；袖窿不平服	—	—
	21	两袖长短互差0.6cm~0.8cm	两袖长短互差大于等于0.9cm	—
	22	十字缝：互差大于0.5cm	—	—
	23	肩、袖窿、袖缝、侧缝、合缝不均匀；倒向不一致；两小肩大小互差大于0.4cm	两小肩大小互差大于等于0.9cm	—
	24	省道：不顺直；尖部起兜；长短、前后不一致，互差大于等于1.0cm	—	—
	25	锁眼间距互差大于等于0.5cm；偏斜大于等于0.3cm；纱线绽出	锁眼跳线、开线、毛漏	—
	26	扣与眼位互差大于等于0.4cm；钉扣不牢	—	—
	27	底边：宽窄不一致；不顺直；轻度倒翘	严重倒翘	—

（续表）

项目	序号	轻缺陷	重缺陷	严重缺陷
规格偏差	28	规格偏差超过标准规定50%以内	规格偏差超过标准规定50%及以上	规格偏差超过标准规定100%
辅料	29	线、滚条、衬等辅料的性能与面料不相适宜，钉扣线与扣的色泽不相适宜；装饰物不平服、不牢固	—	钮扣、附件脱落；金属件锈蚀；装饰物残破、缺少
纬斜	30	超过标准规定	超过标准规定50%及以上	—
对条对格	31	超过标准规定	超过标准规定50%及以上	—
图案	32	—	—	面料倒顺毛，全身顺向不一致；特殊图案或顺向不一致
拼接	33	—	—	不符合标准规定
色差	34	低于标准规定半级	低于标准规定半级以上	—
针距	35	低于标准规定2针及以内	低于标准规定2针及以上	—

图 3-29 部件缝制工艺

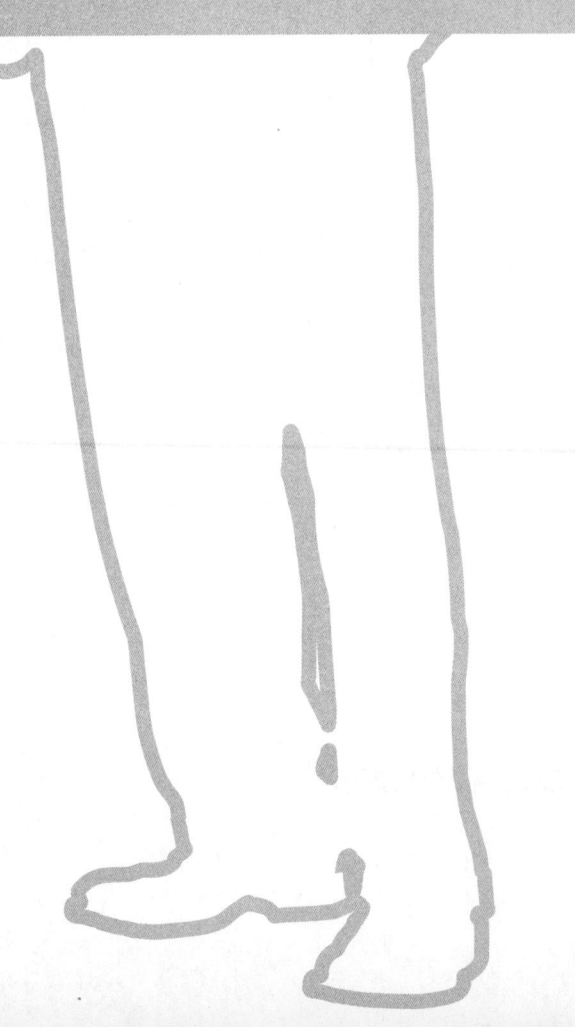

第四章
男西装缝制工艺

第一节 男西装结构制图与缝份加放

一、结构制图

(一)款式说明

本款西服为两粒扣平驳头,侧开衩,是男西服中较为经典的款式,如图4-1所示。

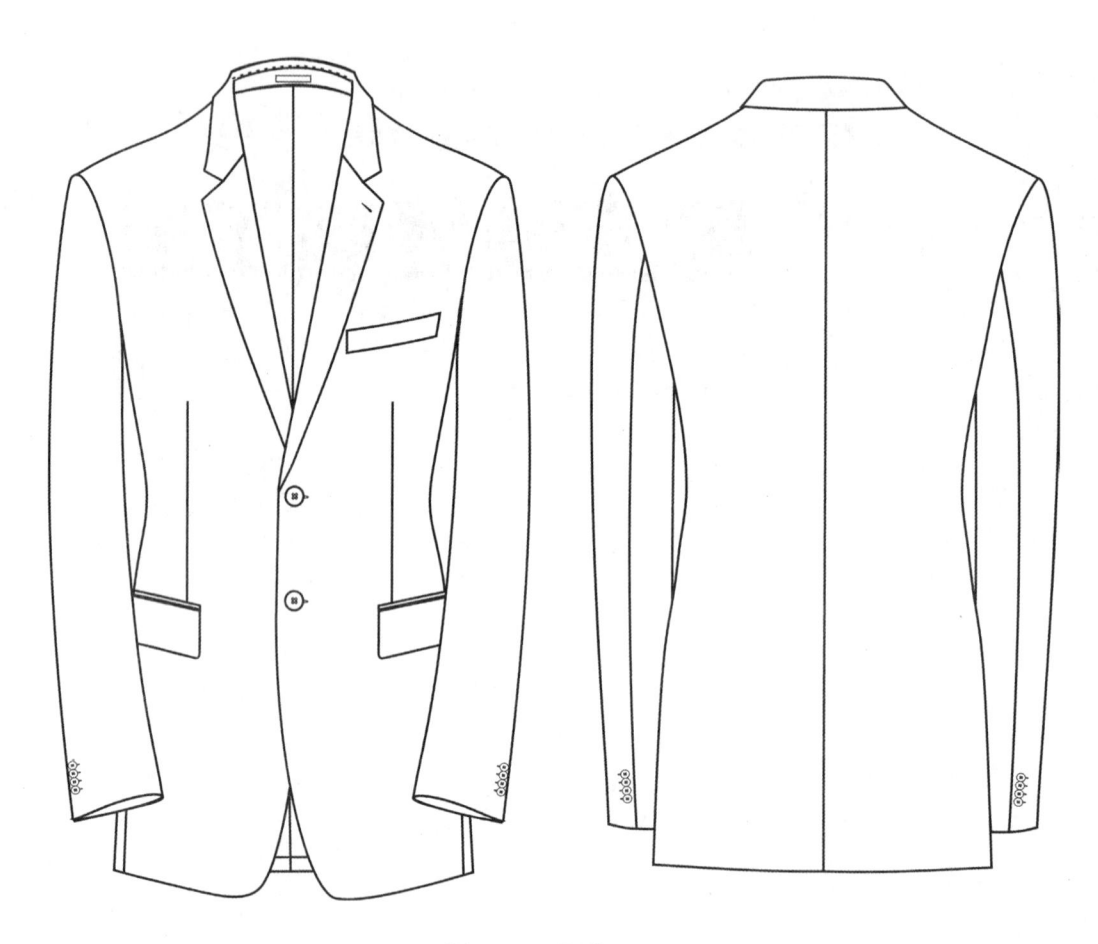

图 4-1 西服款式图

(二)成品规格

表 4-1为规格为170/92B的男西服成品规格。仅供参考。

表 4-1　男西服的成品规格

（单位：cm）

号型名称	165/84A	165/88B	165/92C	170/88A	170/92B	170/96C	175/92A	175/96B	175/100C	180/96A	180/100B	180/104C
前衣长	74	74	74.5	76	76	76.5	78	78	78.5	80	80	80.5
后中长	71.5	71.5	71.5	73.5	73.5	73.5	75.5	75.5	75.5	77.5	77.5	77.5
净胸围（B）	84	88	92	88	92	96	92	96	100	96	100	104
胸围	102	106	108	106	110	112	110	114	116	114	118	120
中腰	92	98	102	96	102	106	100	106	110	104	110	114
肩宽	45.6	46.4	47	46.8	47.6	48.2	48	48.8	49.4	49.2	50	50.6
袖长	58.5	58.5	58.5	60	60	60	61.5	61.5	61.5	63	63	63

号型名称	185/100A	185/104B	185/108C	190/104A	190/108B	190/112C	195/108A	195/112B	195/116C	195/112A	195/116B	195/120C
前衣长	81.5	81.5	82	83	83	83.5	84.5	84.5	85	86	86	86.5
后中长	79	79	79	80.5	80.5	80.5	82	82	82	83.5	83.5	83.5
净胸围（B）	100	104	108	104	108	112	108	112	116	112	116	120
胸围	118	122	124	122	126	128	126	130	132	130	134	136
中腰	108	114	118	112	118	122	116	122	126	120	126	130
肩宽	50.4	51.2	51.8	51.6	52.4	53	52.6	53.4	54	53.6	54.4	55
袖长	64.5	64.5	64.5	66	66	66	67.5	67.5	67.5	69	69	69

（三）男西服结构图

男西服结构制图如图4-2、图4-3所示。

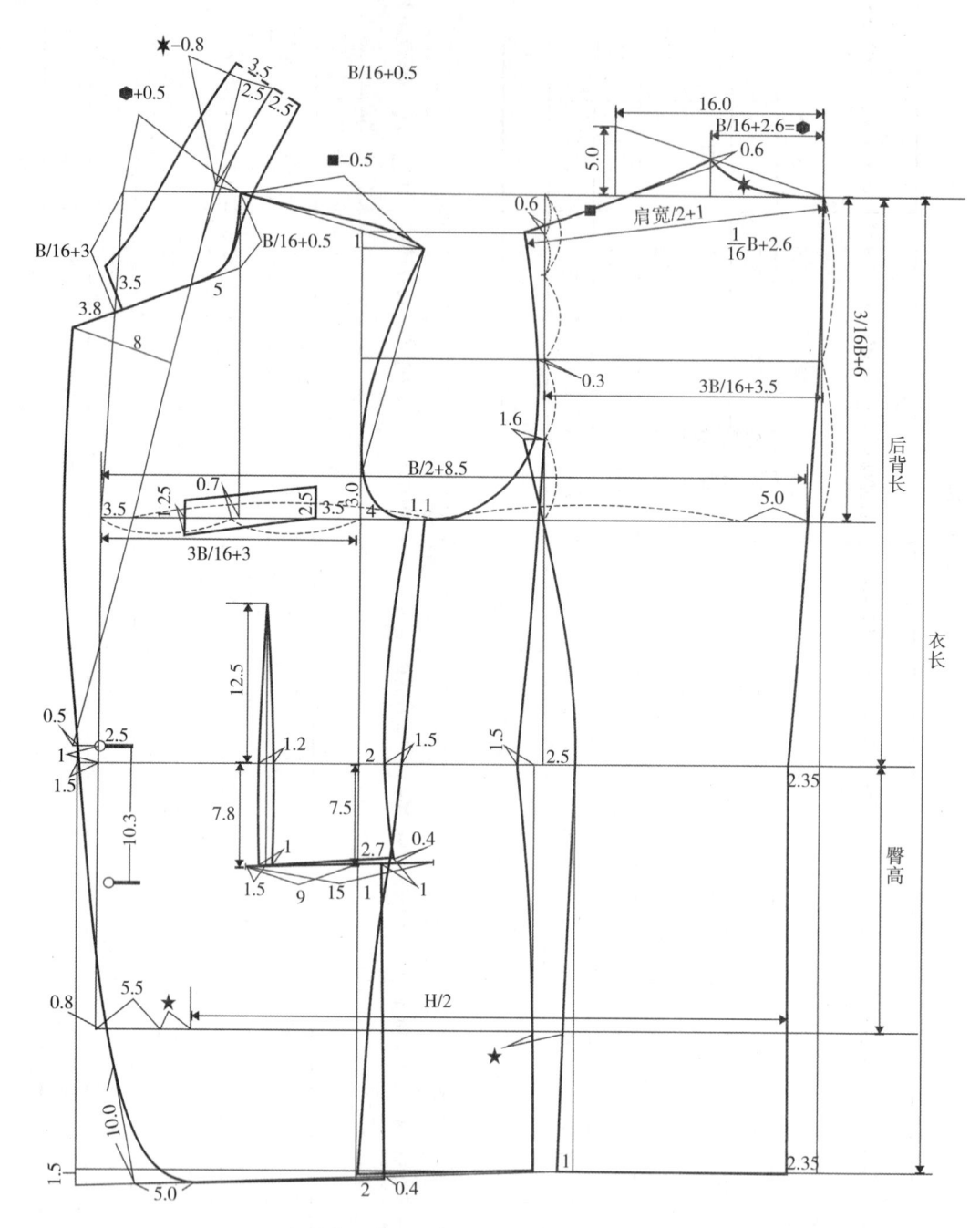

注：肩线、侧缝、袖窿为毛缝，其他为净缝。

图4-2 西服衣身结构图

图 4-3　西服衣袖结构图

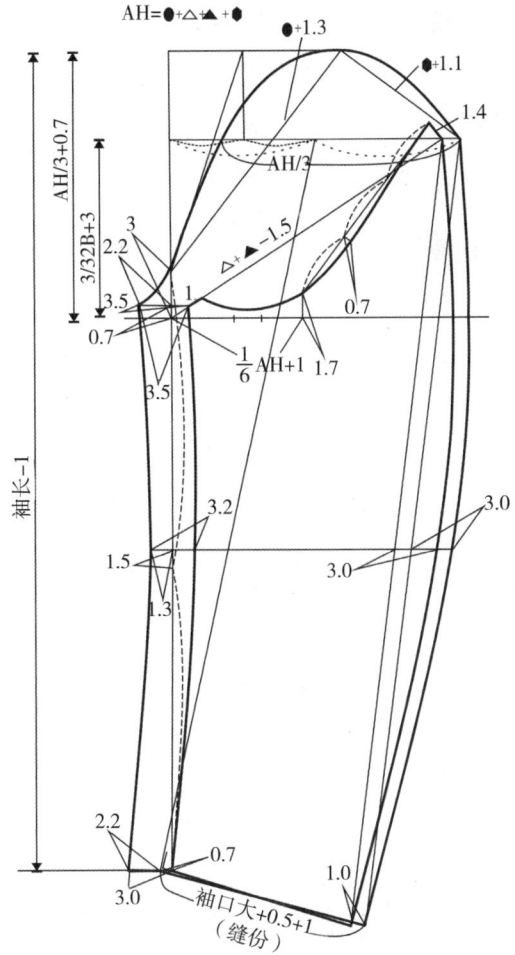

注：袖口为净缝，其他为毛缝

二、缝份加放

（一）衣身缝份加放（图4-4）

（1）侧缝、肩缝、袖窿、领口、止口：根据净样板放出毛缝，一般放缝1cm；

（2）后中缝：放缝2cm；

（3）下摆贴边宽一般为4cm；

（4）挂面：挂面是在前片净样的基础上裁配的，一般在肩缝处宽4cm，止口处宽7~8cm。挂面除底摆贴边宽为4cm外，其余各边放缝1cm。

（5）止口线从驳头翻折点至下摆圆角先放出0.15~0.2cm的止口坐势（俗称里外匀），然后再放缝1cm。

（6）挂面在腰围线处重叠0.3cm；在翻折线上口切入0.3cm的翻折层势，下口切入0.2cm的翻折层势，驳头上下放出0.2cm的层势至驳头止点。

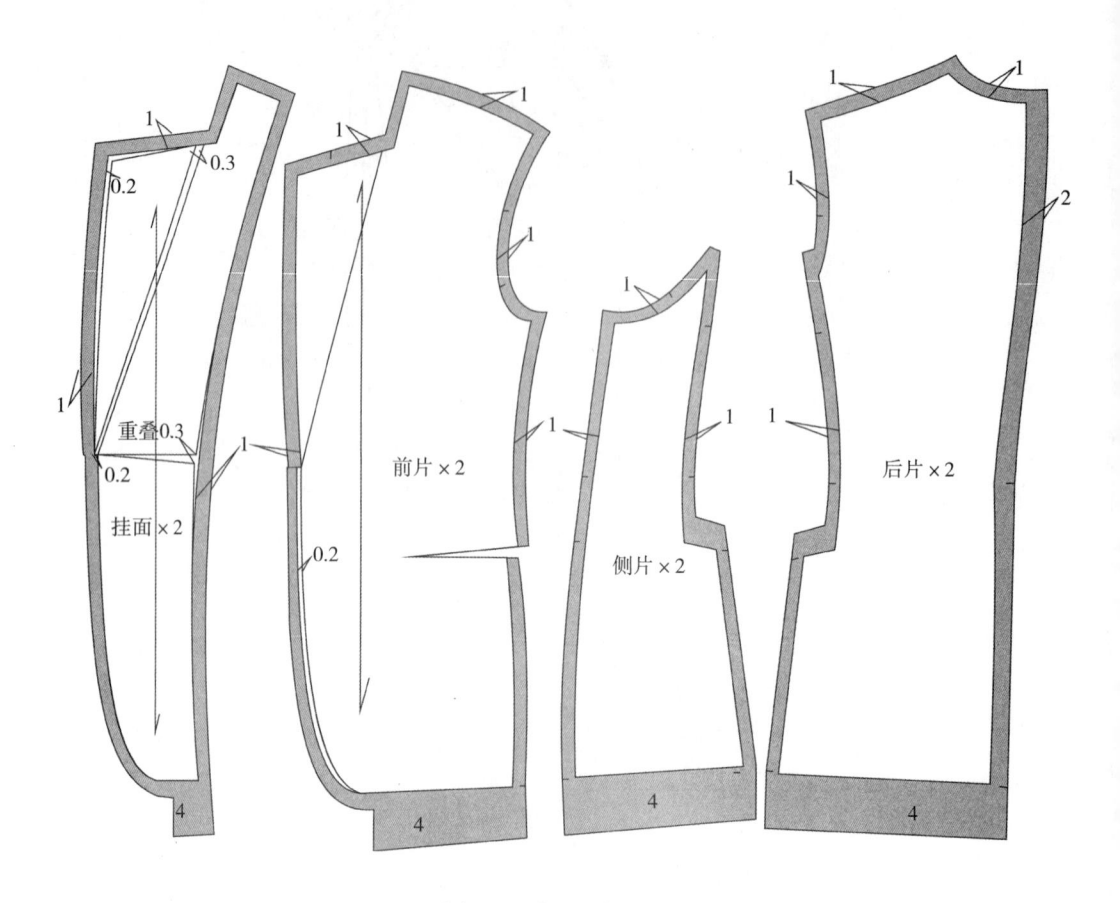

图4-4 衣身缝份加放

（二）衣袖、衣袋缝份加放（图4-5、图4-6）

（1）袖子：袖山弧线、内外侧拼缝放缝1cm，袖口贴边宽4cm。

（2）袋盖：袋盖的上口放缝1.5cm，其余三边放缝1cm。

（3）口袋嵌线：口袋嵌线长为袋口大加上4cm的缝份量，宽度一般为7cm；若一个口袋用两根嵌线的双嵌线袋，其宽度一般为4cm。

（4）袋贴：袋贴的长度和宽度同袋嵌线，其丝缕方向和斜度应同口袋相呼应。

（5）手巾袋：手巾袋的上口对折，四周放缝1cm。

（6）袋盖三周放出0.15cm的层势。

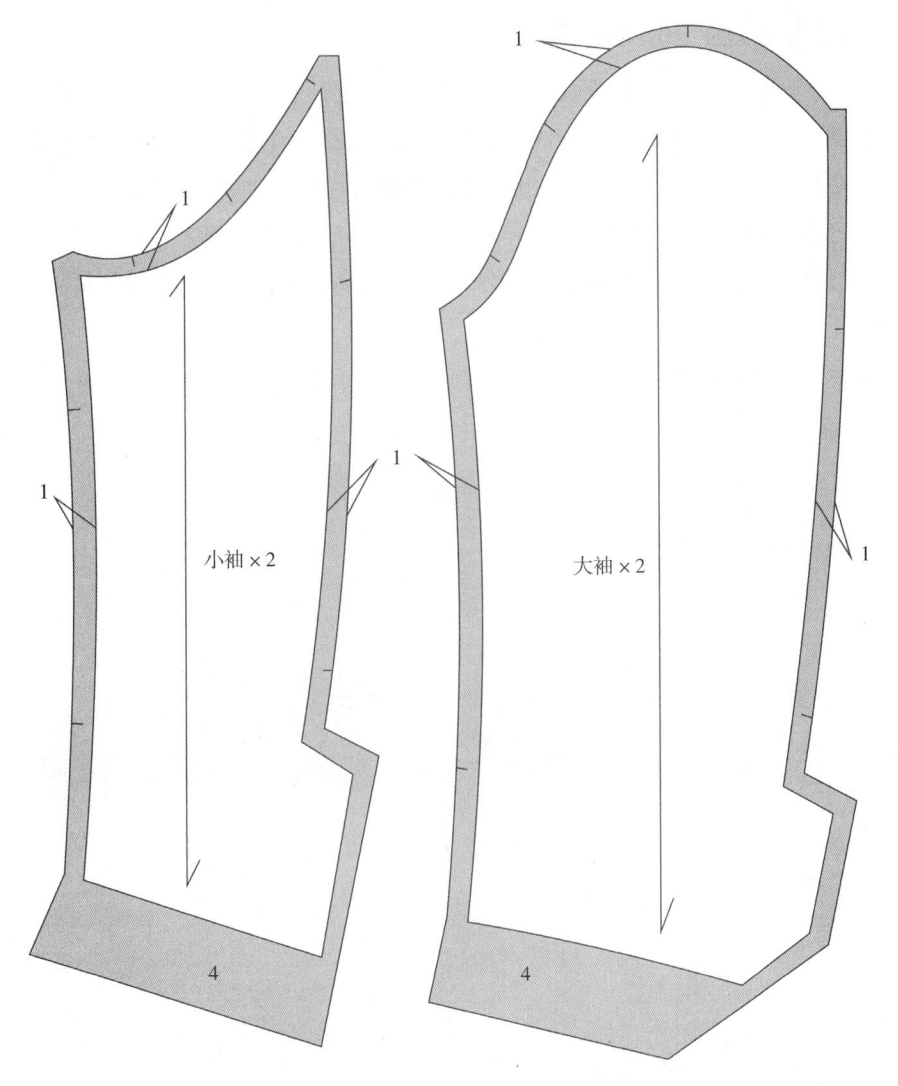

图 4-5　衣袖缝份加放

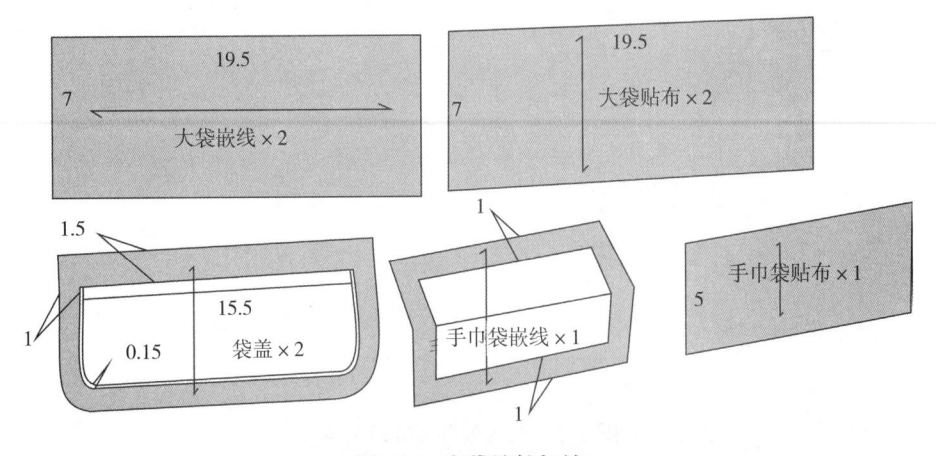

图 4-6　衣袋缝份加放

第四章　男西装缝制工艺

（三）衣领处理及缝份加放（图4-7）

（1）男西服的领面需做处理，分上领和领座。上领和领座的拼合缝放缝0.6cm；领面的外围线在领后中加入0.6cm、领角处加入0.4cm、领角线加入0.2cm的止口容量，在此基础上四周放缝1cm，串口线放缝1cm；领座的串口线和领口线放缝1cm。

（2）男西服的领底在领外围线和领角处去掉0.2cm止口量，领底材料为领底绒，一般四周都不放缝，用三角针与领面绷住；也有可以在领角和串口线的前一部分是夹缝的，就需要放缝1cm。

上衣样板的放缝并不是一成不变的，其缝份的大小根据面料、工艺处理方法等的不同而发生相应的变化。

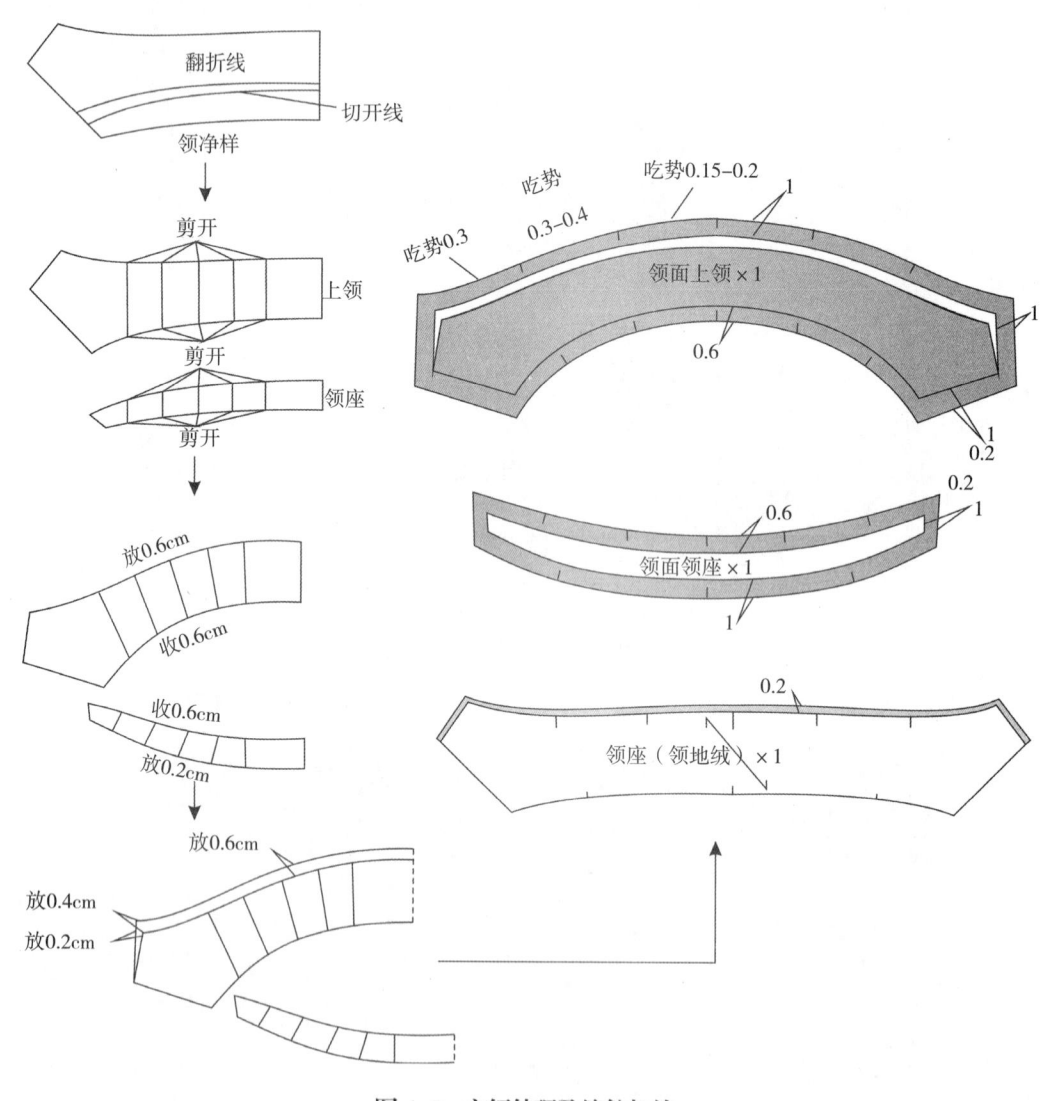

图4-7 衣领处理及缝份加放

三、衣里的配置

西服里布样板的配置原理与技巧：里布样板在面子毛板的基础上缩放，在各个拼缝处应加放一定的坐势量，以适应人体的运动而产生的面料的舒展。

（一）衣身的配置（图4-8）

（1）后片的后中线放1.8cm的坐缝至腰节处；肩缝在肩点处放出0.7cm作为袖窿的松量；袖窿在肩缝处放0.5cm至拼缝处0.3cm的缝份；侧拼缝上口放0.5cm的缝份至腰节线；后中下摆在面样下摆净缝线的基础上下落1cm（即按毛板缩短3cm）；开衩的去掉量与放出量相等，开衩下摆处在面样下摆净缝线的基础上下落1.5cm，其中的0.5cm作为开衩位里布的吃势，以防开衩起吊。

（2）前片按挂面净缝线放出1cm，肩缝同后片在肩点处放出0.7cm；袖窿放量同后

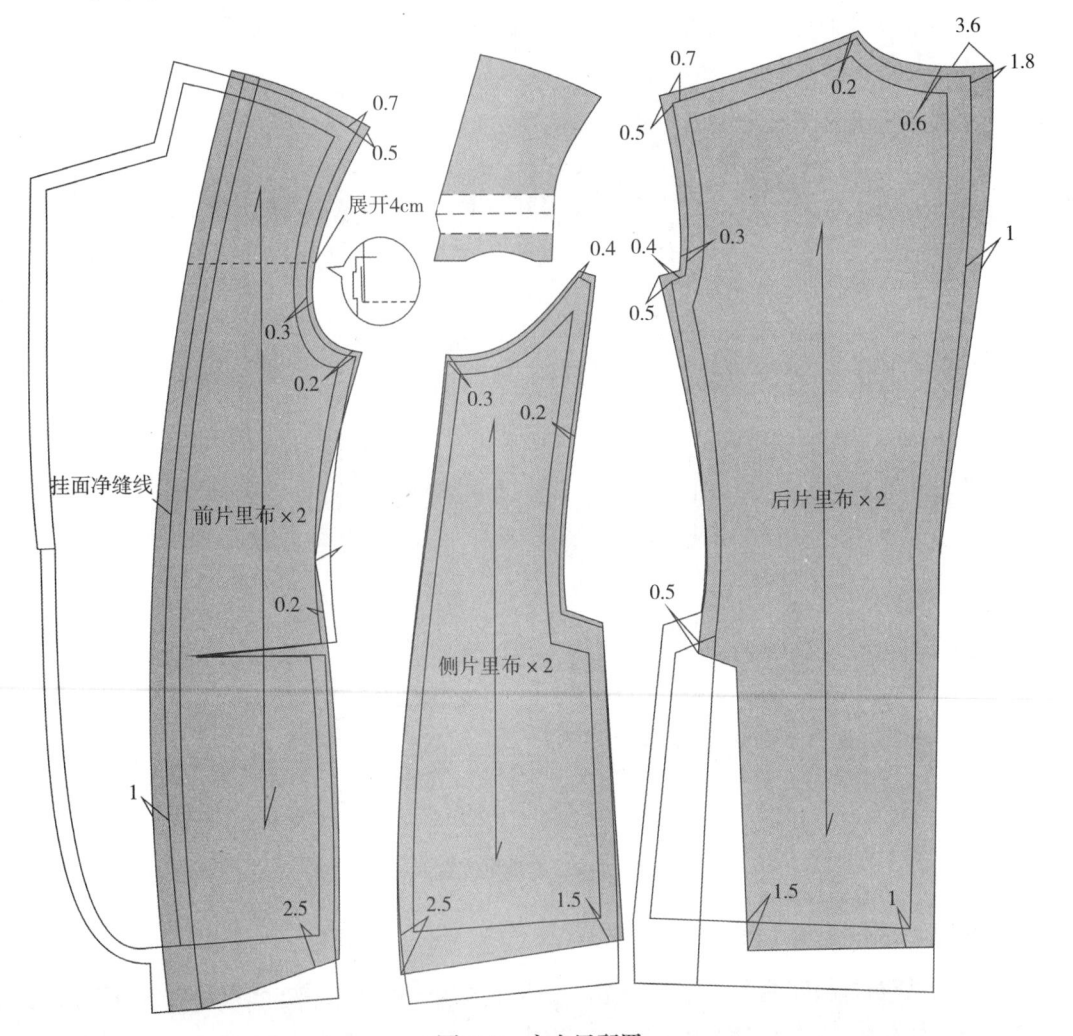

图4-8 衣身里配置

片；侧缝在袖窿处放0.2cm坐缝，腰线处收1cm（去掉部分腰省量）后，以下部分按侧缝放0.2cm的坐缝；下摆在侧缝处在面样下摆净缝线的基础上下落2.5cm。前片里布在胸围线上位置打褶，褶大一般为1~2cm（也有企业的板型褶大3~4cm），前片里布样板应将该褶量加上。

（3）后侧片下摆前侧在面样下摆净缝线的基础上下落2.5cm（为了与前片接顺），开衩一侧下落1.5cm（同后片）；袖窿前侧抬高0.3cm，后侧抬高0.4cm；后侧缝放0.2cm的坐缝。

(二) 衣袖的配置 (图4-9)

(1) 大袖片在袖山顶点加放0.8cm，小袖片在袖底弧线处加放2.5cm；

(2) 大小袖片在外侧袖缝线处抬高2cm，在内侧袖缝线处抬高3cm；

(3) 内袖缝线放0.3cm的坐缝，外袖缝线上口放0.4cm、下口放0.2cm的坐缝；

(4) 袖口在面样袖口净缝线的基础上下落0.5cm（即按毛板缩短3.5cm）。

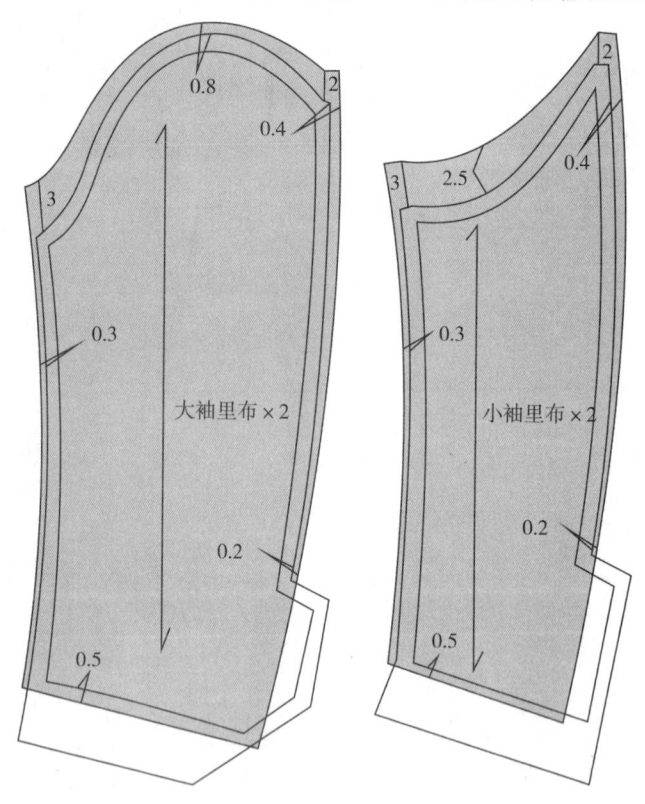

图4-9 衣袖里配置

(三) 衣袋的配置 (图4-10)

(1) 袋布样板宽度同嵌线、袋贴的宽度，长度一般要求袋布装好后比衣身下摆短3~4cm。当衣服较长时，袋布的长度一般为18~22cm即可。手巾袋布的长度应适当减短。

（2）里袋、笔袋和名片袋的嵌线长度均为袋口大加上4cm的缝份量，宽度一般为7cm；袋贴的长度和宽度同袋嵌，其丝缕方向和斜度应同口袋相呼应。里袋、笔袋和名片袋的嵌线可以用面料做，也可以用里料做。

（3）袋盖里在袋口边放缝1.5cm，其余三边去掉0.15cm的袋盖面里外容，再放缝1cm。

（4）里布样板不管采用何种做法，不管坐缝量放多少，除后中在领口部位缝份为3.6cm，缝合约8~10cm后转折改缝1cm，其余缝份都是1cm。

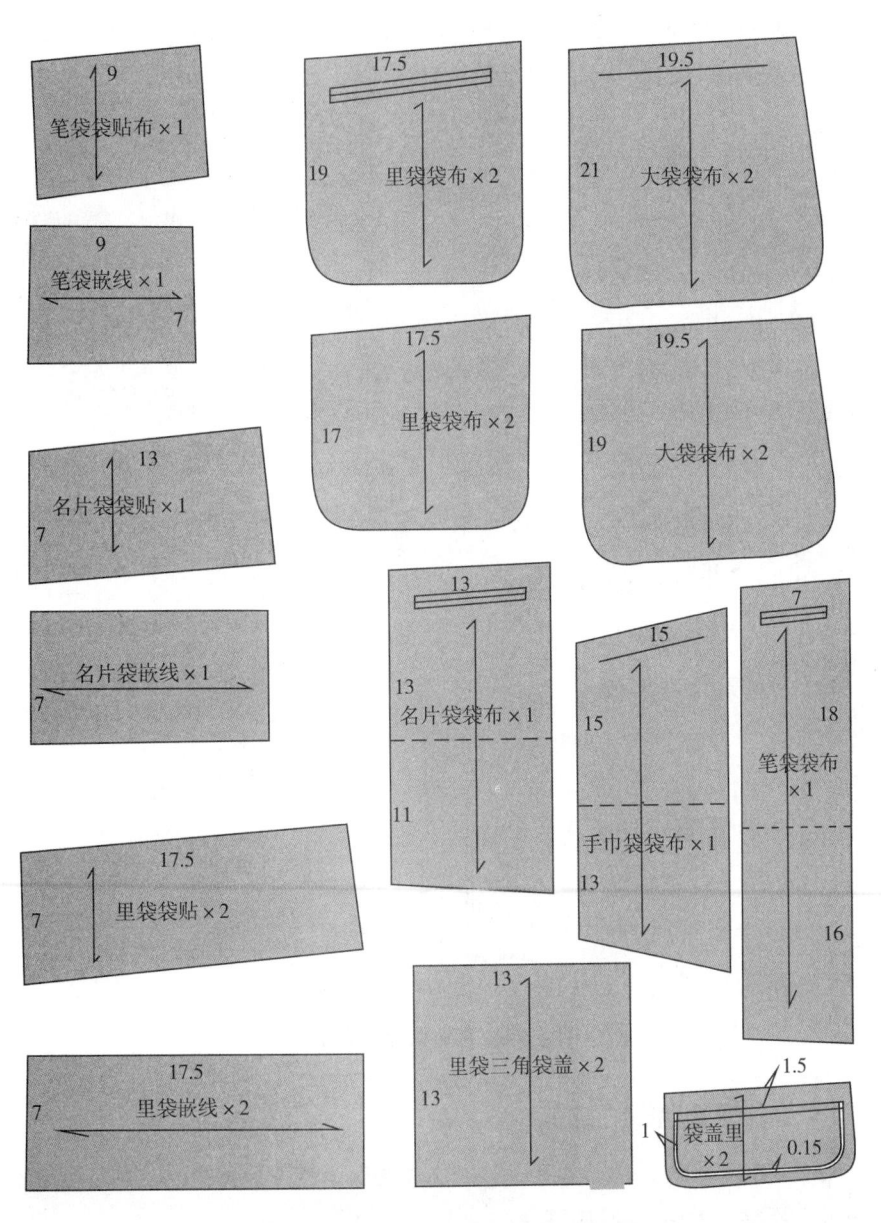

图4-10 衣袋配置

四、衬料的配置

衬样在面料毛板的基础上配置，配置时为防止黏衬外铺，在过黏合机时粘在机器上，以至损坏机器，所以衬样要比面料样板小0.2~0.3cm。

（一）衣身的配置（图4-11）

（1）挂面、领面、领座、领底（有些企业的领底绒是整批先黏衬后再裁剪的）及袋盖面、嵌线（包括里袋、名片袋和笔袋的嵌线）需整片黏衬。

（2）西服前片一般整片黏衬，后片和后侧片下摆黏衬宽5cm，后片开衩处需黏衬。肩部和袖窿处黏衬视面料和款式特点选择，有时可不粘，用牵条代替。

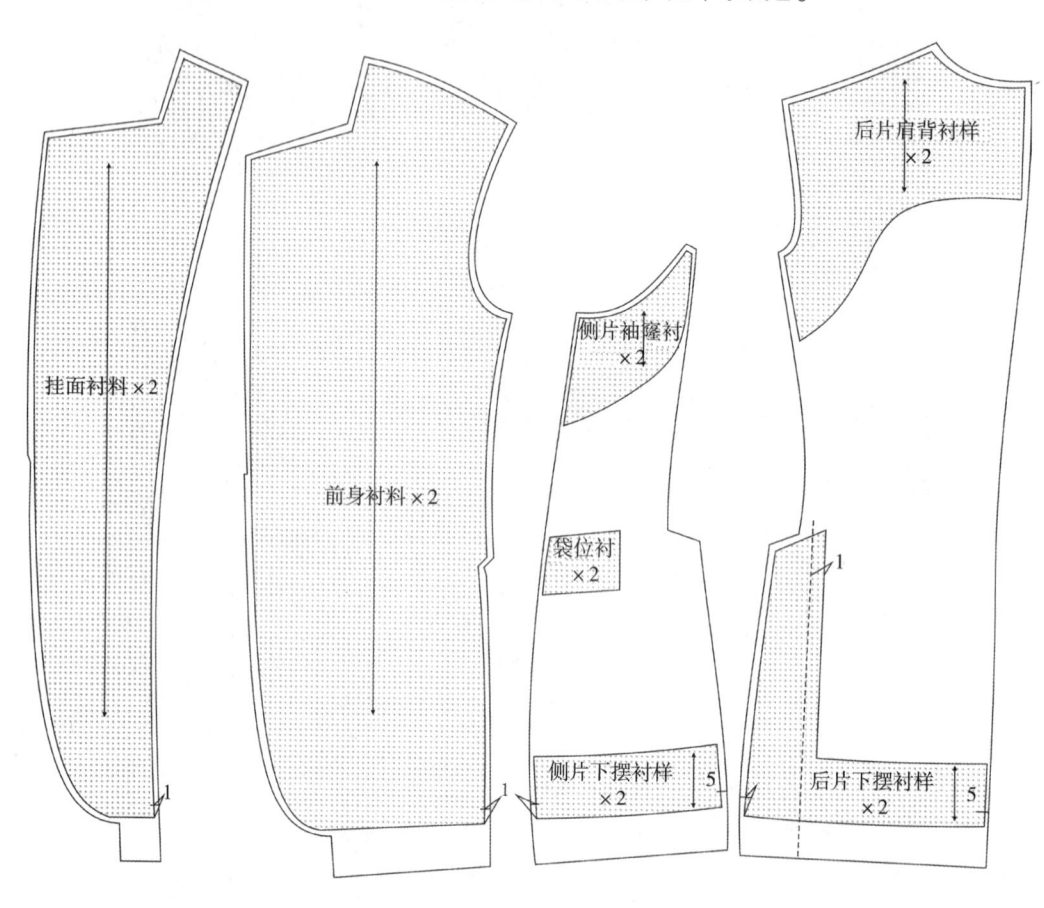

图4-11 衣身黏合衬的配置

（二）衣袖的配置（图4-12）

大小袖片的袖口黏衬同后片衣身下摆，宽度为5cm，大袖片的袖山黏衬视具体情况做选择，一般可不粘，大袖片袖衩需黏衬。

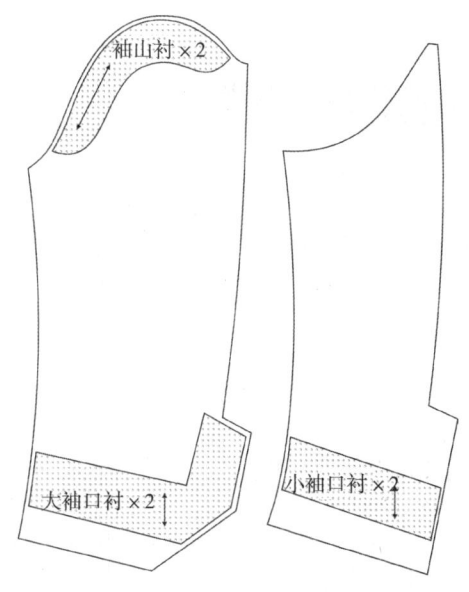

图 4-12 衣袖黏合衬的配置

（三）衣袋的配置（图4-13）

（1）所有的袋位都需要黏衬。

（2）手巾袋按净样黏衬，黏衬用手巾袋专用衬。

（3）里袋的三角袋盖须黏衬。

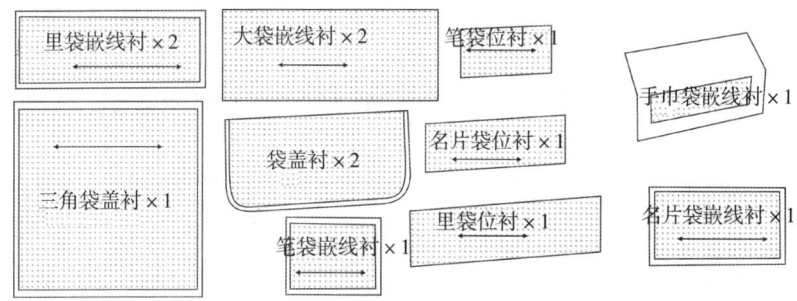

图 4-13 衣袋黏合衬的配置

（四）衣领的配置（图4-14）

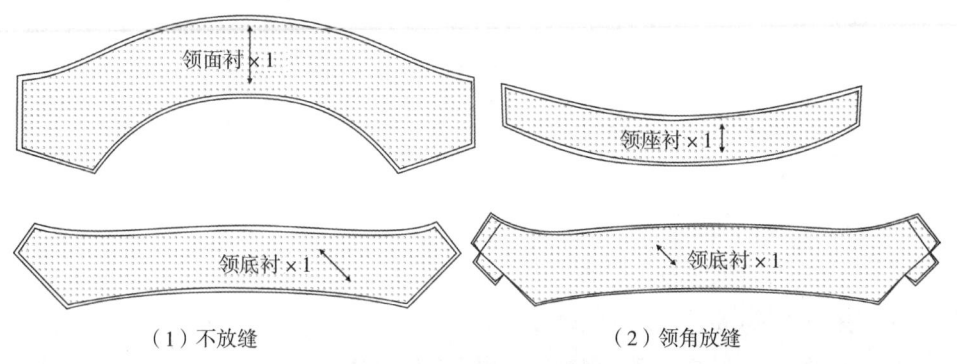

（1）不放缝　　　　　　　　　（2）领角放缝

图 4-14 衣领黏合衬的配置

第四章　男西装缝制工艺　129

第二节　缝制规定与步骤

一、缝制规定

（一）针距密度规定（表4-2）

表4-2　针距密度相关规定

项　目		针距密度	备　注
明暗线		11～13针/3cm	—
包缝线		不少于9针/3cm	—
手工针		不少于7针/3cm	肩缝、袖窿、领子不低于9针
手拱止口 机拱止口		不少于5针/3cm	—
三角针		不少于5针/3cm	以单面计算
锁眼	细线	12～14针/1cm	—
	粗线	不少于9针/1cm	—
钉扣	细线	每孔不少于8根线	缠脚线高度与止口厚度相适应
	粗线	每孔不少于4根线	—

注：细线指20tex及以下缝纫线；粗线指20tex以上缝纫线。

（二）缝制基本要求

（1）各部位缝制线路顺直、整齐、牢固。主要表面部位缝制褶皱按《男西服外观起皱样照》规定，不低于4级。

（2）缝份宽度不小于0.8cm（开袋、领止口、门襟止口缝份等除外）。起落针处应有回针。

（3）上下线松紧适宜，无跳线、断线、脱线、连根线头。底线不得外露。

（4）领子平服，领面松紧适宜。

（5）绱袖圆顺，前后基本一致。

（6）滚条、压条要平服，宽窄一致。

（7）袋布的垫料要折光边或包缝。

（8）袋口两端应打结，可采用套结机或平缝机回针。

（9）袖窿、袖缝、底边、袖口、挂面里口等部位叠针牢固。

（10）锁眼定位准确，大小适宜，扣与眼对位，整齐牢固。钮脚高低适宜，线结不外露。

（11）商标、号型标志、成分标志、洗涤标志位置端正、清晰正确。

（12）各部位明线和链式线迹不允许跳针，明线不允许接线，其他缝纫线迹30cm内不得有两处单跳或连续跳针，不得脱线。

二、缝制步骤

（一）前片缝制

1. 收胸省

（1）质量要求：

缉线顺直，省尖尖顺，左右省长短、松紧一致。

（2）操作步骤：

① 如图4-15所示，将肚省剪至胸省中线，再将胸省剪开至省尖5cm处。将侧片朝上，按胸省中线位置折叠，放平。

② 为确保省尖处平服，在省尖处垫一块3.5cm×3.5cm本色斜纱面料，从高于省尖5针起针沿省缝线缉省，缉线顺直、缉省尖时不要打回针（条格面料收省后，省道两边的条格要对齐），注意中腰部位要平顺。

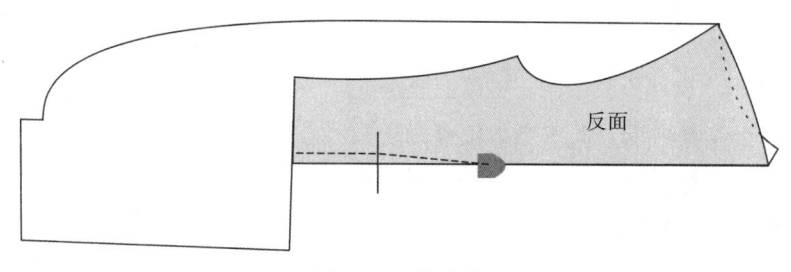

图4-15 收胸省

2. 合侧片

（1）质量要求：

缝位准确，大袋袋口部位平服，缝缩部位吃势均匀，左右片对称，松紧一致，缉线平顺。

（2）操作步骤：

① 先核对剪口和两缝长短。

② 由于缩缝前中片时，为便于缝缩，可将侧片放置在前中片上，中腰点对准，肚省拼齐缉线。

③ 缉线：袖窿底向下2cm平缉，在AB段吃大身0.3cm（或根据对位刀口确定吃量），B点以下平缉无吃量，如图4-16所示。

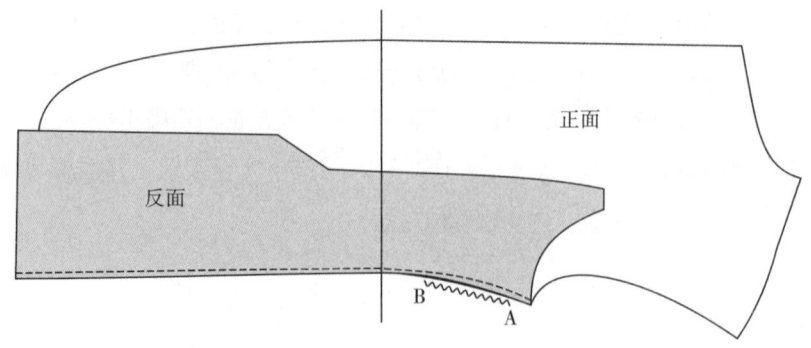

图 4-16 合侧片

3. 拉前肩、前袖窿上端牵条

（1）质量要求：

缉线顺直，袖窿牵条吃势位置、吃量准确，左右片对称。

（2）操作步骤：

① 如图4-17所示，将牵条在距离裁片边缘0.1~0.2cm处放置。

② 缉线：距离边缘0.5cm缉线，肩部AB段（2.5cm内）无吃量，BC段（5cm）牵条拉紧，肩部吃进0.2cm左右，CD段平缝无吃量，如图4-17所示。

③ DF=EF=1.5cm不拉牵条，袖窿上段距肩4~5cm内无吃量平缉，向下牵条拉紧，前袖窿吃进0.3cm左右。

4. 拉前袖窿下段牵条

（1）质量要求：

缝位准确，吃势位置正确，吃量均匀，左右片对称。

（2）操作步骤：

① 拉袖窿牵条时，为便于缝制，左片正面在上，右片反面在上。

② 由前片袖窿起针上下牵条重叠1cm，顺着袖窿形状缉牵条，注意将侧缝分开放平，如图4-18所示，a段吃进0.1cm，b段平缉，c段吃进0.2~0.3cm，d段吃进0.1cm。

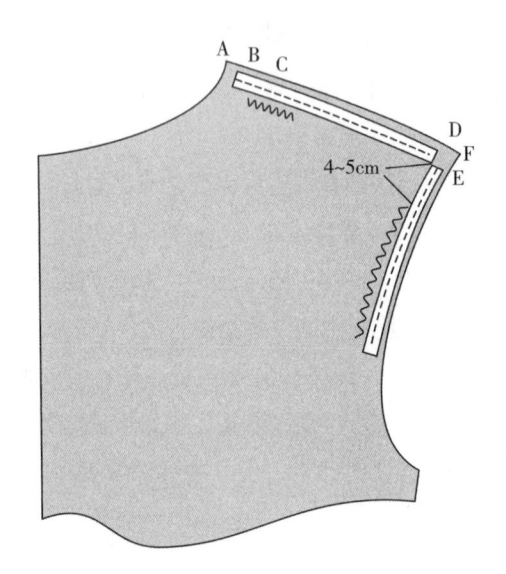

图 4-17 拉前肩、前袖窿牵条

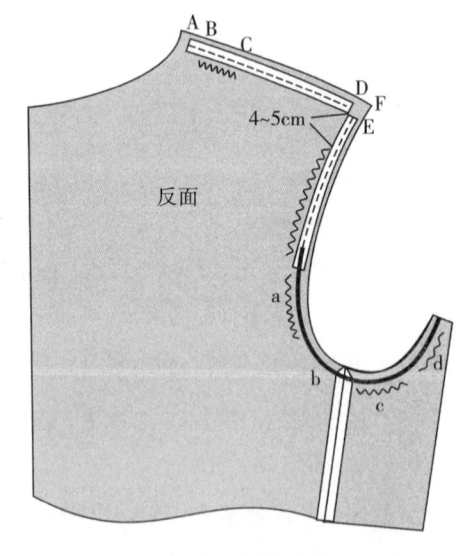

图 4-18 拉前袖窿下段牵条

5. 烫前片

（1）质量要求：

①胸省、侧缝分烫平实，省尖平服，左右片对称。

②如图4-19所示，1，2，3区内丝缕要横平竖直。

③4区内从省中部向止口方向推量，省稍呈弧形。

④劈烫刀背缝呈自然弧形状态，劈开缝份。

（2）操作步骤：

①将前片平放在烫台上，注意放正丝缕。

② 分烫胸省：在胸省缝的一边剪一刀口，由下往上进行分烫。省尖不能拔烫只能归烫。最好将衣片放置在烫具上分烫胸省。而且要从反面分烫，注意分匀、烫实，保证衣片正面平服，省尖处不出泡印纹。

③分烫侧缝，由下往上进行分烫，下部顺直，AB段由于有吃量要归烫，使其平服。

④贴黏合衬：在袋位处反面粘无纺衬。

⑤推胸省：从省中部向止口方向推量，大约0.1cm，省稍呈弧形；将胸省前部腰节位

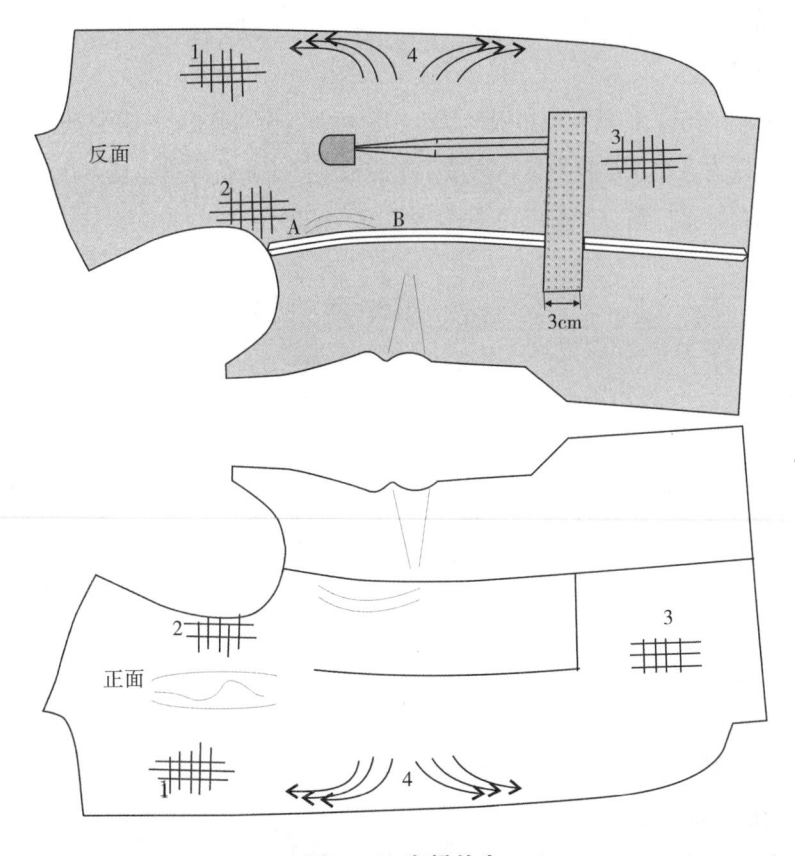

图4-19 归烫前片

的经丝略向门襟止口方向拔烫拉出。边熨烫边把经丝拔开、拉长，使腰省前的经丝拔烫成弓形。

⑥ 将驳口线部位的经丝逐步归拢至驳头边缘，在归烫的同时将余量（胖势）推烫到胸部中心，使胸部丰满，驳口平顺，符合胸部造型。

⑦ 熨烫止口：腰节处面料应向止口方向拉出一些，使止口布纹成直线状。

⑧ 将大袋后面经丝归烫直顺，下摆缝也归烫成直型，同时将胖势推烫向衣袋口下。腰节处也稍加归拢。

⑨ 将袖窿归烫缩拢0.7~1cm。熨烫时将经丝朝止口方向呈弧形归烫圆顺。

⑩ 在领圈旁将经丝缕向外肩推烫出0.3cm，直推至2/3肩缝处，以适应锁骨造成的凸凹体型。

6. 做手巾袋

（1）质量要求：

① 手巾袋袋口丝缕顺直方向与大身保持一致，条格与大身对准。

② 袋口宽窄一致，顺直，袋角方正，封口牢固，里口不露痕迹，袋布平服。

③ 胸部胖势保持原状，袋口挺拔服贴无豁开现象。

（2）操作步骤：

① 制作手巾袋板：

a. 如图4-20所示，修剪手巾袋板形状，左右两侧缝位各留0.6cm的缝份。

b. 将袋板左右两端按净样折烫，再按手巾袋板中间缝折烫顺直，烫平实。

c. 袋板角重叠处打剪口，剪口距净缝线约0.2~0.3cm。

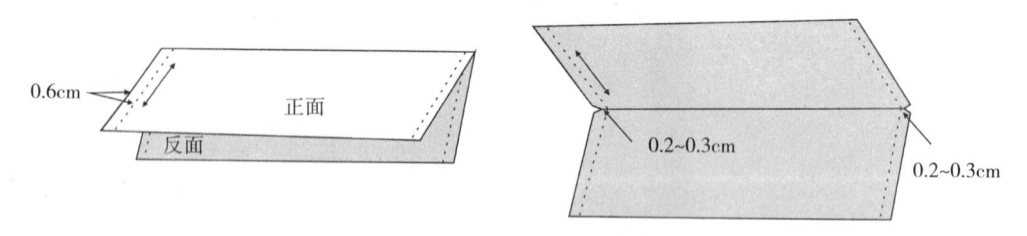

图4-20 制作手巾袋板

② 绱手巾袋：

a. 如图4-21所示，按画好的袋位线校对丝缕后，按袋位车缉手巾袋板和垫袋布，从手巾袋板左边缘起针，右边缘收针，缉线不超过手巾袋板，起止要回针。

b. 绱垫袋布时，长度不能超出袋板长度，两端应缩进0.3cm，以防开袋后袋角起毛，缉线相距1.2cm。

c. 剪袋口：在正面两线中间开袋口，距两端0.8cm打三角口，剪至线根留一根纱。

d. 翻烫：将缝份放在布馒头上劈缝熨烫，先分烫垫布止口，再分烫袋板止口。

e. 沿手巾袋板下口线根缉线固定上下层手巾袋板，里层略紧，面层略有窝势。

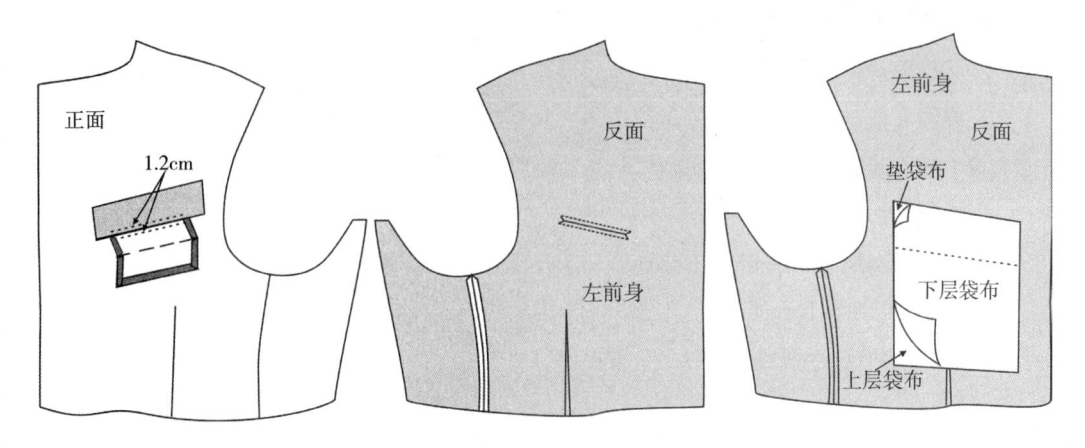

图4-21 绱手巾袋

③ 固定手巾袋板，绱手巾袋布：

a. 如图4-22所示，校准手巾袋横直丝缕与大身一致，距手巾袋正面左右两边0.5cm各缉线一道固定，注意袋口平服，不能有松量。

b. 将上层袋布缉于手巾袋板内层上，下层袋布与垫袋布缉合，袋布抹平整后左右袋口各进0.5cm，缉线一周，起止回针，最后修剪袋布，注意层次错开以保证外观平服美观。

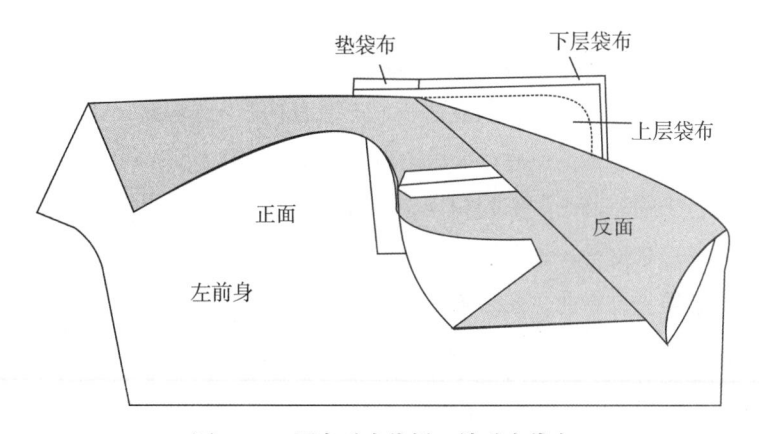

图4-22 固定手巾袋板，绱手巾袋布

④ 手巾袋封口：

a. 如图4-23所示，对准手巾袋封口位置；

b. 起止回针，三角针固定一道，上端角不封口。

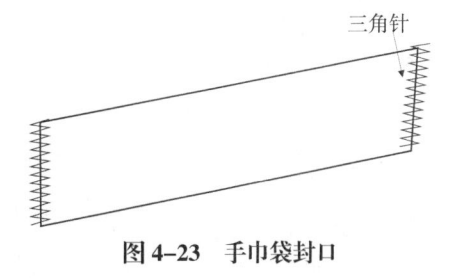

图4-23 手巾袋封口

第四章 男西装缝制工艺

7. 做大袋

（1）质量要求：

① 袋盖宽窄一致，袋角圆头圆顺，袋里不反吐，里外匀。

② 两袋盖对称圆顺窝服。

③ 袋位高低与进出一致，袋盖前端与大身条格丝缕一致，条格对齐。

（2）操作步骤：

① 扣烫嵌线：

a. 如图4-24所示，将嵌线（或称袋牙）反面粘合薄型的无纺黏合衬。

b. 嵌线上口扣折1cm折边。

c. 并距折线0.5cm画线。

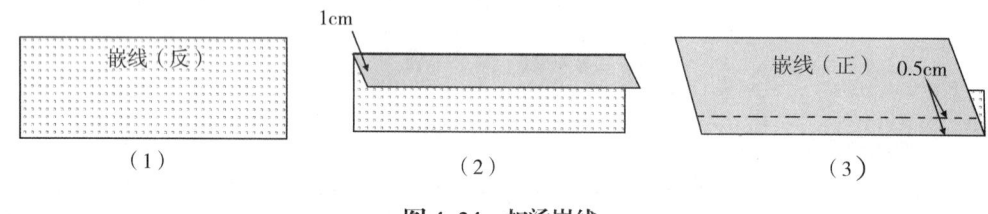

图 4-24　扣烫嵌线

② 袋盖的缝制：

袋盖前段的条格、纱支与大身相符，袋盖上口缝份1.5cm，周围袋盖缝份1cm，袋盖里为斜纱，四周缝份较袋盖面少0.3cm。

a. 如图4-25所示，画出袋盖里的净样线。

b. 袋盖里与袋盖面正面相对，袋盖面在上，毛边对齐，先勾缉三边，缉缝时，使袋盖有里外容量，即袋盖成形后，袋盖角有窝势而不反翘。

c. 袋角处缝份修成0.3cm，按净样板扣折缝份熨烫。

d. 将袋盖翻转过来熨烫，注意里外匀，止口不能倒吐。

e. 将袋盖向袋里方向卷曲，在袋盖上口缉线固定，使袋角处窝服。

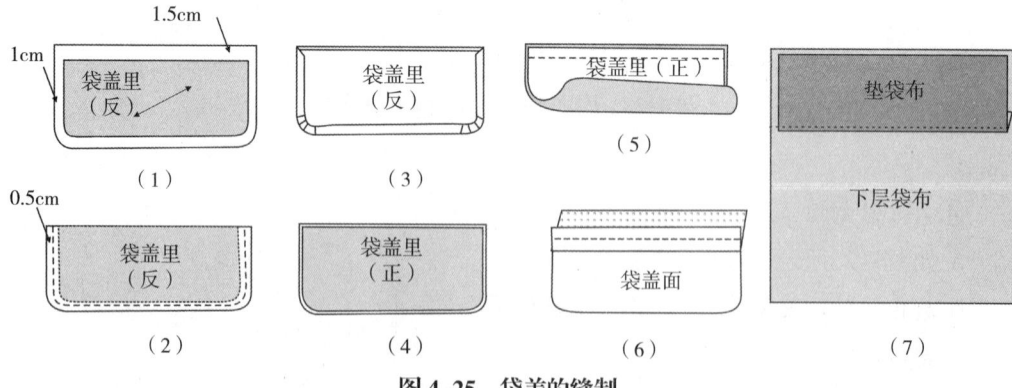

图 4-25　袋盖的缝制

f. 固定袋盖与嵌线。

g. 将垫袋布扣缝在下层袋布袋口位，止口为0.2cm。

③ 确定大袋的袋口位置，见图4-26。

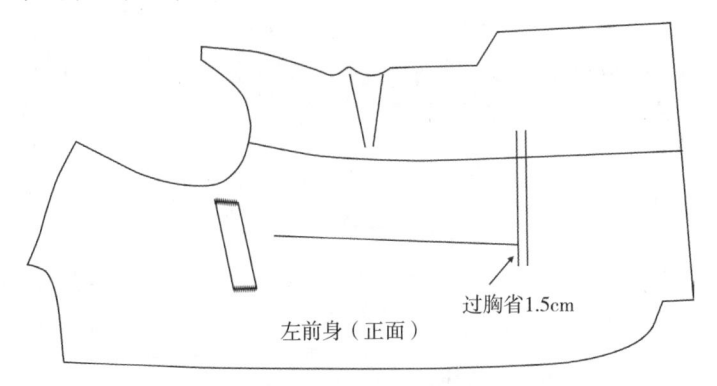

图 4-26　确定袋口位置

④ 固定上层袋布：

将上层袋布固定于开袋位，如图4-27所示。

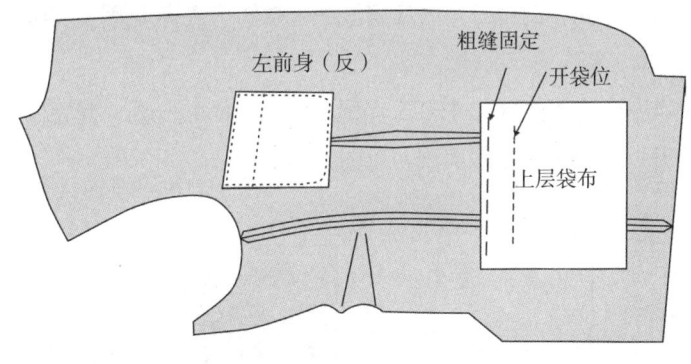

图 4-27　缉袋牙

⑤ 缉嵌线：

将嵌线布和大袋盖分别放在正面袋口对应的位置，袋口开剪处对嵌线1/2处，距袋口中线上下各0.5cm缉线，要求起止打回针，缉线平行顺直，见图4-28。

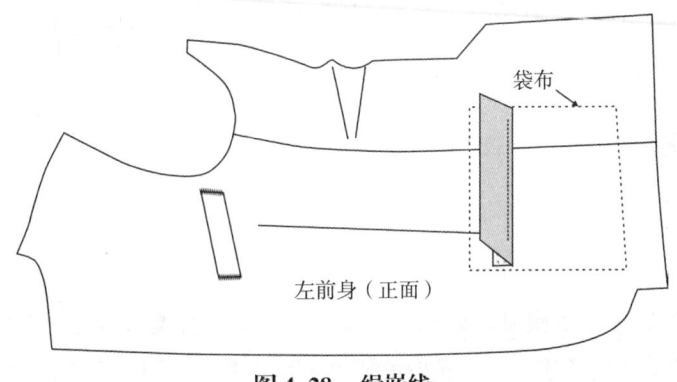

图 4-28　缉嵌线

⑥ 开大袋袋口：

如图4-29所示，先要检验左右两袋位是否完全对称，两袋口大小是否一致，嵌线宽是否相同。袋口两端剪成"Y"形，见图4-29，要求剪到线根留1到2根纱，翻转嵌线。

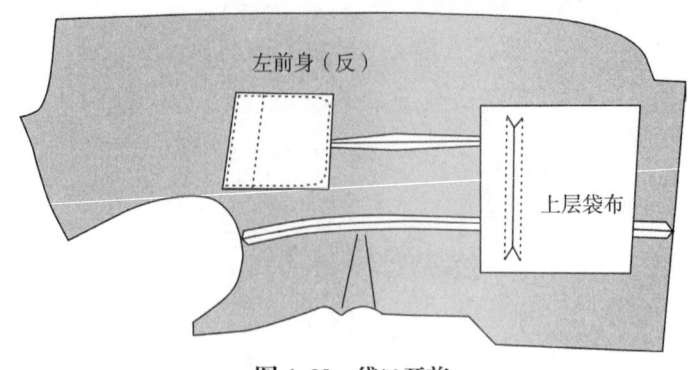

图4-29　袋口开剪

⑦ 封袋口三角：

如图4-30所示，在衣片正面临时固定袋盖。翻开衣片，沿上口缉缝0.1cm明线固定袋盖与袋布。封缝袋口三角，封缝三角时应将嵌线两端修剪整齐，见图4-30。

⑧ 缉下层袋布：

将下层袋布与嵌线正面相对，按0.5cm缝份缉合，缉线一周，起止回针，最后修剪袋布，注意层次错开以保证外观平服美观，见图4-31。

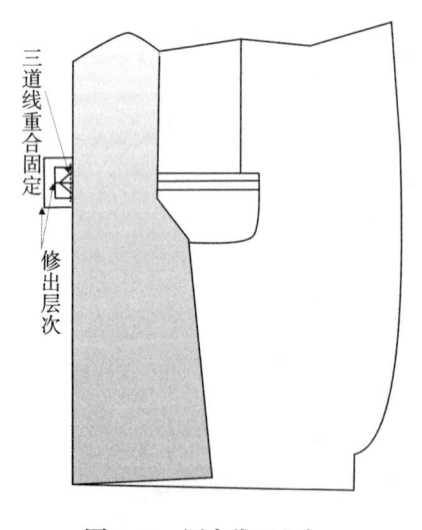

图4-30　固定袋口上角

图4-31　缉下层袋布

⑨ 熨烫大袋：

将大袋放在布馒头上熨烫，以防止大袋胖势被烫平。烫大袋盖时在袋盖下方垫上纸板，防止熨烫出袋盖的印迹，要注意袋角圆顺平服，窝服，见图4-32。

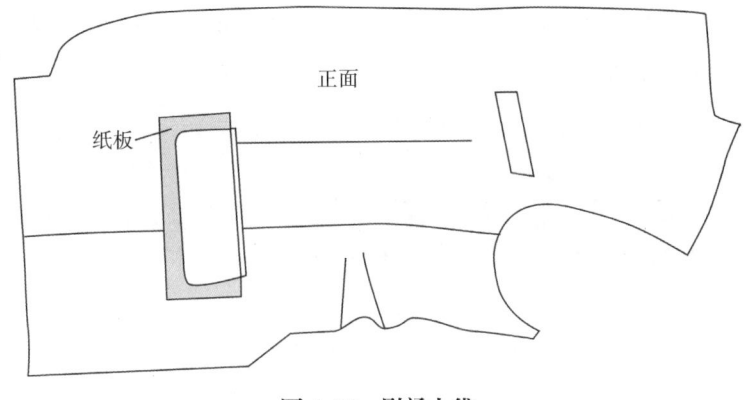

图 4-32　熨烫大袋

8. 覆胸衬

（1）质量要求：

① 大身的衬必须松紧一致，左右对称，胸部胖势一般高度约为1.5cm，饱满圆顺。

② 牵条松紧适合。

③ 丝缕顺直端正，面布松量位置准确，翘肩自然，定线牢固，面与衬松紧适宜。

（2）操作步骤：

① 熨烫胸衬：归烫驳口线里口、袖窿部、腋下，将胸衬胸部略烫出胖势，腰节以下烫平。

② 前衣片正面朝下平放，胸衬绒面朝上放在前衣片上，与驳口线上部相距1cm，下部相距1.5cm，肩部和袖窿部要大于前片1cm。

③ 临缝固定：临缝固定胸衬时窝势略向上，形成衣身略紧于胸衬之势，即形成面紧衬松，覆衬顺序是先中后边，先上后下。肩部位置大身面料向下、向外各推0.5cm，把胸部的量尽力往两边推出，如图4-33箭头方向。

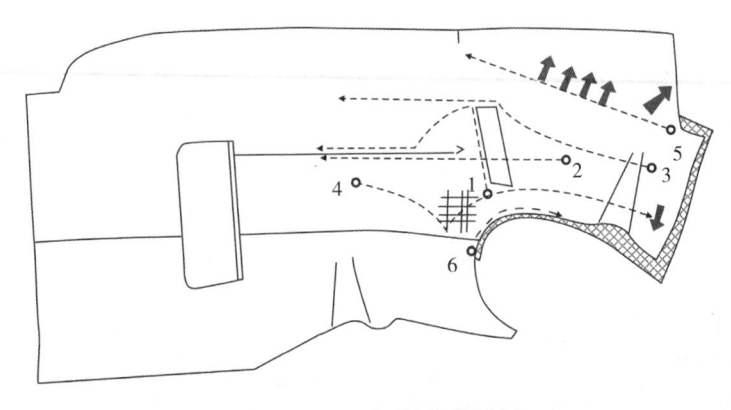

图 4-33　临缝固定胸衬

第四章　男西装缝制工艺

④ 敷驳口牵条衬：在胸衬与驳口处粘烫直丝牵条，要求一半要盖住胸衬，烫牵条时中部有0.5cm吃势，黏合后在牵条上缝三角针固定，见图4-34。

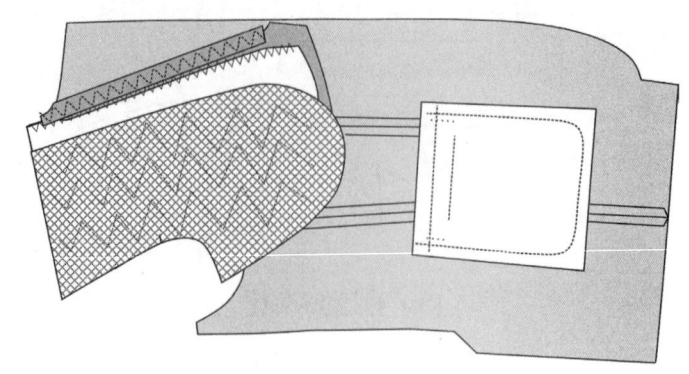

图4-34 敷驳口牵条衬

⑤ 黏止口牵条衬采用1cm直丝牵条衬，先用缝纫机缝在止口缝份上，缝到驳头止口中部略带紧，在驳头扣眼以下止口段平敷，摆角牵条带稍敷紧。摆角处打几个剪口后用熨斗粘牢。

9. 缝驳头

（1）质量要求：

位置摆放正确，针距均匀，针迹清晰，无透针、漏针现象，线松紧适宜，胸衬平服不打折。

（2）操作步骤：

覆胸衬后把衣服的翻驳位放在专用机的规定位置，调节胸衬的松紧度，再缝驳头，驳头缲完后再拉胸衬牵条，见图4-35。

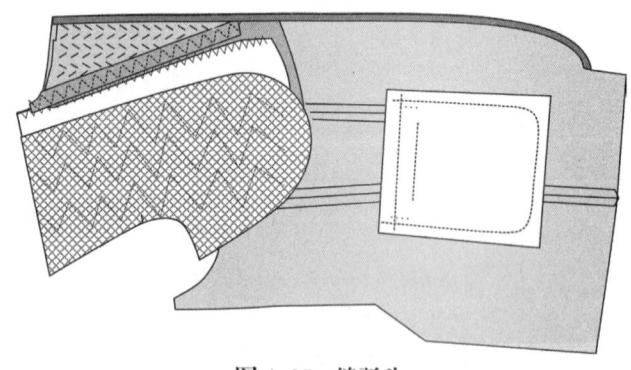

图4-35 缝驳头

10. 前身定型、胸衬定型

（1）质量要求：

前胸丝缕顺直，前胸饱满，左右片对称。

（2）操作步骤：

在工业生产中，将肩缝下5~6cm的袖窿摆放在模具肩部的最高点，省尖位摆放在胸部的最高点，用手把大身丝缕推端正，在手巾袋与袋盖下方垫一块衬（防止袋口印痕），左右片摆放到位后进行压烫一次。如果没有模具，则将前身放在布馒头上进行熨烫。

11. 修剪胸衬

（1）质量要求：

修剪顺畅，左右对称，无毛头、刀眼精确，画线清晰，左右对称。

（2）操作步骤：

① 如图4-36所示，肩部修顺，袖窿上段胸衬出面布0.5~0.6cm，下段出面布0.1cm。再修剪止口位置胸衬，离净缝0.5cm。

② 修驳头衬：领串口修0.3cm，驳嘴与驳头止口位置修0.8cm，按要求修顺畅。

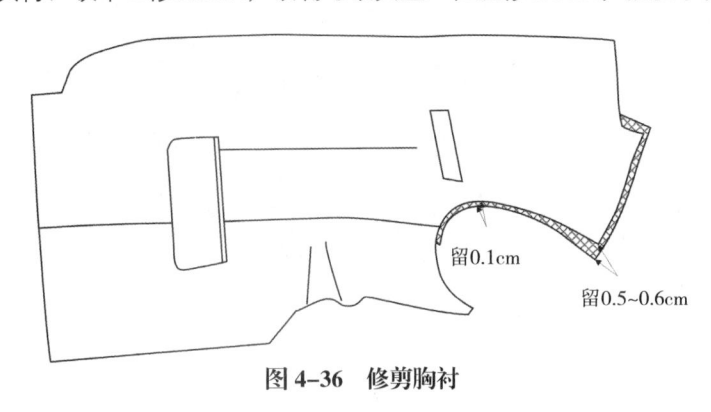

图4-36　修剪胸衬

12. 画驳嘴净缝

（1）质量要求：

位置准确。

（2）操作步骤：

如图4-37所示，画驳嘴净缝：画出串口与驳头净缝线。

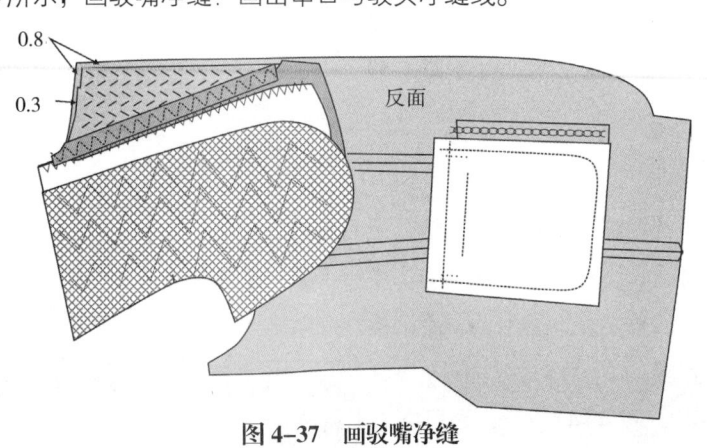

图4-37　画驳嘴净缝

（二）衣里缝制

1. 缝合挂面与前里

（1）质量要求：

挂面里布松紧适宜，线迹顺直，缝位标准。

（2）操作步骤：

① 如图4-38所示，将挂面的正面与里布正面相对，在A点处对齐，按1cm缝份缉缝，为防止缉线拉伸变形可先在B、C、D处做上对位点记号，AC段缩缝夹里，CD段平缉，一般情况下A~B之间吃0.2cm，B~C之间吃0.3cm。线迹从肩线开始，参照对位点缉缝，下至底边净线向上1.5cm处止。

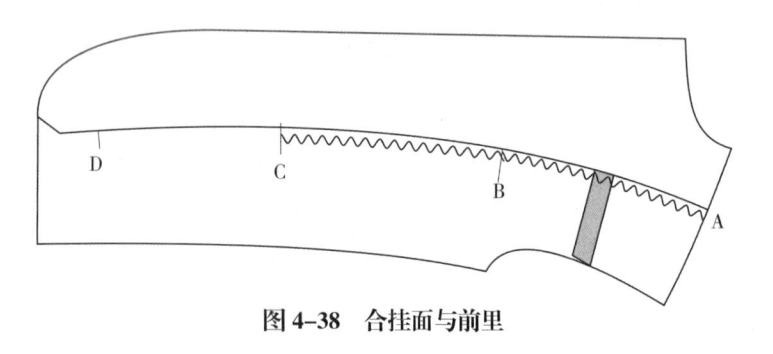

图4-38 合挂面与前里

② 如图4-39所示，缉缝后缝份倒缝，并在夹里上压缉0.1cm明线。胸褶正面朝下，不用机缝，用熨斗烫平即可。

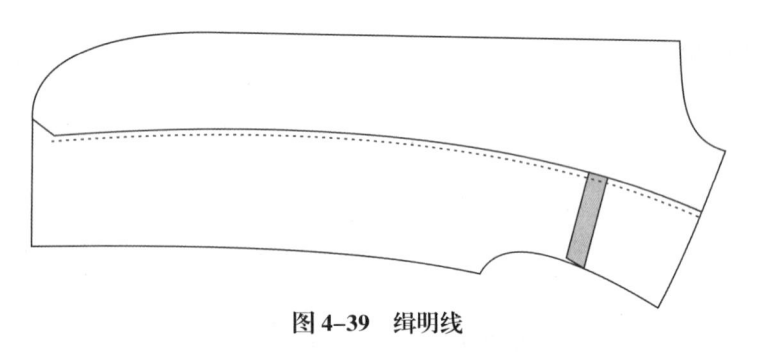

图4-39 缉明线

2. 里袋的缝制

（1）技术要求：

① 里袋三角丝缕端正，平服，整洁，无毛头。

② 缉线松紧适宜，线迹顺直、牢固，袋布平服，袋深标准。

③ 袋口平服四角端正，无毛漏，不下挂。

（2）操作步骤：

① 如图4-40、图4-41所示，画里袋、卡袋位。

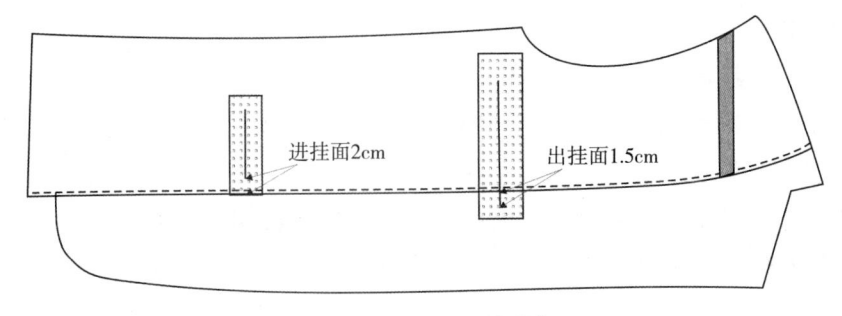

图 4-40 画里袋、卡袋位

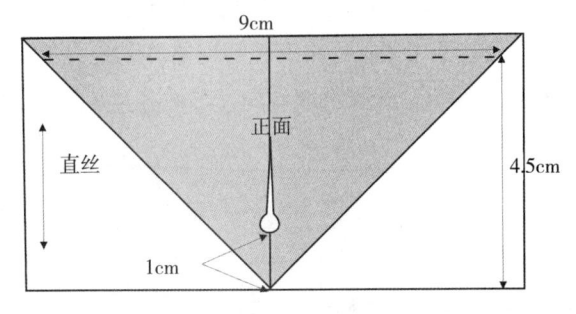

图 4-41 烫里袋三角

② 烫里袋三角,先按横丝方向对折烫平,再两边斜折成三角形扣烫定型。锁眼有尾巴,大小同门襟锁眼,四层一起锁眼。

开里袋、卡袋:

开袋方法参照男西裤后袋的缝制方法。

3. 拼侧里

(1)技术要求:

缝位准确,缝线顺直,缝缩部位吃势均匀,左右片对称,松紧一致。

(2)操作步骤:

如图4-42所示,将侧里放在前身里上,对准刀眼,在袖窿向下12cm距离内,前身里吃进0.2~0.4cm,其余部分顺直平缝,缝份为1cm。

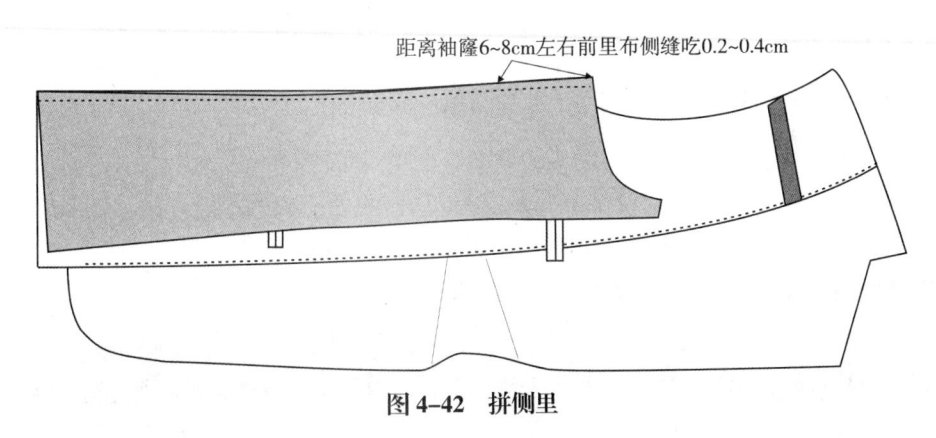

图 4-42 拼侧里

第四章 男西装缝制工艺

4. 覆挂面

（1）质量要求：

定线顺直，吃势位置准确，驳头丝缕左右对称。

（2）操作步骤：

① 如图4-43所示，将挂面放在大身上，对齐肩顶点，上下驳口线对齐，挂面的第一粒扣位与大身止口处平齐。驳嘴下约3cm处定线，此段挂面吃势约0.3cm。上段面松0.2cm，挂面带紧，翻驳位挂面松0.3cm，再将下段挂面摆放到位，下摆挂面剪口与大身相应位置对齐，挂面与面布上下层摆平，向下定线止下摆约10cm处，将挂面下摆剪口水平往里推0.5cm量，使圆角处挂面带紧，面布有起翘现象再定线。

② 挂面与面布上端对齐，挂面0.3cm的量均匀往下推齐并定线固定。

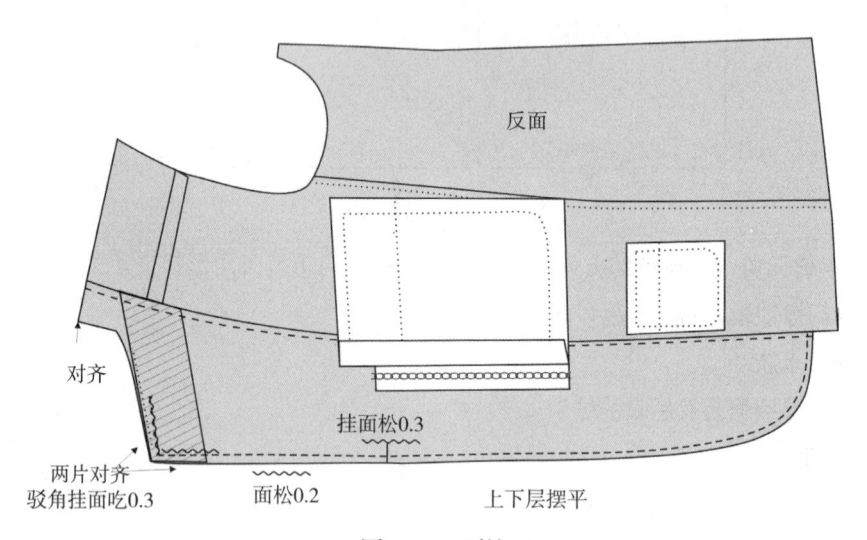

图4-43 覆挂面

5. 合里子后背缝

（三）合前衣片面与里

1. 合门襟止口

（1）质量要求：

缝位标准，线迹顺直，吃势均匀，驳角圆顺，左右对称。

（2）操作步骤：

① 如图4-44所示，将大身放在挂面上，上下层摆放平齐，缉缝。

② 对比左右片驳头与门襟丝缕对称后用镊子将门襟止口定线拆干净。

2. 修剪驳头、止口与下摆缝位、分烫止口

（1）质量要求：

将止口摆放好，顺直分烫，不能拔开烫变形，修剪到位，缝份烫死，不能有座势，止

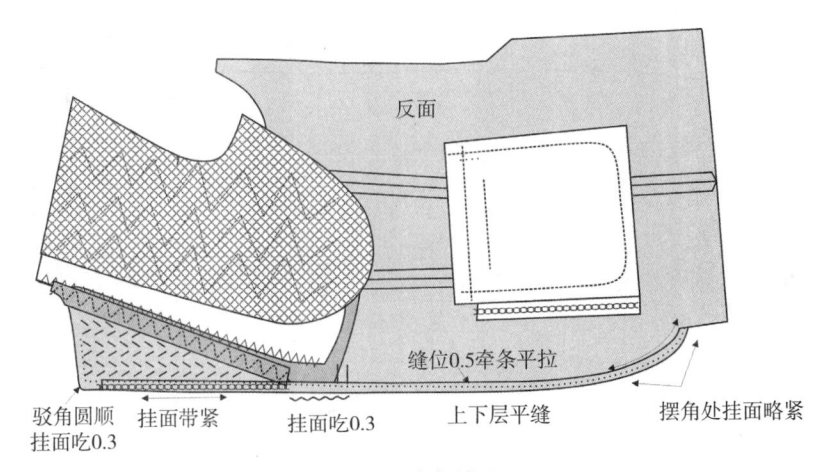

图 4-44 合门襟止口

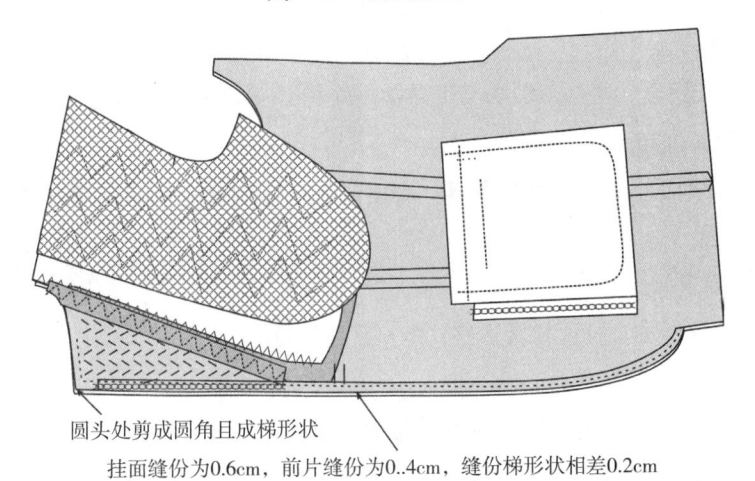

图 4-45 修剪驳头、止口与下摆缝位、分烫止口

口丝缕保持端正不变形。

（2）操作步骤：

① 如图4-45所示，先将止口缝份修剪成梯形状，即大身止口缝份0.4cm，挂面止口缝份0.6cm，然后将缝份向衣身方向扣烫，最后用三角针将缝份固定在大身上。

② 修剪驳头与下摆：上段驳嘴面布修0.3cm，圆头修顺，下摆圆角处，大身止口缝份0.3cm，挂面止口缝份0.5~0.6cm。

③ 用熨斗分烫门襟止口。

3. 烫门襟止口

（1）质量要求：

驳头上段2/3处挂面丝缕顺直，左右驳角、丝缕、翻驳点、下摆圆角要对称，止口丝缕顺直，里外匀一致，均为0.1cm，止口吐0.1cm，下摆折边按净线，折边宽窄一致，折边无拉开现象。

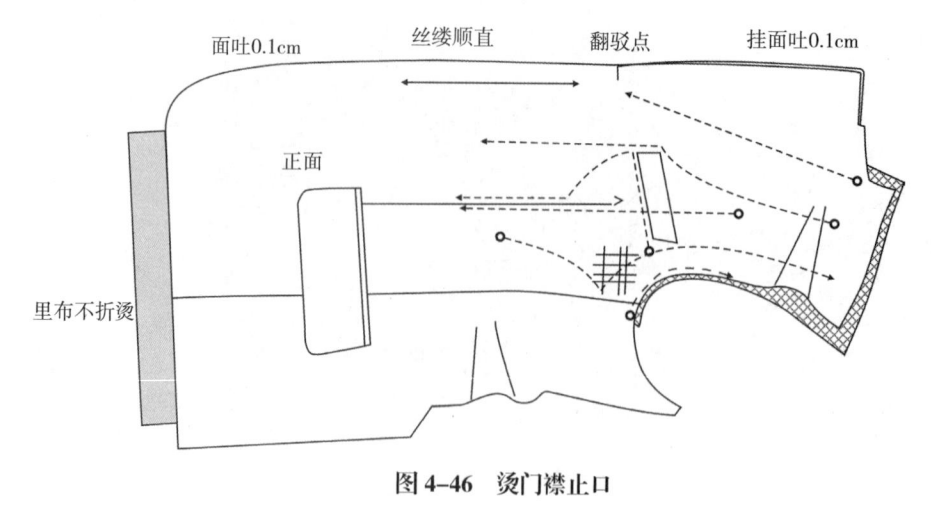

图4-46 烫门襟止口

（2）操作步骤：

① 如图4-46所示，将面部驳嘴与下摆圆角处约6～8cm缝份在烫台上分缝烫平，再折烫面布下摆，侧片面布下摆不折烫。

② 将止口翻到正面，丝缕摆放顺直，烫止口里外匀0.1cm，驳角烫成小圆头。

4. 固定挂面

（1）质量要求：

挂面定线动作标准，挂面松紧适宜，胸衬定线到位。

（2）操作步骤：

① 如图4-47所示，下摆圆角处面布折边先固定长4～5cm。

② 控制好翻驳量在翻驳点位置，先斜线固定一道，再将挂面摆放端正，用手捏住面布与里布拼缝处底边，并作出下摆圆角处里外匀窝势，从前身底边离上约5～6cm处开始固定挂面与大身至里袋口止，使挂面横丝缕稍紧，在挂面拼缝处从下往上固定到里袋上1cm打来回针。

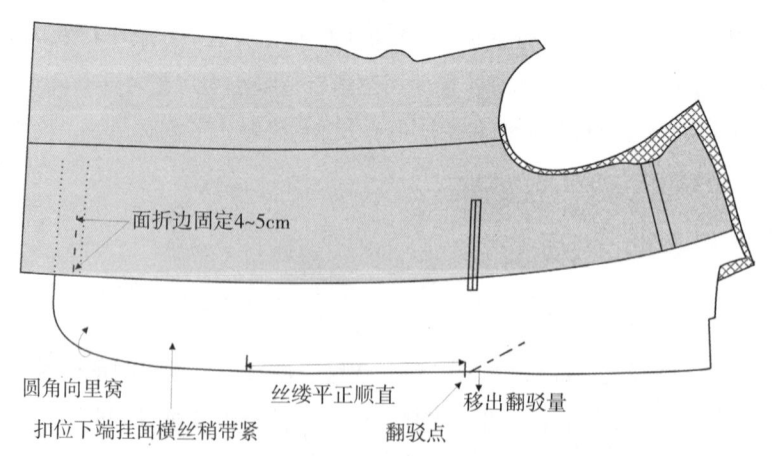

图4-47 固定挂面

5. 绱垫肩

（1）质量要求：

垫肩位置正确。

（2）操作步骤：

如图4-48所示，垫肩中心缝对齐面肩缝下1cm摆好，垫肩同胸衬边沿平齐，再从A处起针把垫肩固定在胸衬上。

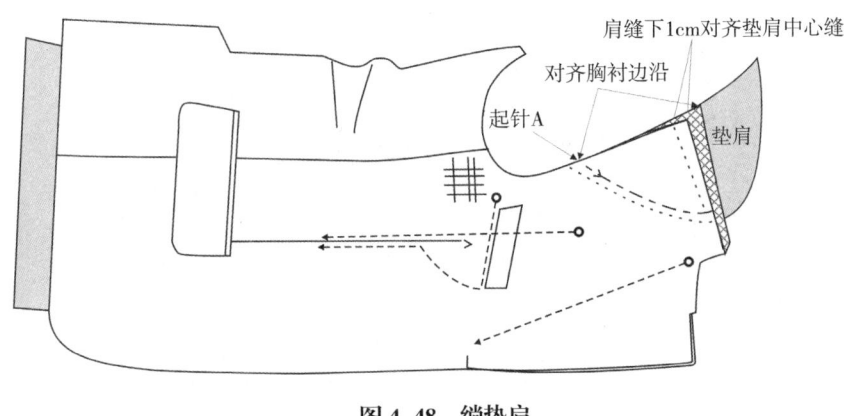

图 4-48　绱垫肩

6. 挂面缲边

（1）质量要求：

缲线顺直不空不漏，袋布平服，缲边牢固，线松紧适宜。

（2）操作步骤：

如图4-49所示，先把衣片挂面在上平放在机台上，掀起挂面里布，理平衣片袋布，由袋布上端2cm处起针，沿着分烫袋布的分缝边缘处缲线到袋布下端，再理平下端挂面与里布缝份，缲到缝份上，沿缝份边缘缲线距下摆4~5cm处。左片从下往上缲，右片从上往下缲。

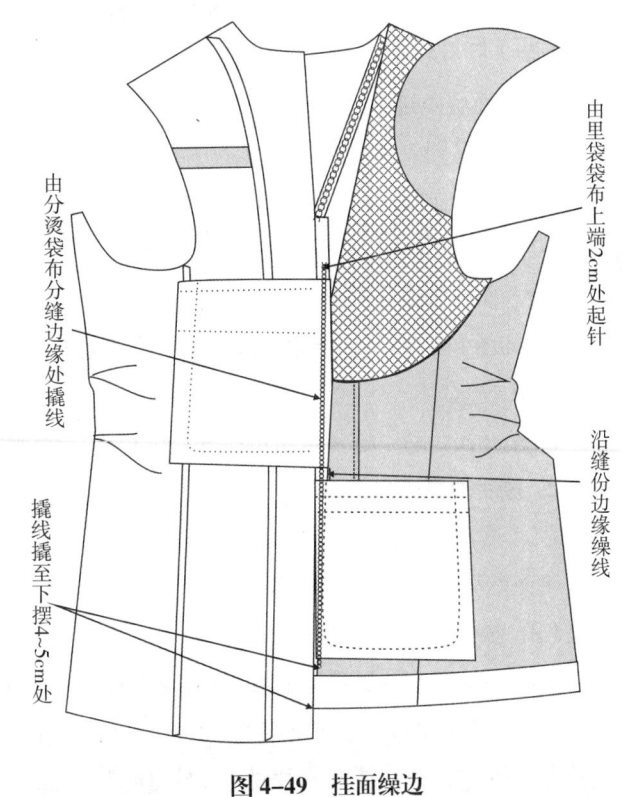

图 4-49　挂面缲边

7. 修剪里布

（1）质量要求：

串口与里肩缝修顺直，里布大小适宜，修剪顺畅。

（2）操作步骤：

如图4-50所示，先将大身与里布摆放平整，面布在上，先修剪串口齐面布，再将里肩缝修顺。单开衩修剪侧片里布齐面布，双开衩位对照面布剪口在里布上打刀眼，并修剪开衩位里布，里布比面部小0.1~0.2cm，摆缝里布修顺直。

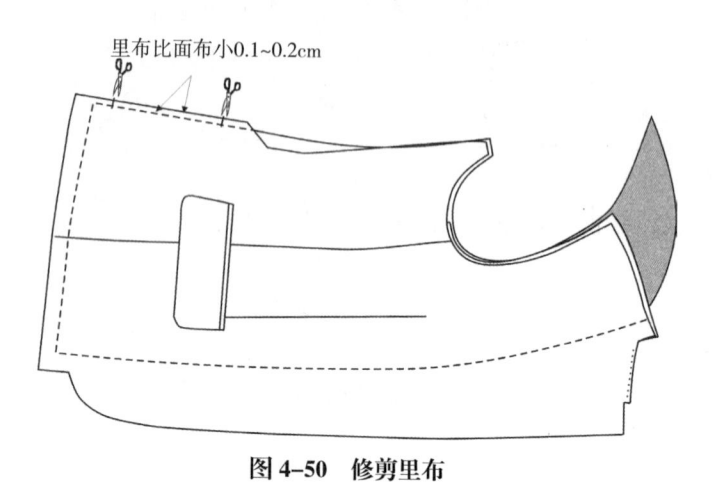

图 4-50　修剪里布

（四）后片缝制

1. 合面后中缝

（1）质量要求：

后中缝缝位1.5cm，后中缝对条格，直袋布牵条宽1.5cm。线迹顺畅，缝位标准，后背左右片面无松紧。

（2）操作步骤：

① 如图4-51所示，合面中缝。后片上下层摆齐，中缝剪口对齐，上下层无吃势由上而下平缉一道。

② 单开衩：后中缝拼合后再在开衩位距边1cm平缉一块三角袋布。

2. 拉后袖窿牵条

（1）质量要求：

牵条吃势均匀，左右对称。

（2）操作步骤：

如图4-51所示拉后袖窿牵条，距肩缝0.8cm，距袖窿边0.2cm摆放，缝位0.5cm，肩缝下4cm左右牵条平拉，下方均匀吃0.3~0.5cm（根据不同面料）。左边从上往下，牵条缝到袖窿下腰缝1.5cm，再与右片对比，检查吃量标准后拉右袖窿牵条，再与左袖窿对比。

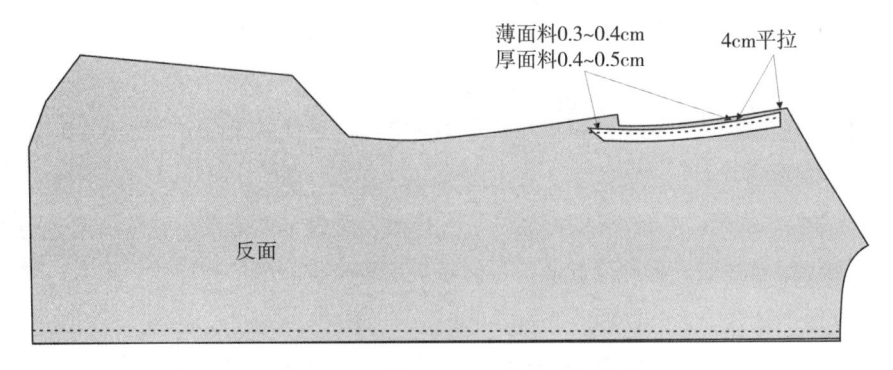

图 4-51 合面后中缝、拉后袖窿牵条

3. 画开衩位、拉开衩牵条，拉后领圈牵条

（1）质量要求：

开衩位画标准，牵条位置准确，线迹顺畅，吃势均匀，左右对称，里布上下层无吃势。线迹顺畅，缝位标准，后背左右片面无松紧，牵条吃势均匀，左右对称。

（2）操作步骤：

① 如图4-52所示，画出开衩位置。

② 把斜牵条对准画线平放，对准开衩上1.5cm腰缝刀眼，左边从上往下，距画线0.5cm平缝，距底边10cm位置面布吃0.2cm，斜剪牵条，右边从下往上制作同左边。（单开衩做法相同）

③ 拉后领圈牵条：牵条对准肩顶，距领圈0.2cm摆放，平缝，缝份为0.7cm。

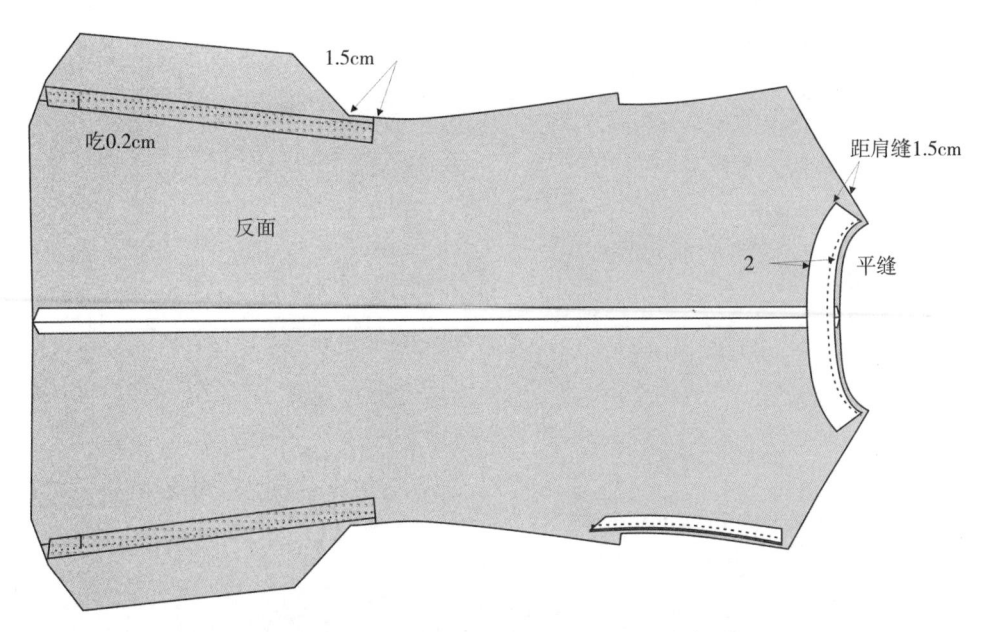

图 4-52 画开衩位、拉开衩牵条，拉后领圈牵条

4. 后衣片推、归、拔熨烫，分烫后中缝

（1）质量要求：

归拔到位，缝份烫平实，开衩自然折烫不能拉伸，下摆折边4cm，面里吐0.1cm。

（2）操作步骤：

① 如图4-53所示，拔烫肩胛骨部位。先标出肩胛骨位中心点，熨斗从肩胛骨中心点起，将该部位经丝拔长，形成隆起胖势，以适应肩胛位突起的体型要求。但需注意，拱背体、驼背体应多拔开一些，以顺应体型要求。

② 拔烫肩胛骨位以下中腰凹势部位。熨斗顺势向前运动，对中腰凹势部位进行外拔、里归熨烫，即将摆缝中腰凹势处的经丝拔烫伸长，使凹弧线变成直线随即将产生的皱纹（称回势）在腰节1/2处归缩、烫平，保持背部吸进，均称适体。

③ 归烫上腰摆缝和袖隆部位。上腰摆缝要适当多归烫，归缩约1.5cm；将摆缝弧线归缩、熨烫成直线。

④ 归烫袖隆时应注意肩型。平肩体要少归烫，溜肩体应多归烫。

⑤ 归缩熨烫下摆缝部位。下摆缝位于臀位，熨烫要依人体臀部具体情况而定，臀大多归烫，臀小少归烫。

⑥ 归烫背缝中央部位。背缝中央部位要根据体型归烫，挺胸体背部平坦，需要稍多归烫；曲背体，可不归或少归烫为宜。总之，应将该部位的经丝归缩熨烫成直形，并将熨烫时因归缩产生的胖势推烫至肩胛位。另外，需将腰节线背缝部位微微拔烫。

⑦ 腰节以下臀部位。将腰节以下背中缝两侧（臀部）丝缕烫平服、圆顺。

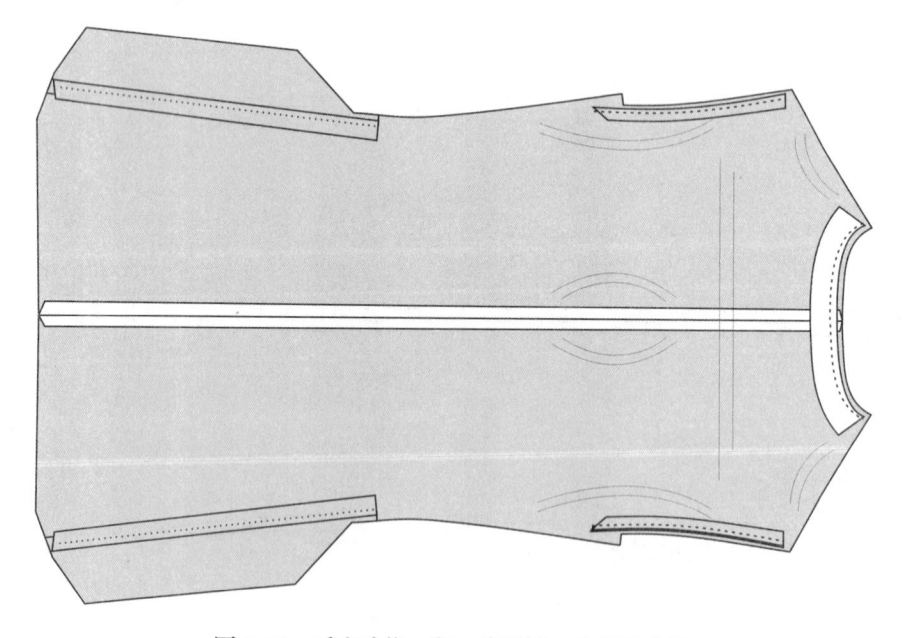

图4-53 后衣片推、归、拔熨烫，分烫后中缝

⑧ 为适应人体背部和肩型的要求，将衣片外肩缝靠袖窿5cm左右一段稍往上拔烫，使肩缝向前稍弯为宜；同时将"回势"（荷叶边皱纹）归烫入肩缝。

⑨ 拔烫肩胛骨部位，然后将周围（特别是肩胛骨中心上下）的丝缕归顺、烫匀。

⑩ 按以上步骤熨烫完上层衣片后，将下层衣片翻到上层。照原步骤中各部位要求重复熨烫一遍，以达到左右对称、两衣片一致。

5. 烫开衩折边与衩角、烫开衩里布、缉后开衩角

（1）质量要求：

折边顺直，开衩平服。

（2）操作步骤：

① 单开衩：在右片开衩拐角处按45°方向打剪口，并向左片扣倒。右开衩边缘向反面扣烫1cm，然后将底摆折边向上扣烫。开衩做好后分烫衩角，绱好单开衩里布再烫开衩位里布。

② 双开衩：开衩上段折边1cm，下摆按剪口折烫，开衩位稍带归烫，做好开衩，分烫衩角缝位，绱好开衩里布再将面布摆放端正烫开衩里布，后中缝里布向左侧靠缝，把多余的量折烫到后中缝，再将里布下摆如图按90°角反面折烫，如图4-54所示。

③ 单开衩：缉左片下摆开衩，斜对角折叠，对角线缉一道；双开衩：将后开衩位反折，对准剪口，上下层摆放平齐，距边0.5cm缉一道。

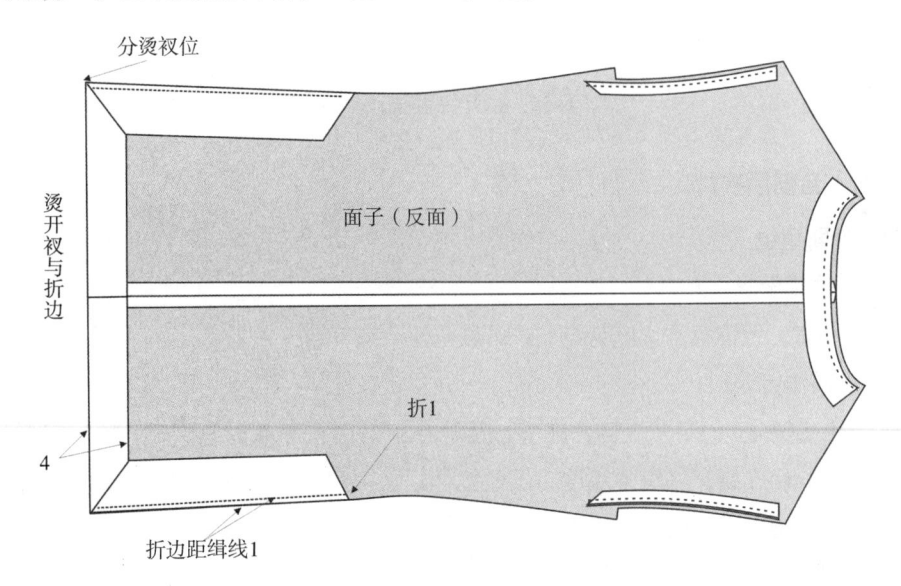

图4-54 烫开衩折边与衩角、烫开衩里布、缉后开衩角

6. 绱开衩里布，衩角定线

（1）质量要求：

开衩平服，缝位标准，面里松紧适宜，角不反翘。

（2）操作步骤：

① 绷里布：单开衩定位板画出里布左片距底摆1.5cm位置，参照左片位置在右片相应位置打刀眼，先缝左衩里布，对准开衩处交叉点位置，里布放上面，从上往下车缝，缝份为1cm，里布略松缉至底摆1.5cm来回针固定；右片里布在下，从上往下缉线至底摆1.5cm上止，把多余里布与下摆折边一起反折再车缝到底；双开衩先核对面里布腰缝长短，袖窿处里布长出0.6~1cm，开衩上端下1.5cm面里剪口对齐，缝份1cm平缝到下摆距边1.5cm里布定位处，回针固定，如图4-55所示。

② 衩角定位：下摆折边4cm摆放端正，里层松0.1cm本色线斜角固定一道。

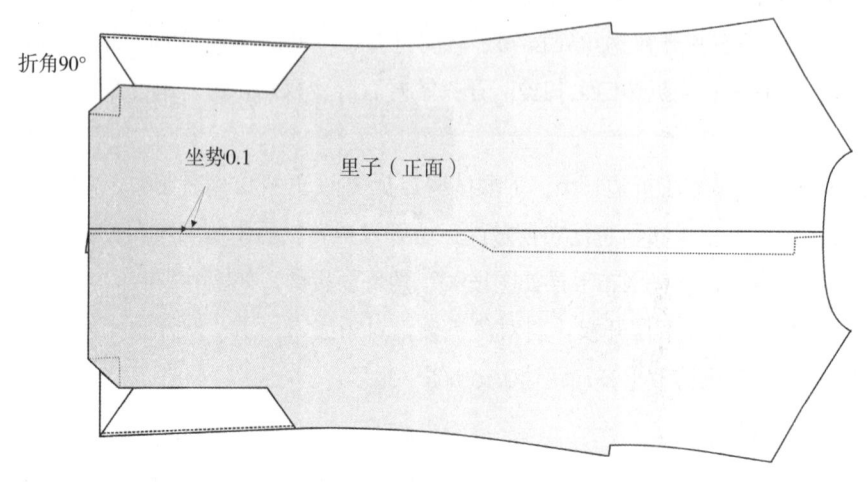

图4-55 绷开衩里布，衩角定线

（五）合前后衣片

1. 合面摆缝

（1）质量要求：

线迹顺直，缝位标准，吃势均匀，开衩平服，双开衩左右对称。

（2）操作步骤：

如图4-56所示，双开衩侧片在下，后片在上，后片开衩对准侧片开衩画样摆放，衩位横向距边1cm不缝，按侧片弧度、不能拉伸，上下层剪口对齐，车缝一道；单开衩衣片直接对刀眼车缝一道（后片上段吃势位置对剪口）。

2. 烫面布摆缝、下摆折边

（1）质量要求：

腰缝顺直平服，开衩平服，内衩无外漏，下摆折烫顺直无拉开现象。

（2）操作步骤：

① 把衣片反面摆放在烫台上，按后片丝缕将摆缝位置摆顺直，多余的量顺势集中在

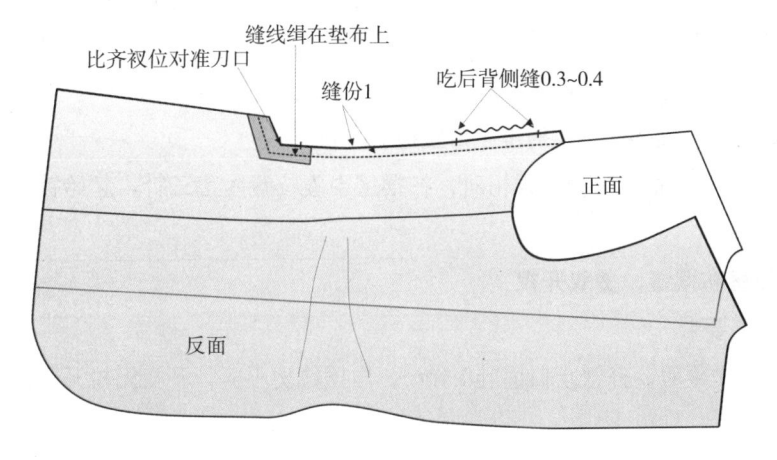

图中标注：比齐衩位对准刀口　缝线绱在垫布上　缝份1　吃后背侧缝0.3~0.4　正面　反面

图 4-56　合面摆缝

中腰侧片并归烫，摆缝上段吃量要归烫掉。

② 烫下摆：将前下摆定线拆掉，大身丝缕摆放顺直后按刀眼自然折烫下摆，双开衩开衩位内衩短0.1~0.2cm，折烫平服后，将侧片开衩处折边多余量修掉，齐面布。

3. 合里摆缝

（1）质量要求：

线松紧适宜，缝份标准，吃势均匀。

（2）操作步骤：

里布侧片放在里布大身上，对准剪口，顺直平缝，缝份为1cm，衩角处无漏洞。

4. 拼侧片面里双开衩、单/双开衩压线、摆缝手工

（1）质量要求：

开衩平服，开衩面里松紧适宜，摆缝手工松线适宜。

（2）操作步骤：

① 如图4-57所示，将面里开衩反面剪口相对，里布在下、面布在上，缝份1cm拼

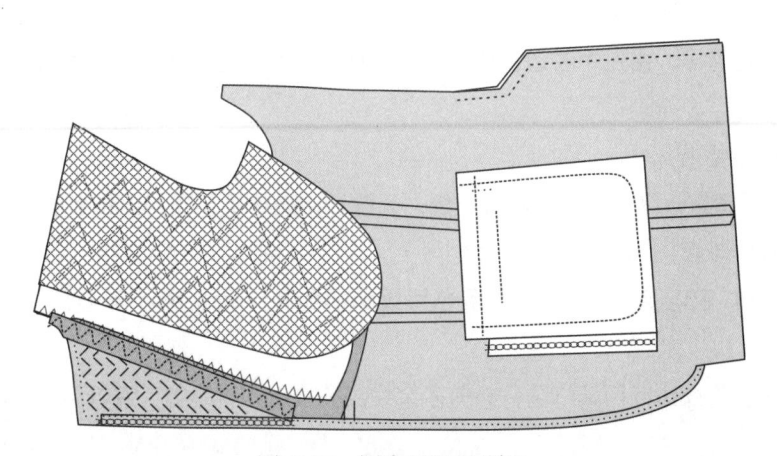

图 4-57　侧片面里双开衩

合，下摆按烫痕折边，里布距下摆1.5cm往里折缝，再将后片开衩位面里开口部位缝合，最后检查开衩处接点要在一条线上。

② 开衩压线：面布在下，对准止口压线0.1cm。

③ 摆缝手工：面里摆缝刀眼相对，在摆缝中腰位置固定三针，起始针、结头都在里布上。

5. 分烫里布摆缝，烫双开衩

（1）质量要求：

里摆缝分烫平服，开衩止口面吐0.1cm，里摆缝烫平实，开衩无拉开现象，开衩止口均匀。

（2）操作步骤：

① 单开衩：以面布后片丝缕为准摆放顺直，缝份向后片方向倒烫，将缝烫平服；双开衩：将里摆缝反面摆放在烫台上，以后片直丝缕为准摆顺直，从上往下分烫摆缝。

② 烫双开衩：开衩面布丝缕摆放顺直，面吐0.1cm将里布烫平服，再将前后片开衩摆放端正，烫平服。

6. 下摆里布定线

（1）质量要求：

下摆里布折边顺直，里布与面布松紧适宜，搂肩领圈平服，自然有窝势。固定的线距离里布净边1.2~1.3cm，面里下摆各缝，缝缝相对，互错不超过0.1cm，起始回针，回针2~3针。

（2）操作步骤：

① 如图4-58所示，把衣服理顺平放在机台上，理平下摆面里，再摆正右下摆丝缕，同时里布向里面折进缝份，将折好的里布净边距下摆1cm，挂面里布拼缝处比面内缩0.1cm，逐渐与折进1cm的里布连顺，同时理平下摆里后，由左至右从挂面里布拼缝处起针，缝线一道至开衩边缘处。

② 理平后背里，由左手右边衩位处起针，从左至右，缝线一道至右手衩位处。

7. 缲下摆

（1）质量要求：

缝迹松紧适宜，缲边顺直，两端到位、无跳针，缲线不要缲到里布上层。

（2）操作步骤：

① 如图4-59所示，从左至右用专用缲边机缲边，面、里不可露缝迹，缲边不可散口。

② 用勾针将缲边线两端打结，修剪多余线头；检查如有跳针、漏针用勾针补上。

理平摆正丝缕

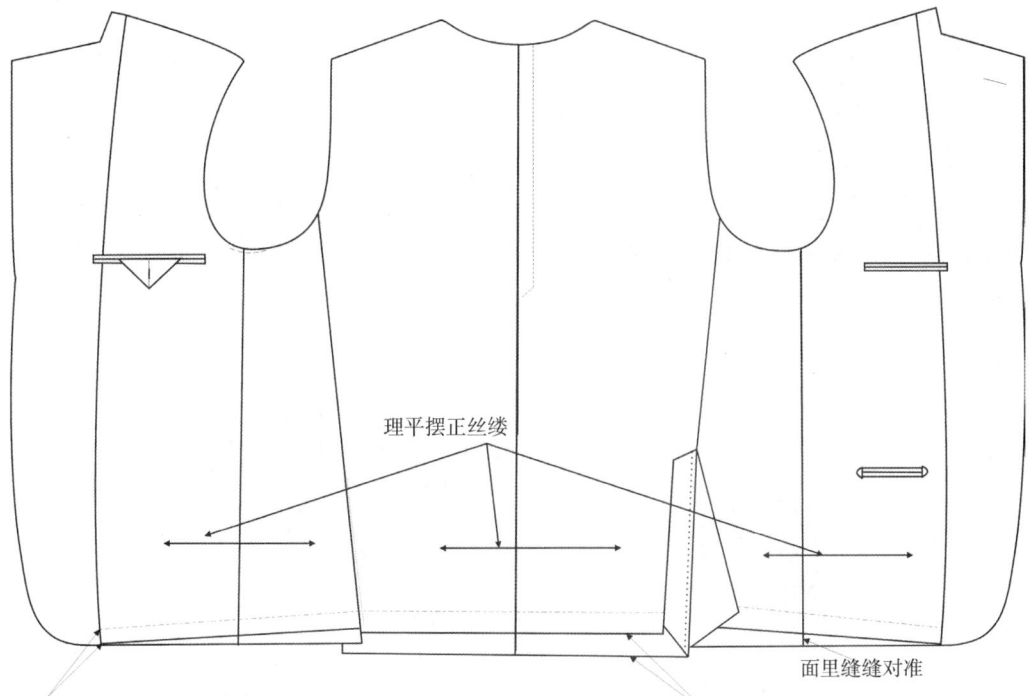

面里缝缝对准

由此处起针，距离里布净边1.2~1.3
挂面里布拼合处里布比面内缩0.1

距里布0.7~0.8

图 4-58　下摆里布定线

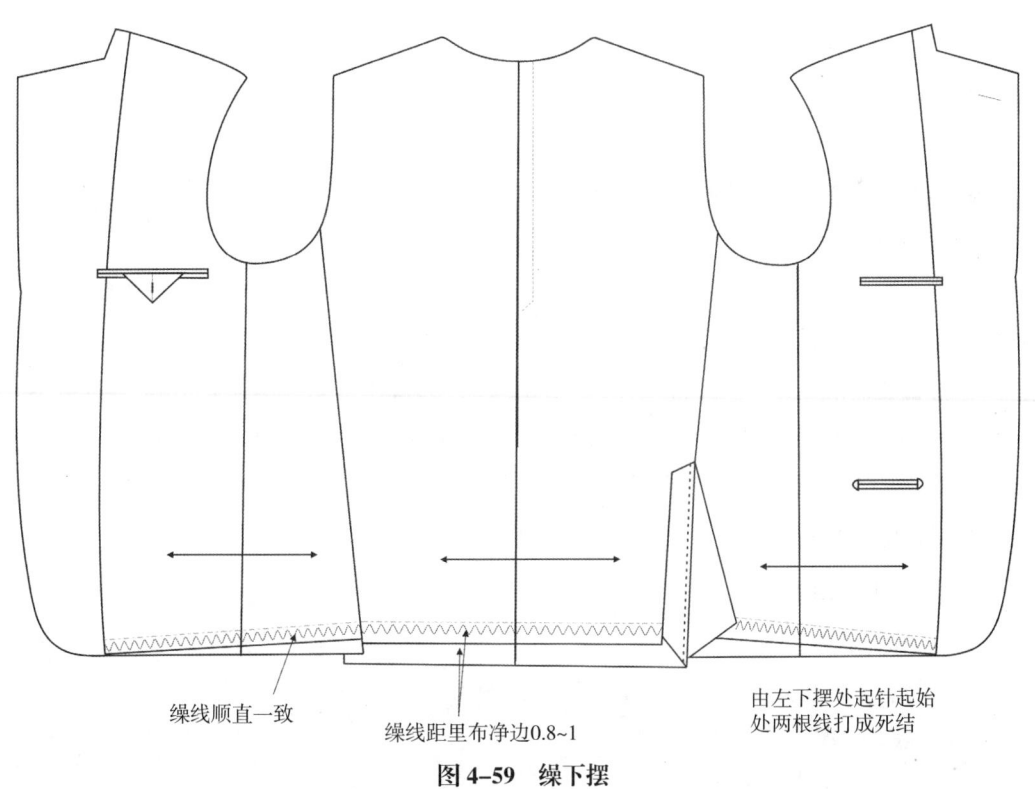

缲线顺直一致

缲线距里布净边0.8~1

由左下摆处起针起始
处两根线打成死结

图 4-59　缲下摆

第四章　男西装缝制工艺

8. 合面肩缝

（1）质量要求：

肩缝吃势准确，不得拉伸肩缝，线迹顺直，缝位标准。

（2）操作步骤：

专用机调好吃势部位，将前衣片放在后衣片上，上下肩缝对齐刀眼，靠近领圈2cm及靠近袖隆4cm段平缝，吃量如图4-60所示。

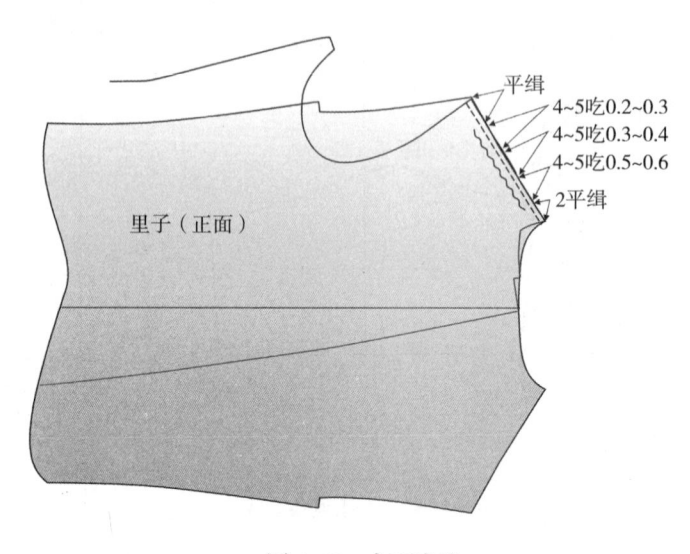

图 4-60 合面肩缝

9. 分烫面肩缝

（1）质量要求：

肩缝分烫平服，弧度顺畅，里肩缝缝位标准，吃势均匀。

（2）操作步骤：

先左右肩缝对称摆放在模具上，后片肩缝距模具边5cm，吸风后用熨斗分烫肩缝不可拉伸，自然摆放成弧形，内肩缝归烫，后背丝缕摆放端正并压烫。

10. 合里肩缝

合里肩缝：将前片里布放在后片里布上，肩部刀眼对齐，缝位0.8cm车缝一道，领窝处至肩缝约1/2处有1cm左右的吃势。

（六）衣领缝制

1. 拼缝上领与下领

（1）质量要求：

线迹顺直，缝份大小一致，刀口准确，吃势均匀。

（2）操作步骤：

如图4-61所示，把上领与下领对齐，面面相对，起止回针。

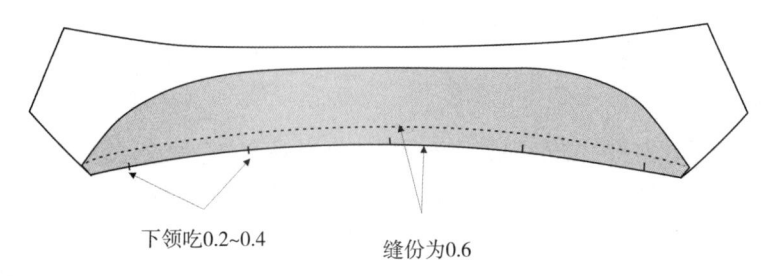

下领吃0.2~0.4　　缝份为0.6

图 4-61　拼缝上领与下领

2. 缝领里牵条

（1）质量要求：

牵条距翻折线下口0.1cm，距领前端串口0.8cm，线迹顺直，起止不回针，留余线0.5cm，左右对称，吃量准确均匀。

（2）操作步骤：

如图4-62所示，对准位置缉缝。

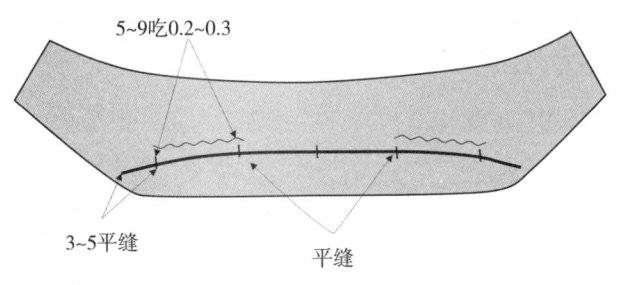

5~9吃0.2~0.3

3~5平缝　　平缝

图 4-62　缝领里牵条

3. 合领嘴

（1）质量要求：

吃势准确均匀，三角针距均匀。

（2）操作步骤：

如图4-63所示，领面在下、领底呢在上，对准领嘴里布三角针根部缉一道，面布领嘴处吃0.2cm。

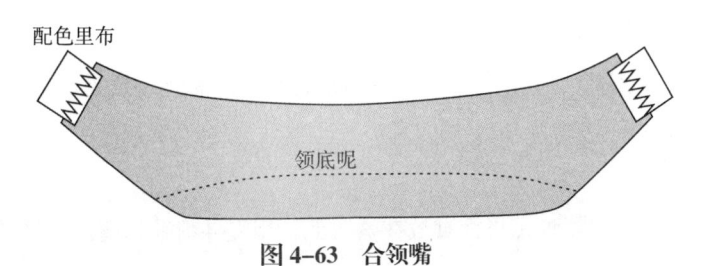

配色里布

领底呢

图 4-63　合领嘴

4. 缝合领面与领里

（1）质量要求：

缝位准确，吃量均匀。

（2）操作步骤：

如图4-64所示，对好领面与领里，三角针进行缉缝领上口线。

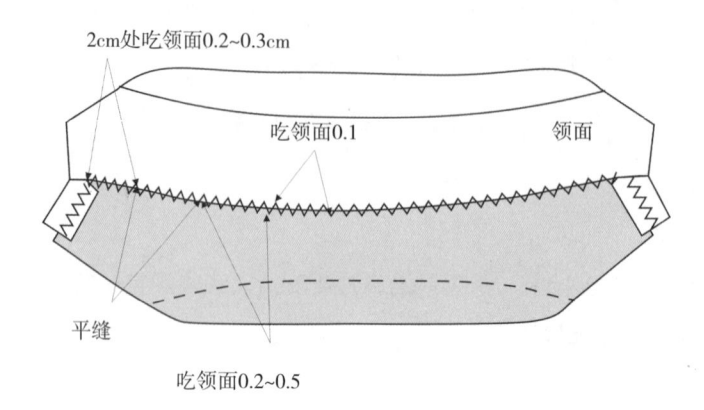

2cm处吃领面0.2~0.3cm

吃领面0.1

领面

平缝

吃领面0.2~0.5

图 4-64　缝合领面与领里

5. 勾领角，清理领角缝份

（1）质量要求：

缝位准确，缝线顺直，吃量均匀。

（2）操作步骤：

① 如图4-65所示，将领面与领底呢正面相对，对齐领口，勾领角。

② 勾好后，用剪刀把领角多余的缝份剪掉。

领面吃0.2cm

领底呢朝上

图 4-65　勾领角，清理领角缝份

6. 分烫领脚、烫领外止口与领嘴、折烫领脚

（1）质量要求：

领面丝缕顺直、领脚折烫到位，领外口面吐0.1cm，领面丝缕端正，止口均匀，领脚左右对称，压烫平实，归拔到位。

（2）操作步骤：

① 如图4-66所示，烫领脚：将领脚放在烫台上，用熨斗将领脚缝份分烫开。

② 烫领外止口与领嘴：领子翻折到正面，领角烫成小圆头，外止口吐0.1cm烫平服，再将面布丝缕烫端正。

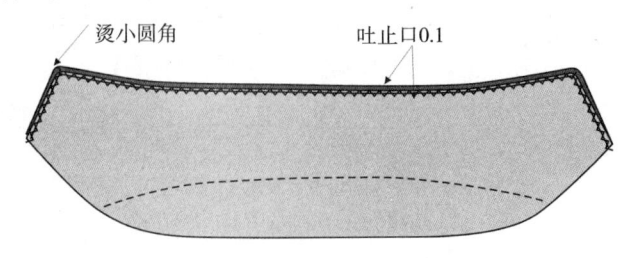

图 4-66　烫领外止口与领嘴

7. 领子定线、平压烫领子、修剪领子、压烫折好的领子

（1）质量要求：

定线位置准确，驳头无反翘，丝缕顺直，压烫平服。

（2）操作步骤：

① 领子定线：领底呢朝上，领嘴两头领面稍松，距领外止口0.5cm两头往中间定线固定，领底呢牵条上1cm位置两头往中间再固定一道。

② 平压领子：领子做好后，正面平放在模具上，丝缕摆正压烫一次。

③ 修剪领子：以领底呢为参照，修剪领面串口与领底呢平齐，领脚宽出领底呢0.3cm并打刀眼，领底呢圆角位领面修圆顺。

④ 领子定型：把折烫好的领子平放在模具上丝缕端正压烫一次。

8. 绱领子

（1）质量要求：

线迹顺直，缝位标准，串口顺直，左右对称，领圈平服，领嘴长短一致。

（2）操作步骤：

如图4-67所示，校对领嘴长短，领面放在挂面上，从左领嘴处起针，串口上下层无吃势，其它部位对剪口，车缝一道，缝份为0.7cm。

9. 缝里领圈

（1）质量要求：

缉线顺直，吃势均匀，内外肩缝对齐，里布平服，松紧适宜。

（2）操作步骤：

校对领圈大小，对准肩缝位置，里布在下，接缉领圈，前领圈吃势0.5cm，检验领圈是否顺直。

10. 领圈定线

（1）质量要求：

线迹顺畅，面里松紧适宜，左右对称，后领对条格。

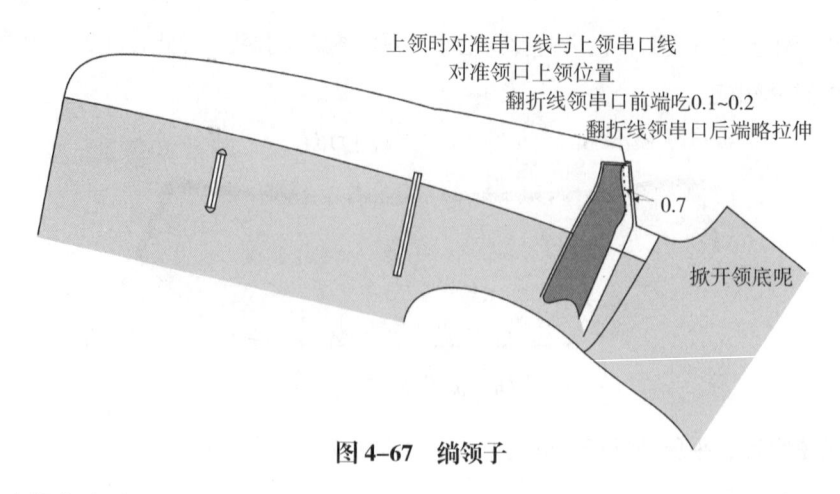

上领时对准串口线与上领串口线
对准领口上领位置
翻折线领串口前端吃0.1~0.2
翻折线领串口后端略拉伸

0.7

掀开领底呢

图 4-67　绱领子

（2）操作步骤：

① 左右领嘴头上打刀眼并修剪中间层缝位。

② 分压串口：左右领圈拐弯处挂面缝份打3个刀眼，分缝将缝份固定在挂面上，见图4-68（1）。

③ 固定串口：挂面在上，丝缕摆端正，串口上下层缝位对齐，距串口0.3cm在挂面上压一道，大身在下，将领底呢掀起，沿绱领线边缘将上下层缝合，见图4-68（2）。

④ 固定后领圈面里：后领圈与后领中缝剪口对齐，大身在下，边缘对齐距边0.5cm，在后中缝缉一长8~10cm（后领中缝对条格）见图4-68（3）。

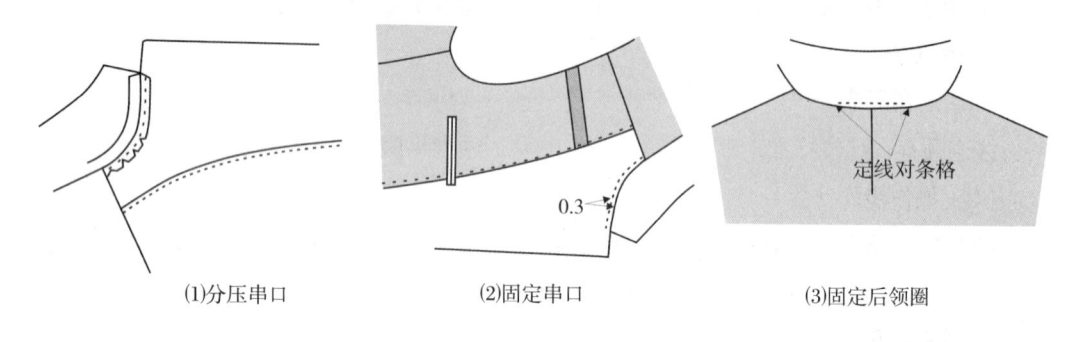

0.3

定线对条格

(1)分压串口　　　(2)固定串口　　　(3)固定后领圈

图 4-68　领圈定线

11. 内领圈压线、驳头定线

（1）质量要求：

领圈平服，无打褶现象，驳头松紧左右对称，驳头翻折自然平服，无反翘现象。

（2）操作步骤：

① 内领圈压线：面里肩缝刀眼对齐，面布在下，空隙部位用覆衬机将上下层固定，不能有打褶现象。

② 驳头定线：将挂面朝上，丝缕摆放端正，沿翻驳线卷曲，用夹子夹住，从肩部起

针,沿里挂面边缘定线止里袋。左驳眼位再加一道10cm定线,使驳眼丝缕顺直。

12. 固定领底呢

(1) 质量要求:

领圈平服,领嘴无反翘现象。

(2) 操作步骤:

如图4-69所示,领底呢盖过领圈1.2cm,先将领底呢后中缝、两肩缝对准剪口固定在领圈上(定线长约2~3cm),再在距领底呢边缘0.3cm处定线,从左到右将其固定在领圈上,固定左右两头时领面稍起翘,使面布有松量,驳头不反翘。

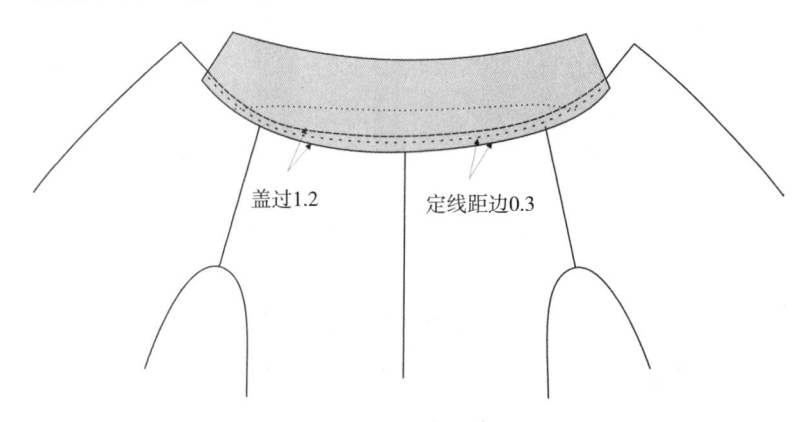

图 4-69　固定领底呢

13. 缲领底呢三角针

(1) 质量要求:

领底呢三角针线迹清晰,位置准确,无跳针、漏针、透针现象,缲领底呢针距7~8针/3cm。

(2) 操作步骤:

如图4-70所示,领底呢朝上,左边起针沿领底呢边缘缲一圈,头尾打结,有漏针手工补上。

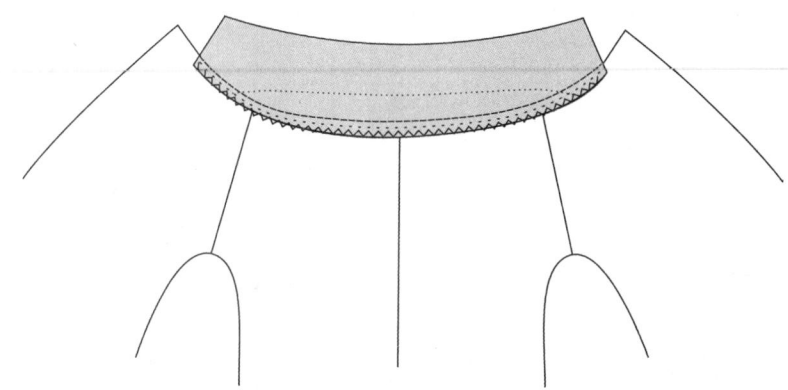

图 4-70　缲领底呢三角针

（七）衣袖缝制

（1）画袖眼：画线准确清晰，如图4-71所示。

（2）锁袖眼：缝制袖口装饰眼，袖眼距离袖口边3.5cm，距袖衩衩边1.5cm，眼距1.5cm，袖眼0.2cm×2cm。锁眼端正，间距均等，线迹美观。

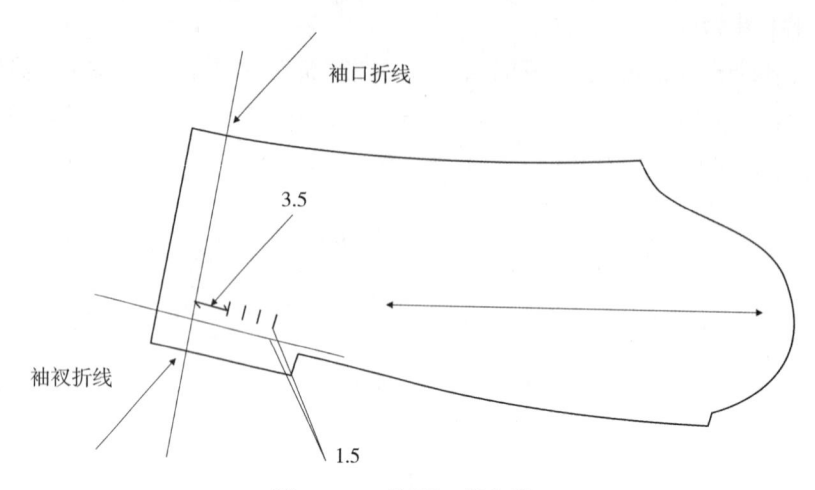

图 4-71 画袖眼、锁扣眼

（3）拔袖：

手工：如图4-72所示，大袖片的内侧缝进4cm左右，两刀眼中间平放在拔袖烫台上进行拔袖。注意：大袖片丝缕顺直、两刀眼间拔量为0.6cm。

大袖拔烫机：如图4-73所示，根据不同面料设定压机参数和时间；将大袖片正面相对，对准剪口位置放置，拉平内袖缝与模具边沿，平齐摆放于拔袖机上的如图位置，按设定参数拔烫大袖片。

呈均匀波浪形，袖片无折皱。

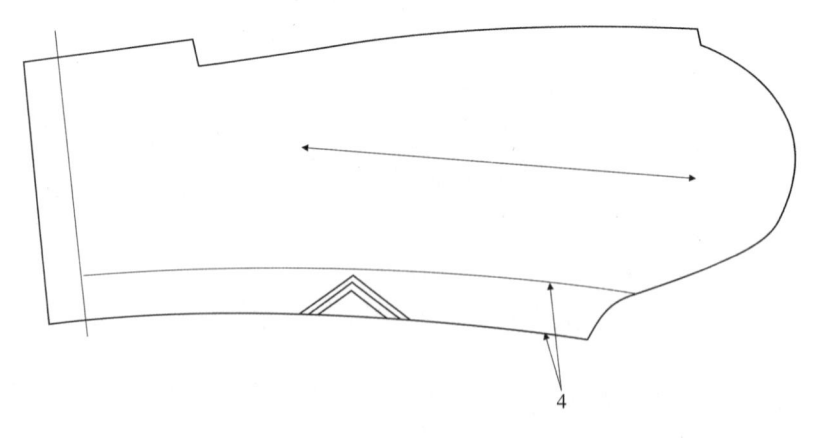

图 4-72 拔袖

对齐

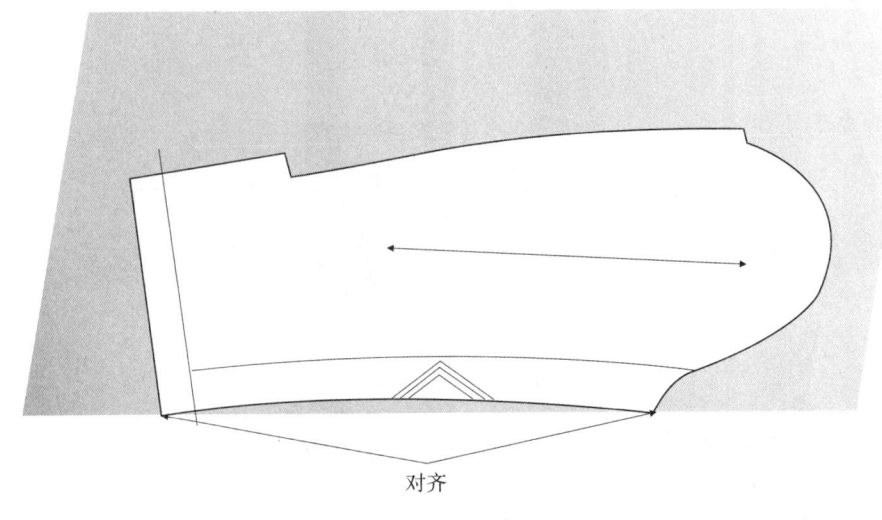

图 4-73　拔袖

（4）合内袖缝：

如图4-74所示，将大、小袖片正面相对，小袖在上，大袖在下，对准剪口位置按1cm缝份缉线，上段大袖片略有吃势，袖肘中段大袖拔开余量要均匀吃入，起落回针。

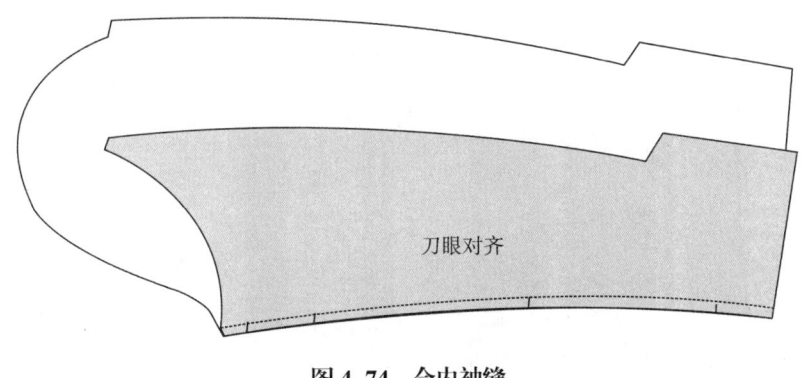

刀眼对齐

图 4-74　合内袖缝

（5）分烫袖内缝：

如图4-75所示，将小袖放平，保持丝缕顺直，小袖内袖缝中部处略归拢，大袖片肘部前袖缝处产生的褶皱用熨斗烫平。质量要求：分烫平实、冷却后袖内缝不起皱、弯势自然。

（6）折烫袖衩，袖口折边：

如图4-76所示，袖衩按剪口、袖口折边5cm（根据样板上要求折边）。开衩顺直，袖口折边平服、顺畅。

① 将大小袖片丝缕摆放端正，大袖片开衩按剪口，与开衩边沿平行折烫。

② 袖口折边按剪口折烫，底边略拔开，折边顺直，略有弯势，再于开衩和袖口折边相交处打剪口。

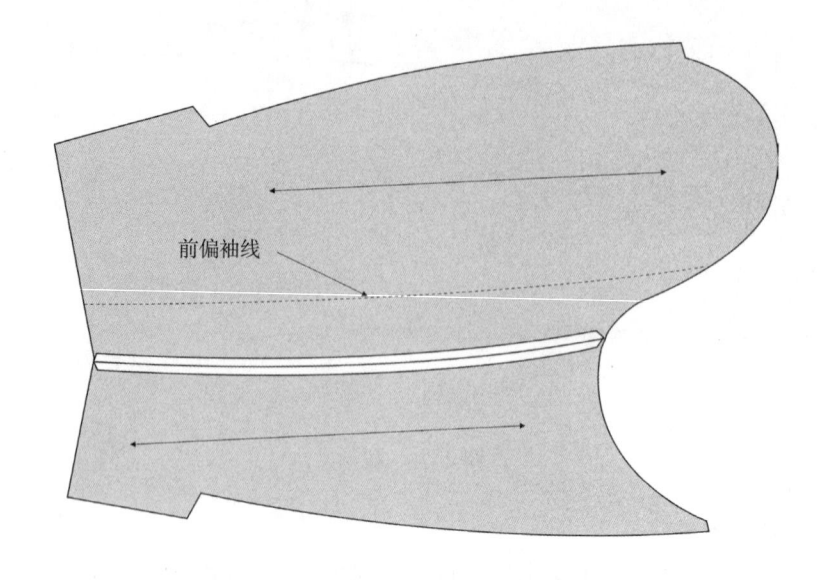

图 4-75 分烫袖内缝

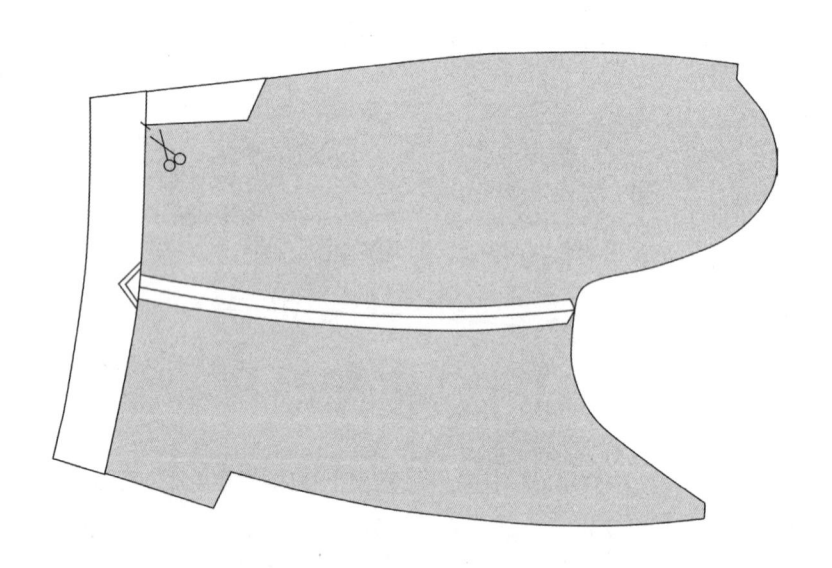

图 4-76 折烫袖衩，袖口折边

（7）合外袖缝：

如图 4-77 所示，大袖片放在小袖片上，左袖由底边向上缝合，右袖由袖山向下缝合，不能有吃势，对准袖外缝剪口，起落要回针，小袖片折角位打剪口。

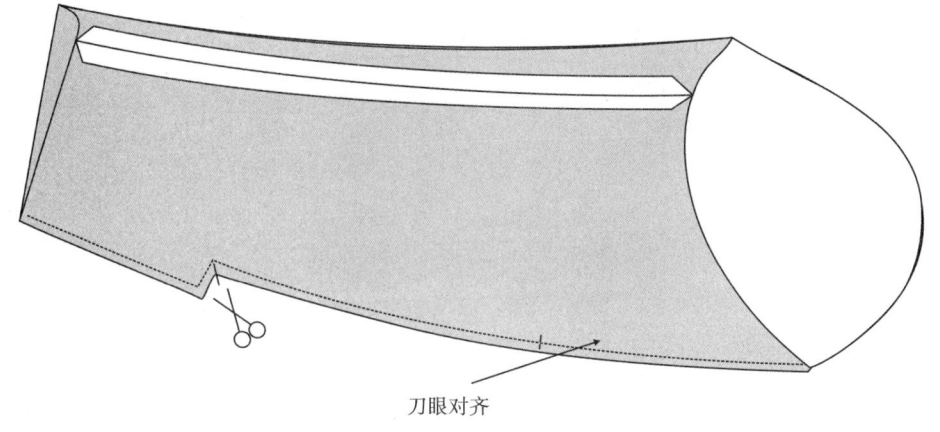

图 4-77 合外袖缝

（8）做袖衩：

① 质量要求：缉线顺直，缝位准确，开衩角方正、顺直、平服，大袖片开衩略长于小袖片。

② 操作步骤：如图4-78所示，对折袖口三角，按剪口成45°斜角缉线，起落回针，校对开衩长短，将小袖片开衩折边过折痕0.1cm反折，按0.5cm缝份缉线，折边略净，起落回针。

图 4-78 做袖衩

（9）压烫外袖缝，黏袖衩口衬：

袖缝顺直平实，开衩平服无反翘，袖口大小左右对称。

① 先分烫右袖，将袖子反面朝外，外袖缝向上置于模具居中位置，烫实开衩角，再分烫后袖缝，于开衩转角处粘一小块无纺衬加固。

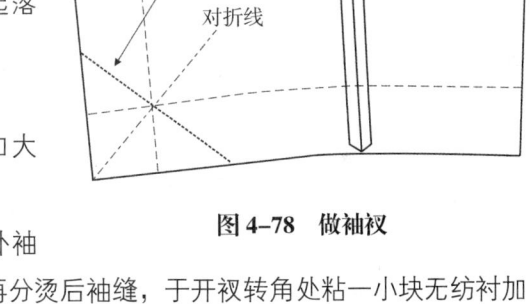

② 将袖子翻出正面，袖外缝摆放在模具上，袖衩重叠，袖缝顺直自然摆平吸风，左袖操作同右袖，压烫一次。

③ 袖外缝贡针：袖外缝往大袖片靠缝后，再翻到正面压机压烫。

（10）合里袖内外缝：

缉线顺直，缝位准确，起落处牢固，松紧一致。

如图4-79所示，校对袖里内外缝长短，大小袖里正面相对，车缉内外袖缝，起落回针。然后将含有0.2cm松量的袖缝向大袖片扣倒。如图4-79所示，内袖缝下10~12cm处开始留12cm长开口，开口两端打回针。

第四章　男西装缝制工艺

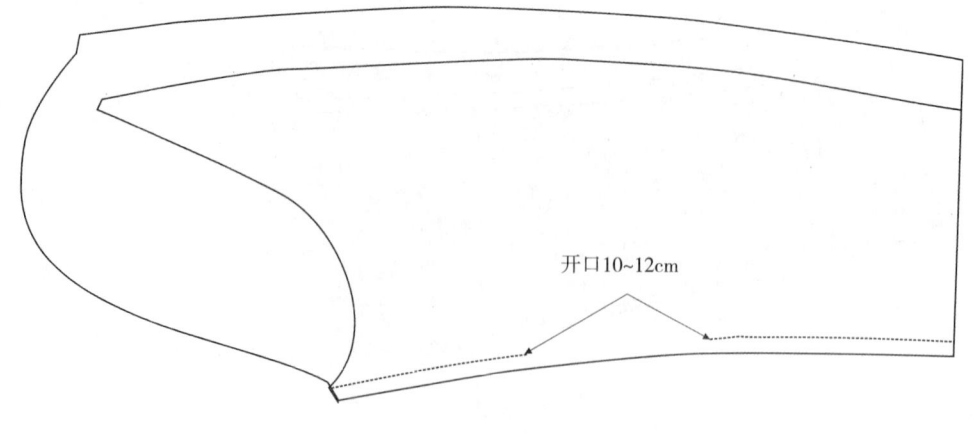

图 4-79 合里袖内外缝

（11）烫袖里缝、拆袖口定线：

内外缝烫平实，冷却后袖里缝不起皱，定线拆干净，弯势自然。

① 将袖里缝反面朝上置于烫台上，用熨斗把内外缝倒向大袖片靠烫平实。

② 将袖口固定线拆掉，不能把面布拆破。

（12）绱袖里：

内外缝烫平实，冷却后袖里缝不起皱，弯势自然。

如图4-80所示，使袖面、袖里反面朝外，左、右袖面与袖里正确匹配，将面与里的前后袖缝一一对齐，使袖里的袖口套在袖面外，袖口毛边对齐即袖里与袖面的折边部分正面相对，从内袖缝开始缝合袖口面、里布，里袖稍松些，否则做成的袖子会起吊、起皱。

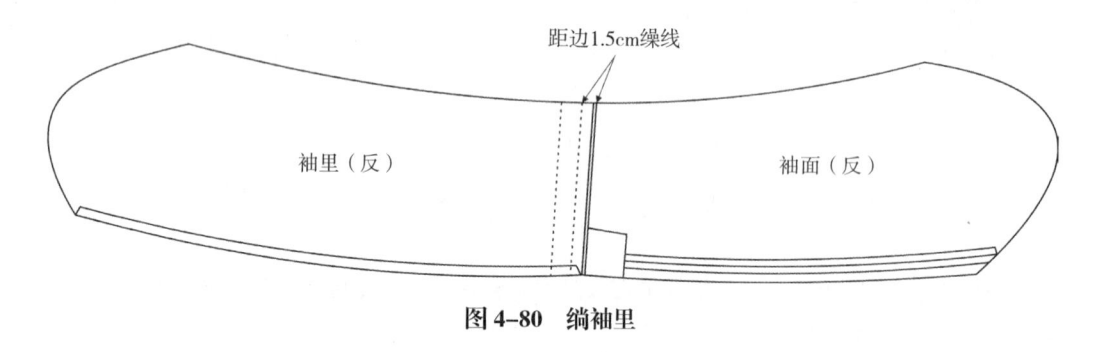

图 4-80 绱袖里

（13）钉钮扣：

质量要求：钮扣牢固端正，位置准确，无歪斜进出，距离不等等现象。

① 如图4-81所示，机器订扣：将袖里由袖口拉出，摆平开衩，按假眼位置，由上而下依次钉钮扣，第一钮扣钉牢袖口折边缝份。

② 手工订扣：用专用钮扣线，二上二下订住里布一针，绕脚长0.3cm绕紧，线头不外露。

（14）固定袖里与袖面：

质量要求：里袖缝倒向大袖片，拉线松度适宜。

① 手工固定：如图4-82所示，将袖子翻出反面，对齐面、里外袖缝，袖山部位里布大于袖面1cm，袖内缝里布比面布长出2.7～3cm，于袖肘位置手工钉2针，定线松 2～3cm，将袖里布的袖山底部打若干个深约0.7cm的剪口再将袖子翻至正面。

② 机器固定：袖里与袖面的刀眼相对应，用平缝车把袖里内外缝固定在面布缝位上。

③ 收袖山吃势：将1cm宽，长度比大袖的袖山弧线长10cm左右的牵条放在袖面反面的袖山缝份上，从大袖内袖缝开始边缝边拉牵条，一直到小袖山的2/3处，缝份为0.3cm，缝制过程中牵条要吃一些，使袖子造型饱满圆顺。

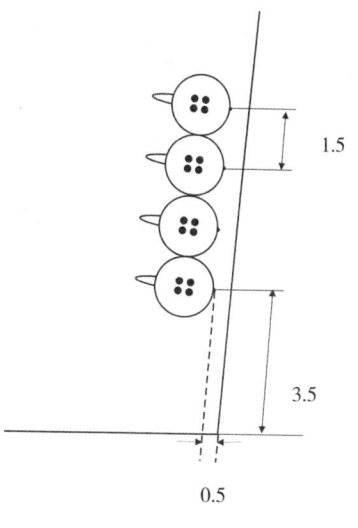

图 4-81　钉纽扣

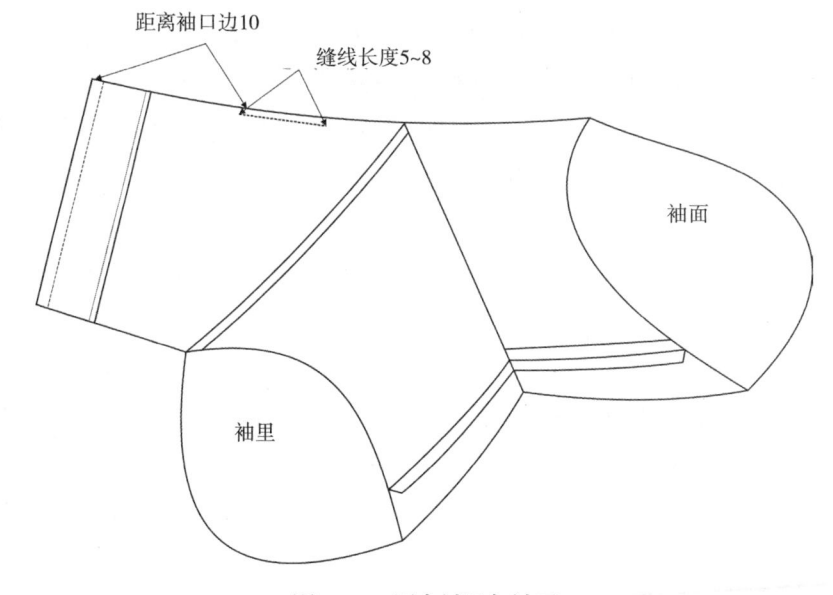

图 4-82　固定袖里与袖面

（15）烫成品袖子：

质量要求：袖子面、里平服，无褶皱，袖山头形保持不变。

① 如图4-83所示，将袖子按小袖弯势摆放平整，袖子面、里平服，袖内缝距缝边缘大约3cm摆放，先熨烫袖口，再整烫整个袖子，袖内缝下端向袖口伸开烫平，注意熨斗不要碰到袖山头。烫好后要求袖外缝里布长出面布0.5cm，袖山头里布长出面布0.5cm，袖内缝里布比面布长出2.7～3cm，袖口里布距面布袖口2cm。

② 烫袖山：将抽缝好的袖山在烫凳上熨烫，使袖山吃量均匀，袖山圆顺饱满，然后在牵条上打几个剪口。

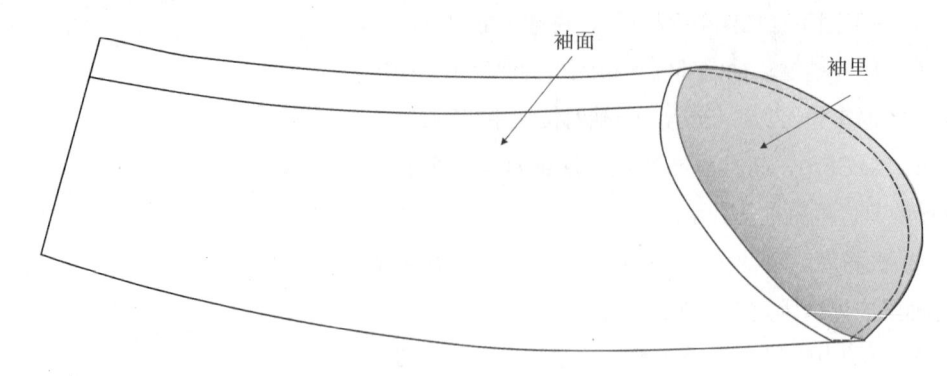

图 4-83　烫成品袖子

（16）绱袖：

① 质量要求：缝位标准，缉线圆顺，吃势均匀、到位，左右袖对称，袖子不偏前偏后，不起吊，袖山处无多余量，袖子饱满，平整，服贴。

② 操作步骤：如图4-84所示，把衣服理顺，前面正面朝上，理平前片及袖窿处，把袖子放在前片上，同时对准袖窿小弯处的弧度并比齐缝份，由背面从袖窿处掏向反面，掀开里布与胸衬，大身在下，袖子在上，对准剪口，按袖子吃势分布图绱袖，左袖从后袖缝开始绱袖，右袖从前袖缝开始绱袖，袖与大身丝缕摆端正，左右吃势对称。

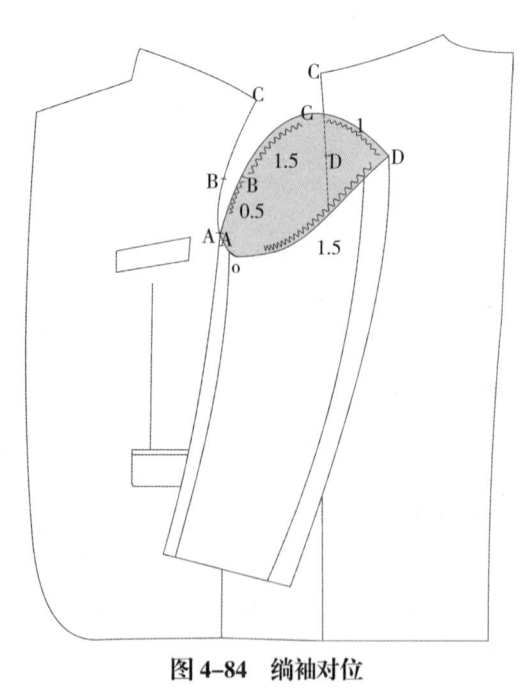

图 4-84　绱袖对位

（17）烫袖窿圈：

① 质量要求：袖窿圈烫平服、配袖正确。

② 操作步骤：将袖窿圈置于模具上，大身在下，袖窿圈反面朝上，用熨斗将袖子的吃势部位归烫平服，不能有打褶现象。

（18）拉袖山牵条、分压袖山头：

① 质量要求：袖山牵条缉线顺直，线迹与绱袖线重叠，牵条无拉伸现象，分缝无坐势，袖山圆顺、平服。

② 操作步骤：在袖山，将牵条放在下面，大身放在上面，上下层摆齐，开始缉线，缉线与绱袖线重叠平缝一道。分压袖山头，将袖山反面朝上摆放，用手将绱袖缝位与袖山牵条缝位向两边劈开。

（19）修剪袖山头、压烫袖山头：

① 质量要求：缝位修剪顺，层次分明，袖山头压烫圆顺，肩部前后大身丝缕顺直。

② 操作步骤：修剪袖山头。将袖山翻到反面，用剪刀将袖缝份上层缝位修剪掉1/2，剪出层次。压烫袖山头，将衣服里子朝外，将袖山头及肩头部位放在袖山分烫模子上，丝缕摆放顺直后吸风，用熨斗将袖山头缝位分烫平服、顺直，再用手将衣服下方固定住，压烫肩部，最后查看袖山头是否圆顺，肩部前后丝缕是否顺直、平服，再用熨斗修烫不到位部位。

（20）固定垫肩：

① 质量要求：前胸面布不能有松量，窝势自然，袖山圆顺，丝缕顺直，左右对称。

② 操作步骤：将衣身翻到正面，先将垫肩与肩部绷缝固定，再沿前片袖窿处绷一圈（从腋下处省缝开始绷到肩缝）线迹距绱袖线约0.2～0.3cm，然后绷后袖窿，后衣片吃0.2～0.3cm左右（由袖侧缝始向上绷到肩缝）。再翻到反面后袖窿，根据后袖窿面料厚薄略松0.5～0.7cm，将垫肩摆顺，反面固定。检查袖山是否圆顺，前后丝缕是否顺直，左右后背面布袖窿处覆盖量是否对称。

（21）绱袖棉条、修垫肩：

① 质量要求：缉线松紧适宜，袖棉条饱满、挺括无褶皱，左右吃势均匀对称。

② 操作步骤：先绱右棉条，起针时袖棉条放置袖内缝位置起针，离绱袖线0.15cm缉一周，并将多余的缝位与垫肩切掉，袖山剪口对齐，前袖山袖棉条松1.5cm，后袖山袖棉条松1cm；左袖从后向前，吃势位置与右袖一致。

（22）固定袖窿里：

① 质量要求：面里松紧适宜，无打褶、斜扭现象。

② 操作步骤：核对面里袖窿大小，前侧缝、摆缝长短，先在面里摆缝位置固定几针，左袖窿由前侧缝起针，右袖窿由摆缝处起针，里布略松固定一周，查看里布松量是否到位。

（23）修剪袖窿里布、绱袖窿里下部：

① 质量要求：里布修剪平齐，绱袖里缝位标准，缉线圆顺，里布无打褶现象，线松紧适宜。

② 操作步骤：将袖窿里布翻出，用剪刀将里布外围多余量修剪掉齐面布。将袖窿里布翻出，对准面、里袖内外缝，前身在上，袖里在下，由后袖长缝处起针缉至前胸宽点，距绱袖线0.2cm，里布略松，翻出袖子正面，检查缉线是否圆顺。

（24）绱袖窿里布上部：

① 质量要求：袖山里布吃势均匀，缉线顺直，无打褶、跳针现象。

② 操作步骤：将袖子翻至袖里朝外，由前胸宽点向后缉线，接线顺畅，袖山里布吃势均匀，将里布翻出，检查袖里是否圆顺，有无打褶现象。

（25）封袖里：

①质量要求：缉线顺直，接线重合牢固，缝位标准、牢固。

②操作步骤：将袖里布内缝开口翻出，按0.1cm缝份夹缉封口。

（26）锁眼与钉扣：

①质量要求：扣眼之间的距离要一致，或者按工艺规定要求；扣眼与止口的距离要一致；扣眼针距密度按规定的要求；钉扣要牢固，钮位和扣眼的高低要一致。

②操作步骤：先锁眼后钉扣。

第三节　成品整烫工艺

一、整形熨烫工艺要求

（一）总体要求

盖上干、湿烫布，用高温（200~300℃，对精纺毛呢料），将各部位烫平、烫煞、烫挺、烫干，烫后无极光、无水花，无烫黄、烫焦。

（二）各部位质量要求

（1）外观整洁，胸部丰满，吸腰自然；

（2）肩部平服、平顺、无皱纹，不"肩裂"；

（3）领形窝服，驳头挺拔、窝服，左右对称，大小、宽窄一致；

（4）止口平薄，丝缕直顺，窝服不外翻；

（5）袖山头前圆后登，吃势均匀无皱褶；

（6）背部平服、方登，背衩直顺、长短一致，窝服不外翻；

（7）下摆平服，轮廓圆顺，服体不外翻。

（三）整形熨烫顺序

反轧袖窿→烫肩缝、领窝→烫袖窿、袖山→反烫驳头、翻领（正面稍烫）→烫左右胸部（包括胸袋）→烫前胸止口、左右大袋→烫底边→烫袖子、袖口→烫后背缝、背衩→反烫止口、挂面→反烫底边。

二、分部熨烫技法和技术要求

（一）反面轧烫左右袖窿

将袖窿圈反面放在铁凳上进行轧烫。目的是将缉线和衣里缲线烫平、吃势烫匀（熨烫不能超过缉线缝份，避免袖山变形）。

（二）整烫左右肩缝、后领窝

下垫布馒头，上盖烫布，刷水或喷水花，将左边肩缝，后领窝熨烫平服，消除皱纹。熨烫时，肩缝微向前弧、熨斗分别由前后肩领点、前袖窿根，对前肩缝位进行归烫。注意轧烫前后袖窿根时，不能轧烫袖山弧，避免把袖山烫瘪、轧塌变形。

(三) 整烫左右袖袖山头及袖子上部

将袖子上部（袖山段）套在铁凳上，使铁凳大头在袖窿和袖山圆弧下，小头在袖窿腋下位。盖烫布，喷水花，先将袖山弧烫圆顺，消除因吃势不当形成的褶皱；然后，将袖上部向胸侧袖窿挤轧烫（熨斗不要压过前袖山弧，以免出死褶印）、烫后袖山头应圆顺，吃势均匀无皱褶，形成前圆后登造型。

(四) 压烫衣领左右驳口线

（1）下垫"布馒头"，按规定尺寸将驳头翻拨到正面，进行正面压烫，烫定驳口。

（2）将衣身翻到背面，盖烫布，喷水花，从反面高温轧烫衣领的驳口线。上端烫至后领1/2处，下端烫至距下驳口点4～5cm处，烫死、烫平。

(五) 熨烫驳头、翻领反面

将衣领置于操作者胸前，并将翻领、驳领背面翻出，盖烫布喷水，压烫。熨烫时，上过后领中线，下至驳根与门襟止口交界处。先压烫驳头和翻领止口，掀盖烫布和熨斗进退相结合，反复压烫。驳头和翻领止口熨烫直顺、烫死、烫干、烫薄后，将熨斗底板移向驳头和翻领止口以里（躲过止口边缝的硬梗），熨烫翻领和驳头的背面。喷水熨烫，掀盖烫布将翻领和驳头反面烫干、烫归缩。最后用熨斗背烘烤翻领、驳头正面，同时用手指将驳头和翻领向背面捋捻，形成向背面的里外容"窝服"造型。

(六) 整烫左右前胸各部位

下垫布馒头，上盖双层烫布，喷水花（或刷水）依次进行下列操作：

（1）从正面整烫驳口、止口、串口等部位：垫双层烫布，喷水轻烫，避免出亮光；进一步把驳口，止口、串口烫直顺，烫挺，并使驳头和翻领向背面窝服。

（2）整烫前身的上半部：将布馒头的丰隆部位垫在胸袋（乳峰）下，围绕胸袋，在袖窿根（后胸位）、驳口线（前胸位）肩缝下（上胸位）、腰省尖（下胸位）等处进行归烫，巩固并进一步丰满男性"散奶胸"造型，使胸部挺括、丰满、美观。

（3）整烫前身下半部：布馒头下移并向背面窝服；将前半只袋盖及袋口烫平服；将腰节烫平顺，底边烫平服、适体。

（4）整烫前身后半部：布馒头后移，垫在侧缝、袋盖、袋口后半部和底边部位，盖烫布喷水花，整烫摆缝（归烫）、袋盖后半部，将袋盖烫窝服，底边烫圆顺、服体。

（5）整烫前身止口、大袋前半部和圆弧底边位。将左前门襟止口丝缕摆正，盖烫布、喷水花，对门襟止口、前半只袋盖、袋口位、袋盖上部腰位以及圆摆底边位进行整形熨烫。要将止口烫薄、烫直顺、烫挺拔。

(七) 整烫左右衣袖下半部

左右衣袖下半部可摆在布馒头上熨烫，盖烫布喷水后将大小袖各部位烫煞、烫平。

（八）整烫后背

下垫布馒头，从正面垫烫布、喷水花熨烫。背缝烫直顺，烫煞，要归烫不可拉长。摆缝向前衣身弯曲，把背部胖势向摆缝归顺，用熨斗将胖势烫均匀，背部烫方登。臀部以相同方法熨烫。背衩要归烫，烫平服、烫煞，开衩两襟要长短一致。

（九）整烫衣底边

将衣身翻转，盖烫布、喷水花，逐段归缩烫衣底边，烫平顺、适体，不要拉长、拉豁，要烫干、烫实。

（十）反烫前身止口、挂面

在平台上垫烫布刷水（或喷水）高温熨烫。先烫止口；掀盖烫布反复压烫，把止口烫直顺、烫薄、烫实、烫干。然后，避开止口厚硬边梗，将熨斗底板稍稍倾斜，向里烫挂面；随烫随掀烫布，不断放掉水气，反复熨烫，将挂面烫板实，归缩、烫干。然后，用熨斗背将前衣身正面止口烘烤干，再用双手将止口向衣身背面捋捻，作窝势造型，使整烫后的前身止口向内窝服、抱体，不向外翻翘，使西装穿着后服体、挺括、美观。

（十一）整烫效果检验

将整烫后的衣身挂在半身人模胸腔架上，观察、检查整烫效果，看质量是否达到要求，不足之处再补充熨烫。

第四节　质量检验与缺陷评定

一、质量检验

（一）西服外观质量规定及标准

（1）领子：领面弧度、角度及小圆头大小、左右对称，平服不反翘，后领紧贴衣身。

（2）驳头：驳口顺直，两边长短一致，串口不露毛边，驳头不反翘。

（3）门襟：止口0.1cm、大小一致，止口不外露，门襟要顺直平挺。

（4）前身：胸部挺括，两边对称，里、面衬服贴，纹路及省道顺直。

（5）袋：

①袋：靠袖窿边以水平线起翘1.8cm，两头斜度顺直，封口纹路不扭、平整，线路均匀。

②开袋、袋盖：开袋上下嵌条宽窄大小一致，不层叠、裂开，封口毛边不外露。袋盖纹路同衣身纹路一致，袋盖与袋宽大小适应。

③贴袋：圆角大小、高低、左右对称。贴袋不能有松紧现象，靠门襟边纹路一定要直。

（6）后背：平服、中缝不下掉，袖窿不起皱，条格对准。

（7）下摆：顺直，勾角高低一致、平整，里、面布松紧吻合、每条缝对准（开衩顺直、平服、长短差不超过0.2cm）。

（8）肩：前后肩平服，靠领边丝缕顺直、不起扭，肩缝弧度顺直、不后偏、左右对称。

（9）袖：袖圈圆顺，吃量均匀、饱满，两袖不能出现吊袖、断袖和前后袖现象。

（10）凤眼：驳头凤眼从驳口下去3cm，从止口进去1.5cm要和驳口平行。明襟凤眼间距要一致不歪斜。

（11）钮扣：应对准凤眼位，钮扣光滑、色泽与面料相适应。

（二）衣里质量检验

（1）主标、洗水标、号型正确。洗水标（含材料成分）一般固定夹在里袋里（或卡片袋），也可固定在左侧缝里子缝中，距离底边20cm左右。

（2）里袋及卡片袋袋口大小、深度符合标准。

（3）套结袋口、袋布固定，挂面缝固定。

（4）衣里、袖口里子无下垂外露。

(三)里、面料色差规定

里料与面料性能、色泽相适应。面料、里料、袖缝、摆缝色差不低于4级,其他表面部位高于4级(判定依据:参照GB250—1995评定变色有灰色样卡)。

(四)整烫外观

(1)各部位熨烫平服、整洁,无烫黄、水渍、亮光。

(2)覆黏合衬部位不允许有脱胶、渗胶及起皱,各部位表面不允许有沾胶。

(五)成品主要部位规格允许偏差(表4-3)

表4-3 成品主要部位规格允许偏差 (单位:cm)

部位名称	允许偏差
衣长	±1
胸围	±2
领大	±0.6
总肩宽	±0.6
袖长	±0.7

(六)经纬纱向

(1)前身:经纱以领口宽线为准,不允斜。

(2)后身:经纱以腰节下背中线为准,偏斜不大于0.5cm;条格料不允斜。

(3)袖子:经纱以前袖缝为准,大袖片偏斜不大于1.0cm,小袖片偏斜不大于1.5cm(特殊工艺除外)。

(4)领面:纬纱偏斜不大于0.5cm,条格料不允斜。

(5)袋盖:与大身纱向一致,斜料左右对称。

(6)挂面:以驳头止口处经纱为准,不允斜。

(四)对条对格

(1)面料有明显条、格在1cm及以上的按表4-4规定。

(2)面料有明显条、格在0.5cm及以上的,手巾袋与前身条料对条,格料对格,互差不大于0.1cm。

(3)倒顺毛、阴阳格原料,全身顺向一致。

(五)拼接

耳朵皮允许两接一拼,其他部位不允许拼接。

表 4-4 对条对格要求

部　位	对条对格规定
左右前身	条料对条，格料对横，互差不大于0.3cm
手巾袋与前身	条料对条，格料对格，互差不大于0.2cm
大袋与前身	条料对条，格料对格，互差不大于0.3cm
袖与前身	袖肘线以上与前身格料对横，两袖互差不大于0.5cm
袖　缝	袖肘线以上，后袖缝格料对横，互差不大于0.3cm
背　缝	以上部为准，条料对格，格料对横，互差不大于0.2cm
背缝与后领面	条料对条，互差不大于0.2cm
领子、驳头	条格料左右对称，互差不大于0.2cm
摆　缝	袖窿以下10cm处，格料对横，互差不大于0.3cm
袖　子	条格顺直，以袖山为准，两袖互差不大于0.5cm

注：特别设计不受此限。

（六）外观疵点

成品各部位疵点允许存在程度按表4-5规定，各部位划分如图4-85所示。

表 4-5 成品各部位疵点允许存在程度

疵点名称	各部位允许存在程度		
	1号部位	2号部位	3号部位
纱疵	不允许	轻微，总长度1cm或总面积0.3cm^{2}以下；明显不允许	轻微，总长度1.5cm或总面积0.5cm^{2}以下；明显不允许
毛粒	1个	3个	5个
条印、折痕	不允许	轻微，总长度1.5cm或总面积1cm^{2}以下；明显不允许	轻微，总长度2.0cm或总面积1.5cm^{2}以下；明显不允许
斑疵（油污、锈斑、色斑、水渍等）	不允许	轻微，总面积不大于0.3cm^2；明显不允许	轻微，总面积不大于0.5cm^2；明显不允许
破洞、磨损、蛛网	不允许	不允许	不允许

注1：各部位只允许一处允许存在程度内的疵点。
注2：轻微疵点指直观上不明显，通过仔细辨识才可看到的疵点；明显疵点指直观上较明显，影响总体效果的疵点。
注3：优等品前领面及驳头不允许出现疵点。
注4：没列入本规定的疵点，按其形态参照表中所列相似疵点判定。

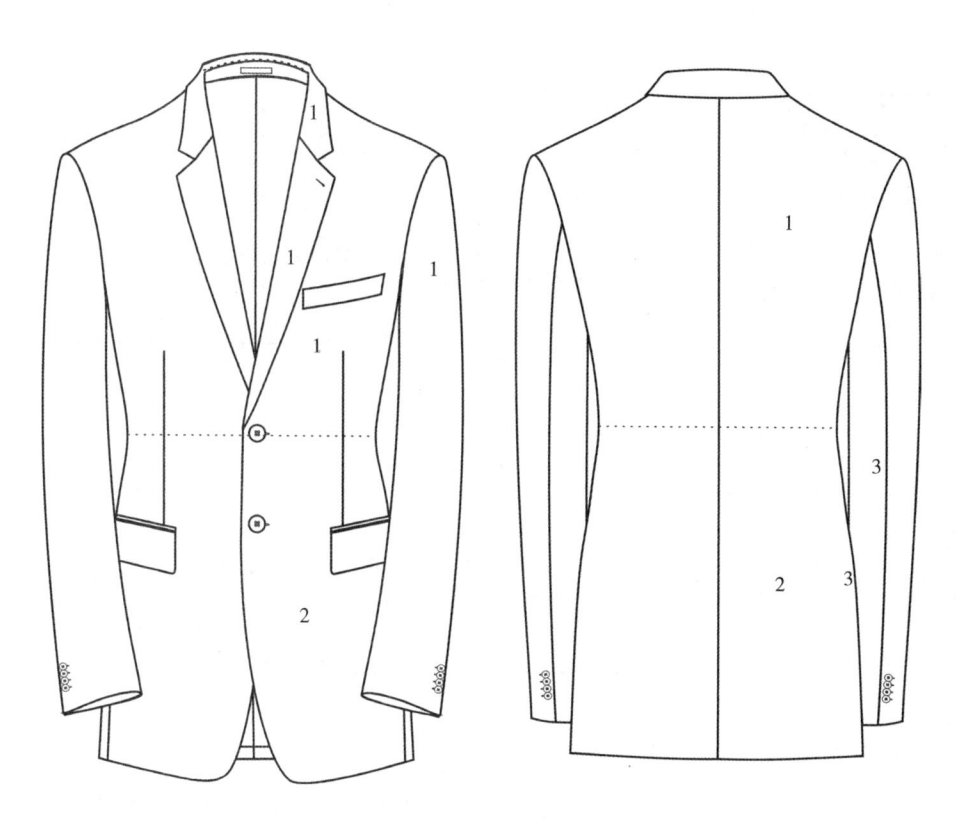

图 4-85　部位划分

二、缺陷评定

（一）单件（样本）判定

优等品：严重缺陷数=0，重缺陷数=0，轻缺陷数≤4；

一等品：严重缺陷数=0，重缺陷数=0，轻缺陷数≤6；或严重缺陷数=0，重缺陷数≤1，轻缺陷数≤3；

合格品：严重缺陷数=0，重缺陷数=0，轻缺陷数≤8；或严重缺陷数=0，重缺陷数≤1，轻缺陷数≤6。

（二）缺陷判定（表4-6）

表 4-6 缺陷判定

项目	序号	轻缺陷	重缺陷	严重缺陷
使用说明	1	商标、耐久性标签不端正，明显歪斜；钉商标线与商标底色的色泽不适应；使用说明内容不规范	使用说明内容不正确	使用说明内容缺项

（续表）

项目	序号	轻缺陷	重缺陷	严重缺陷
辅料	2	缝纫线色泽、色调与面料不相适应；钉扣线与扣色泽、色调不适应	里料、缝纫线的性能与面料不适应	—
锁眼	3	锁眼间距互差大于0.4cm；偏斜大于0.2cm，纱线绽出	跳线；开线；毛漏；漏开眼	—
钉扣及附件	4	扣与眼位互差大于0.2cm（包括附件等）；钉扣不牢	扣与眼位互差大于0.5cm（包括附件等）	钮扣、金属扣脱落（包括附件等）；金属件锈蚀
经纬纱向	5	纬斜超标准规定50%及以内	纬斜超标准规定50%以上	—
对条对格	6	对条、对格超标准规定50%及以内	对条、对格超标准规定50%以上	面料倒顺毛，全身顺向不一致
拼接	7	—	拼接不符合标准规定	—
色差	8	表面部位色差不符合标准规定的半级以内；衬布影响色差低于4级	表面部位色差超过标准规定半级以上；衬布影响色差低于3-4级	—
外观疵点	9	2号部位、3号部位超标准规定	1号部位超标准规定	破损等严重影响使用和美观
针距	10	低于本标准规定2针以内（含两针）	低于本标准规定2针以上	—
规格允许偏差	11	规格超过标准规定50%及以内	规格超过标准规定50%以上	规格超过标准规定100%及以上

（续表）

项目	序号	轻缺陷	重缺陷	严重缺陷
外观及缝制质量	12	—	—	使用黏合衬部位脱胶、渗胶、起皱
	13	领子、驳头面、衬、里松紧不适宜；表面不平挺	领子、驳头面、里、衬松紧明显不适宜；不平挺	—
	14	领口、驳口、串口不顺直；领子、驳头止口反吐	—	—
	15	领尖、领嘴、驳头左右不一致，尖圆对比互差不大于0.3cm；领豁口左右明显不一致		
	16	领窝不平服、起皱；绱领（领肩缝对比）偏斜大于0.5cm	领窝严重不平服、起皱；绱领（领肩缝对比）偏斜大于0.7cm	—
	17	领翘不适宜；领外口松紧不适宜；底领外露	领翘严重不适宜；底领外露大于0.2cm	—
	18	肩缝不顺直；不平服	肩缝严重不顺直；不平服	—
	19	两肩宽窄不一致，互差大于0.5cm	两肩宽窄不一致，互差大于0.8cm	—
	20	胸部不挺括，左右不一致；腰部不平服；省位左右不一致	胸部严重不挺括，腰部严重不平服	—
	21	袋位高低互差大于0.3cm；前后互差大于0.5cm	袋位高低互差大于0.8cm；前后互差大于1cm	—
	22	袋盖长短、宽窄互差大于0.3cm；口袋不平服、不顺直；嵌线不顺直、宽窄不一致；袋角不整齐	袋盖小于袋口（贴袋）0.5cm（一侧）或小于嵌线；袋布垫料毛边无包缝	—
	23	门襟、里襟不顺直、不平服；止口反吐	止口明显反吐	—

（续表）

项目	序号	轻缺陷	重缺陷	严重缺陷
外观及缝制质量	24	门襟长于里襟，大于0.5cm；里襟长于门襟；门里襟明显搅豁	—	—
	25	扣位互差0.4cm；扣眼歪斜、眼大小互差大于0.2cm	—	—
	26	底边明显宽窄不一致；不圆顺；里子底边宽窄明显不一致	里子短，面明显不平服；里子长，明显外露	—
	27	绱袖不圆顺，吃势不适宜；两袖前后不一致大于1.5cm；袖子起吊、不顺	绱袖明显不圆顺；两袖前后明显不一致大于2.5cm；袖子明显起吊、不顺	—
	28	袖长左右对比互差大于0.7cm；两袖口对比互差大于0.5cm	袖长左右对比互差大于1cm；两袖口对比互差大于0.8cm	—
	29	后背不平、起吊；开衩不平服、不顺直；开衩止口明显搅豁；开衩长短互差大于0.3cm	后背明显不平服、起吊	—
	30	衣片缝合明显松紧不平；不顺直；连接跳针（30cm内出现两个单挑针按连续跳针计算）	表面部位有毛、脱、漏；缝份小于0.8cm；链式缝迹跳针有1处	表面部位毛、脱、漏，严重影响使用和美观
	31	有叠线部位漏叠2处（包括2处）以下；衣里有毛、脱、漏	有叠线部位漏叠超过2处	—
	32	明线宽窄、弯曲	明线接线	—
	33	滚条不平服、宽窄不一致；腰节以下活里没包缝	—	—
	34	轻度污渍；熨烫不平服，有明显水花、亮光；表面有大于1.5cm的连根线头3根及以上	有明显污渍，污渍大于2cm²；水花大于4cm²	有严重污渍，污渍大于30cm²，烫黄等严重影响使用和美观

注：凡属丢工、少序、错序均为严重缺陷。

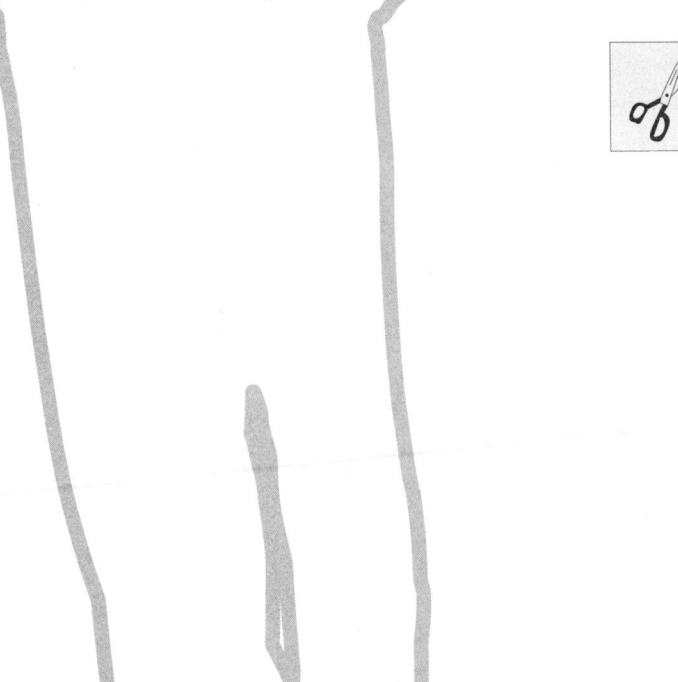

第五章
男马甲缝制工艺

第一节　男马甲结构制图与缝份加放

一、结构制图

（一）男马甲款式说明

该款马甲为5粒扣，侧开衩的经典款，如图5-1所示。

图5-1　马甲款式图

（二）成品规格

表5-1为规格为170/92B的男马甲成品规格。

表 5-1　男马甲成品规格尺寸

（单位：cm）

部位	胸　围	腰　围	后长
尺寸	92（实际尺寸）	80（实际尺寸+4）	53

(三) 结构制图

马甲结构图如图5-2所示。

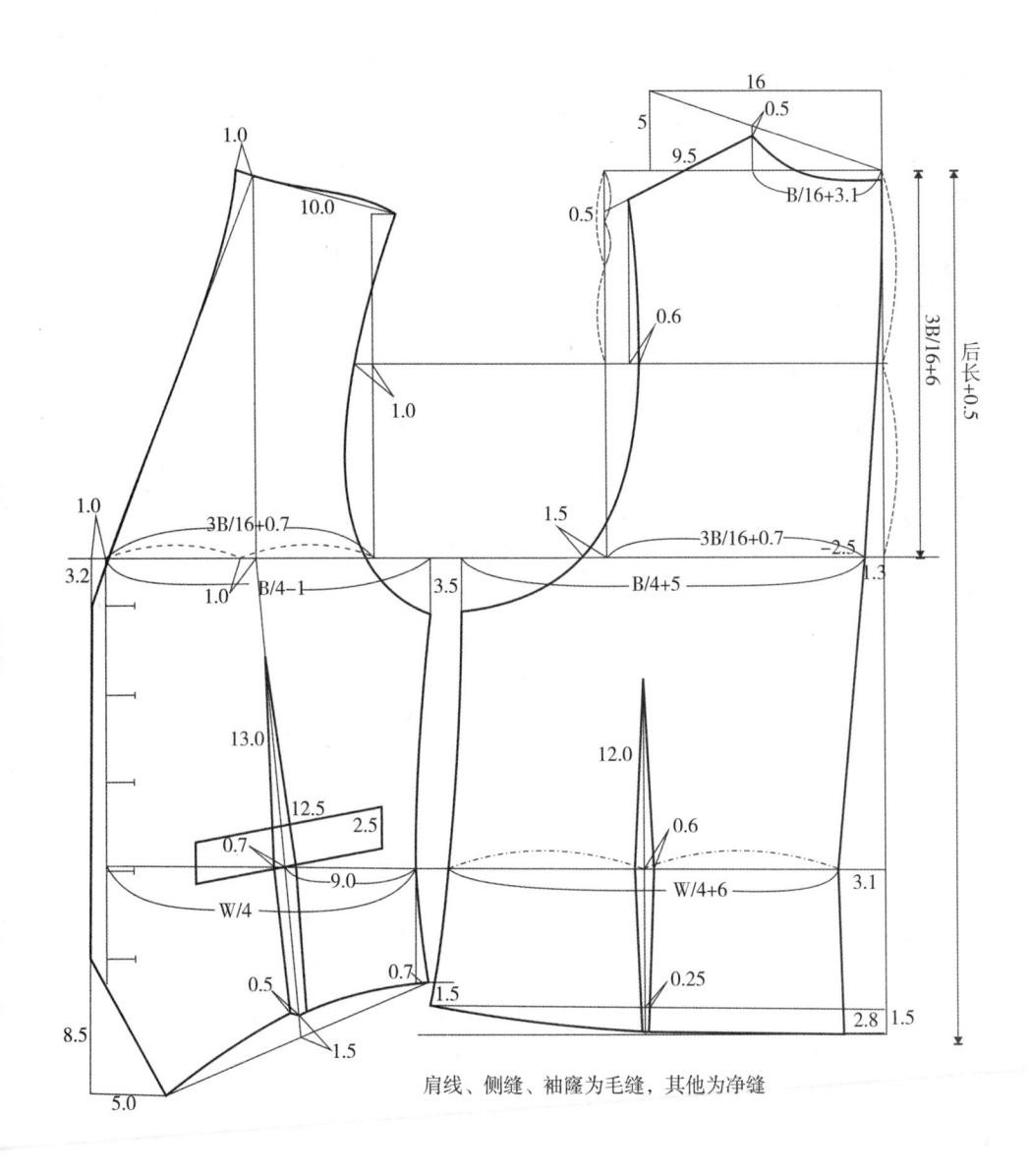

图 5-2　马甲结构图

二、缝份加放

(一) 面料放缝

马甲面料放缝如图5-3所示。

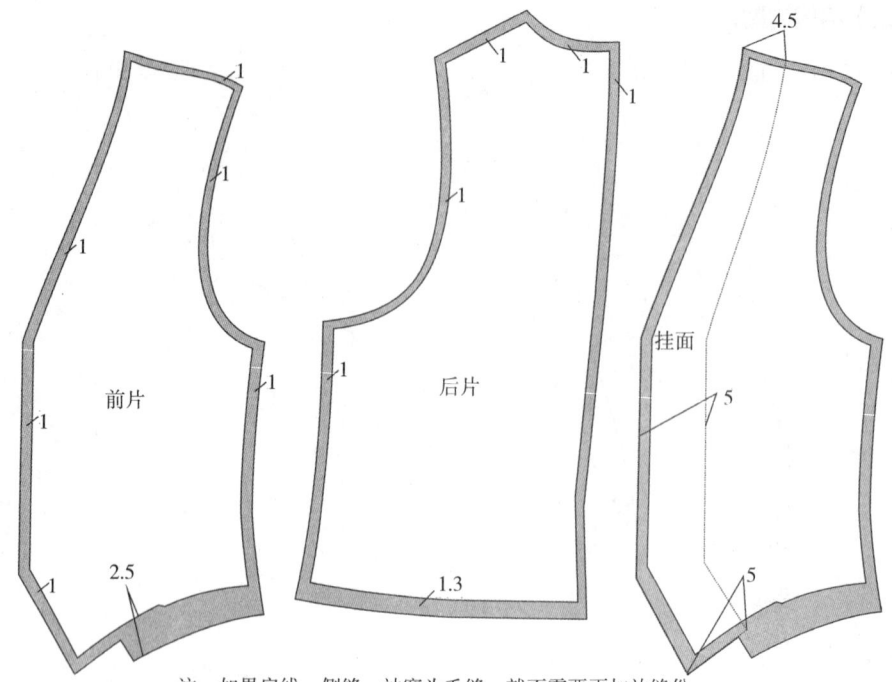

注：如果肩线、侧缝、袖窿为毛缝，就不需要再加放缝份

图 5-3　马甲面料放缝

（二）里料放缝

马甲里料放缝如图 5-4 所示。

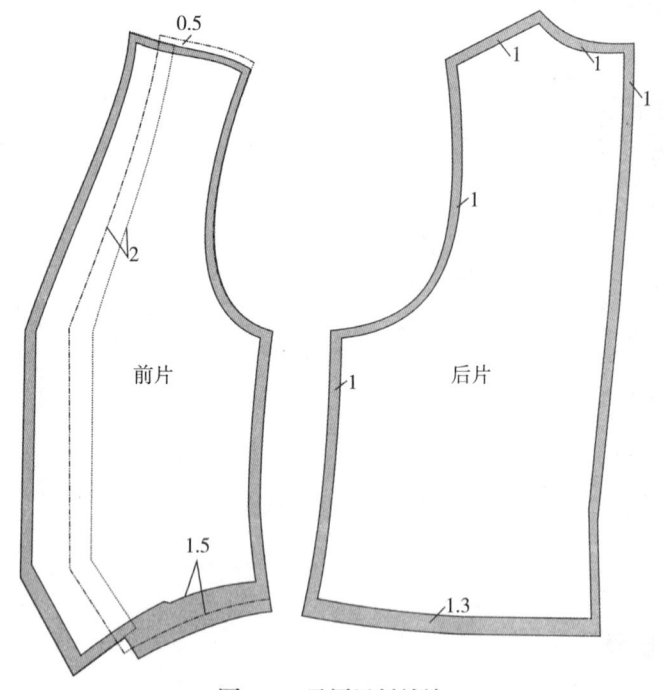

图 5-4　马甲里料放缝

第二节 缝制规定与步骤

一、缝制规定

缝纫针距:12~14针/3cm。

环缝针距:不少于9针/3cm。

缲缝针距:6~8针/3cm;表面透针不大于0.1cm。

缝纫线路顺直,定位准确,结合牢固,松紧适宜,距边宽窄一致。

具体缝纫工艺按表5-2的规定。

表5-2 男马甲缝制工艺要求

(单位:cm)

部位	工序名称	缝份	缝制形式及缝线道数	明线距边	要求
前后身面与里	收面前身折	0.8	暗线一道	—	劈缝,上面收尖
	收面后身折	0.8	暗线一道	—	劈缝,上面收尖
	合面背中缝	1.2	暗线一道	—	劈缝,合时按标印夹绱腰带襻,襻宽0.6,腰带襻长3.5,放余量1
	收里前身折	1	暗线一道	—	倒缝
	收里后身折	1	暗线一道	—	倒缝
	合里背中缝	1	暗线一道	—	倒缝,留余量1
上袋与下袋	绱袋口垫布	0.8	暗线一道	—	反面压住袋布面
	袋片与袋布结合	0.8	暗线一道	—	—
	绱袋片	0.8	暗线一道	—	—
	开袋口	—	—	—	沿绱袋片缝份剪开,前端开三角剪口,三角向前侧倒
	封袋角	—	明线一道	—	袋口两端压0.1明线,连袋片与三角扎住
	钩袋布	1.5	暗线一道	—	劈缝
合身	合面肩缝	1	暗线一道	—	劈缝

（续表）

部位	工序名称	缝份	缝制形式及缝线道数	明线距边	要　　求
合身	合里肩缝	1	暗线一道	—	劈缝
	面与贴边钩压缝	0.8	暗线一道 明线一道	0.1	明线压在贴边上，面吐0.1
	贴边与里结合	1	暗线一道	—	倒缝，钩下摆时，折边缝份搽住面，里留余量1.5，袋布下端缝份搽住毛边
	前、后身面结合	1	暗线一道	—	劈缝
	前、后身里结合	1	暗线一道	—	缝份向后倒
	缲缝	—	缲缝一道	—	贴边里口、下摆里口下端缝份折光暗缲
	下摆面里结合	1	暗线一道	—	下摆折回3，在各缝口处定位或缲缝一道
后腰带	钩翻后腰带	1	暗线一道	—	腰带布对折缝线一道，一头拐扎翻烫后平服，腰带宽2
	腰带与后身结合	—	明线一道	0.1	腰带按标印压明线一周，压至后省缝处拐压，左腰带套入腰带扣后拉回2.0封住，右腰带套入腰带襻中至腰带扣中拉回
商标	钉商标、尺码标、洗涤标	—	明线一道	0.1	钉在后领贴居中领口下3处，尺码标钉在商标下口正中处。洗涤标钉在左里腰缝距下摆8~10处

二、缝制步骤

（一）做前片

1. 黏有纺衬

粘衬的部位：整个前片和挂面，如图5-5所示。

2. 打线钉

打线钉的部位：省道、袋位、扣位、底摆、摆缝、驳口及开衩等处，如图5-6所示。

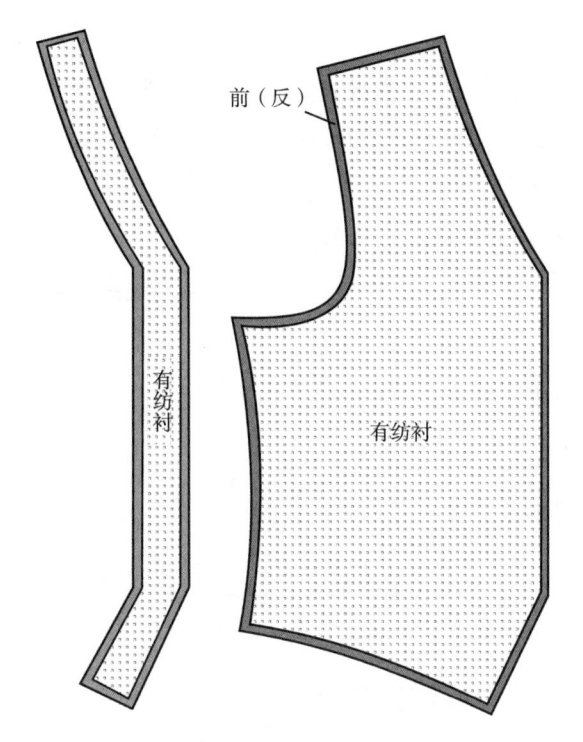

图 5-5 前片和挂面黏有纺衬

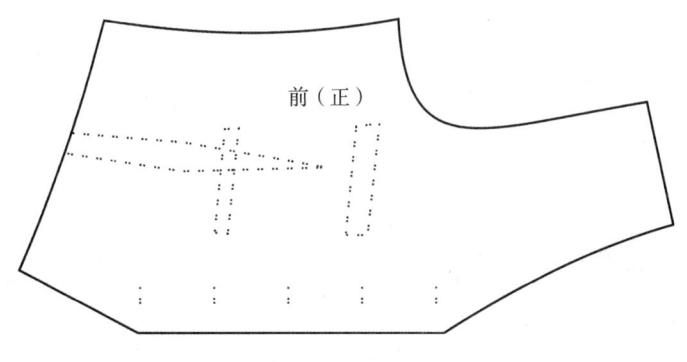

图 5-6 打线钉

3. 缉缝省道

为确保省尖处平服，在省尖处垫一块3.5cm×3.5cm本色斜纱面料，从高于省尖5针起针沿省缝线缉省，缉线顺直、缉省尖时不要打回针（条格面料收省后，省道两边的条格要对齐），注意中腰部位要平顺，如图5-7所示。

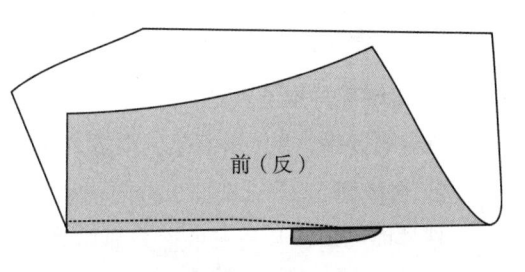

图 5-7 缝省道

4. 归拔前片

（1）用熨斗将省劈缝烫平，在劈缝时要将止口布纹摆正。
（2）在腰节处将面料向止口方向推，使止口纹路顺直。
（3）将肩部略拔开。
（4）在袖窿和驳口处要归进一些，如图5-8所示。

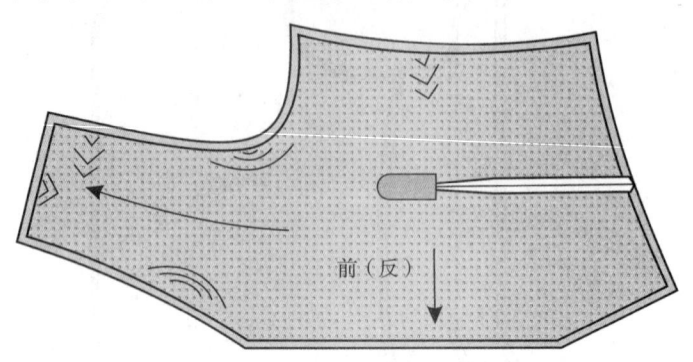

图5-8 归拔前片

5. 做大小口袋（参见西服缝制工艺口袋的缝制）

6. 敷牵条

（1）从肩线向下2cm处开始沿净线粘牵条，一直到摆缝线止。牵条在驳口处和摆角处要略拉紧一些。
（2）从肩线向下2cm处开始粘袖窿牵条，袖窿的牵条应略拉紧，如图5-9所示。

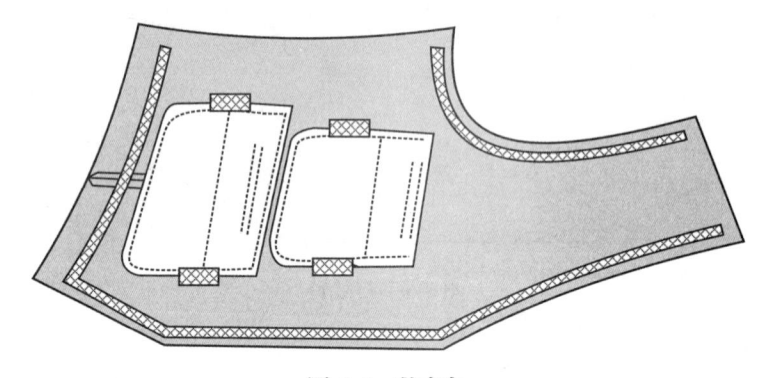

图5-9 敷牵条

（二）缉缝前片里子

1. 缉缝前片里子省道

缉好省以后，用熨斗将省向摆缝方向扣倒。

2. 合挂面

把挂面和前衣片里子的面与面相对比齐，挂面在上，在距底边5cm做上标记，这是缝合时的收针点。从领口起针缝合，一直缝到离底边5cm有标记的部位。缝好后要熨烫一下，把缝份向侧缝方向烫倒。烫平整后，再与前衣片的面缝合在一起。

3. 覆挂面

把挂面与前衣片面与面相对，前衣片在下，合止口，从肩缝起针，缝份是1cm，顺着牵条的边平缝，缝合时，离驳口终止点3~4cm地方稍微吃前衣片，到驳口终止点转过来，从驳口终止点向下3~4cm还要吃前衣片，下面是平缝。缝到底边尖下摆处，拐过来，还要吃前衣片，快缝到底边时也要稍吃前衣片，这样做完以后衣片下摆窝服，缝底边时，不要缝上里子，要稍微吃前衣片，一直缝到挂面的终止点，以保证挂面不反吐，如图5-10所示。

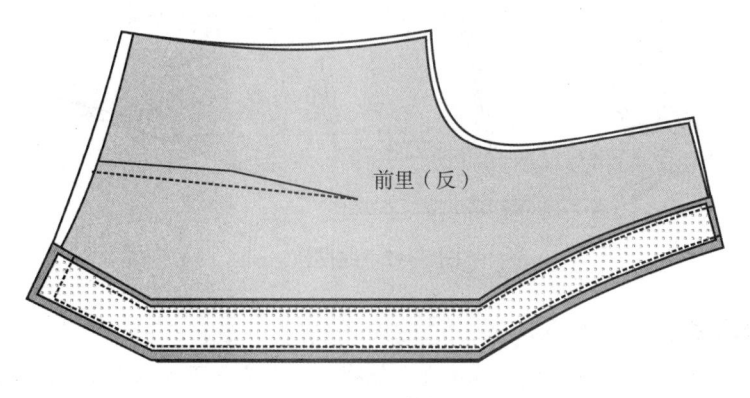

图5-10 覆挂面

4. 烫止口

把止口缝份修成梯形状，面留0.5cm，挂面留0.8cm，下摆角处留0.2cm，减少不必要的厚度。然后将缝份都向前片扣烫，里外容量为0.1cm。

5. 修剪夹里

将衣身翻到正面，将面里摆平放正，按照面布修剪；袖隆处比面布小0.3cm，侧缝肩缝相同，如图5-11所示。

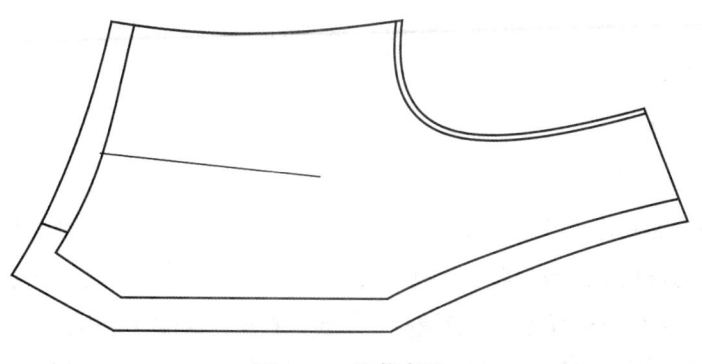

图5-11 修剪夹里

6. 合下摆

将下摆贴边与夹里缝合。

7. 缝摆衩

在侧缝处，以前片下摆净线为对称线，对齐面、里料，按1cm的缝份缝至开衩止点，并横向缉住缝份，并从45°角方向斜向上打一剪口，如图5-12所示。

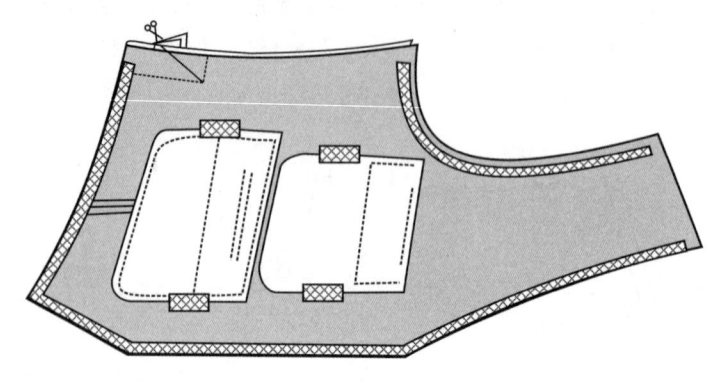

图 5-12　缝摆衩

8. 绷缝固定

用三角针将止口和下摆的缝份固定在有纺衬上，自肩先下大约7cm不固定，如图5-13所示。

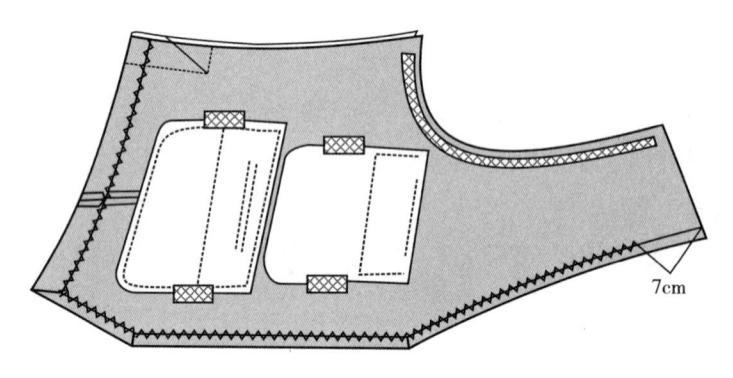

图 5-13　绷缝固定

（三）做后片

1. 缉缝后片面

（1）缉缝后片面省道，用熨斗将省向摆缝方向扣烫倒。

（2）先缝合后衣片面的后背缝，把两片后衣片面与面相对，后背缝和领口都要对齐，从领口起针，缝份1cm。缝中腰和下摆时要稍拉着，一直缝到底边。缝完以后分烫后背缝，先烫衣面，用手把做缝劈开，分烫时，不要留眼皮，保证烫完后比较平服。烫完以后翻过来，从正面烫平，如图5-14所示。

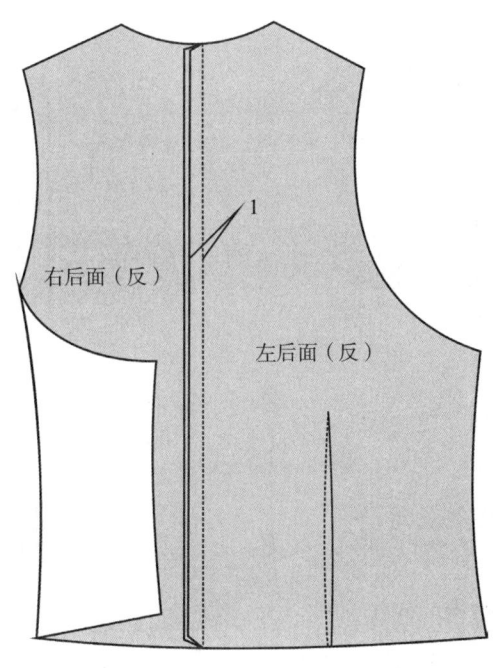

图 5-14　缝合后衣片的后背缝

2. 缉缝后片里子

（1）缉缝后片里省道，并用熨斗将省向后中心线扣倒。

（2）后片里子正面相对，缝合后背缝，缝份0.8cm，然后按1cm的缝份向左片扣倒，如图5-15所示。

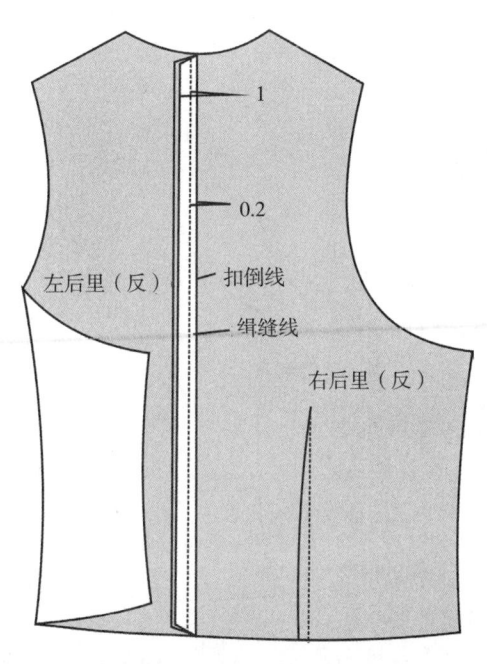

图 5-15　缝合后片里子

3. 缝合下摆和摆衩

后片的面与里正面相对进行缝合，如图5-16所示。

4. 修剪夹里

将衣身翻到正面，将面里摆平放正，按照面布修剪。袖窿处比面布小0.3cm，侧缝肩缝相同。

5. 做腰带和装腰带

做腰带：如图5-17所示缝合腰带，分缝烫平，翻到正面。

装腰带：将腰带固定在后背面子的部分，缝至省缝处。

腰带做好以后，将有襻的腰带放在后衣片面料的右边中腰位置，襻中间对准后背中缝，另一端对准画好的中腰线，以0.5cm的缝份缝合住。左腰带缝制方法一样，缝好后左腰带一端要长出后中缝位置5cm。

（四）缉缝前后片

1. 缉缝后领条

（1）将后领条粘有纺衬后，按中心线扣烫倒并拔弯，如图5-18所示。

（2）把归烫好的后领条分别与面和里的领窝缝合，缝份为1cm，并将缝份打剪口，扣烫，倒向里料一侧，面与后领条的缝进行分缝熨烫。

2. 缝合肩缝

将前后片的肩部摊平，正面相对，后领条宽度的中点与前止口点对正，缝合肩缝。

图 5-16 缝合下摆和摆衩

图 5-17 做腰带和装腰带

领口条

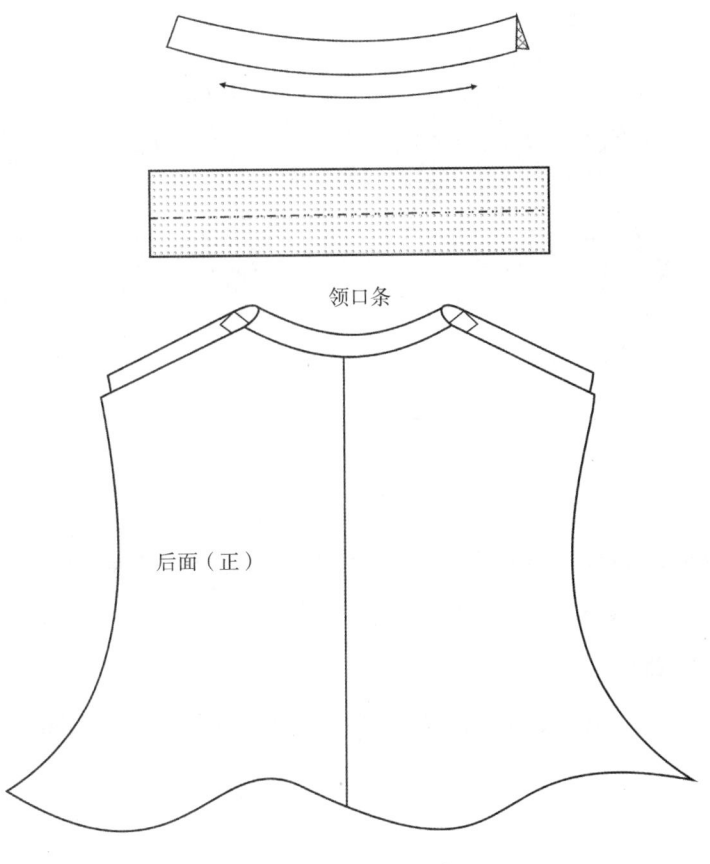

图 5-18 绲缝后领条

3. 缝合袖窿

将袖窿的面与里对齐，缝合袖窿弧线。在袖窿缝份处打剪口，将袖窿缝份向面布扳进0.1cm扣烫，然后将缝份用三角针固定在有纺衬上，将其翻到正面，面布吐出0.1cm，将袖窿止口烫实。

然后再缝袖窿，从袖底缝起针，缝份1cm，衣片和里子要对齐，缝到袖窿弯曲部位，再稍推前衣片，一直缝到肩缝，如图5-19所示。

4. 缝合侧缝

将后背缝翻到反面，把前片侧缝放入后片的侧缝里，四层侧缝对齐、缝合。一边侧缝只缝合上下两端，里子中部大约10cm不缝合作为翻身的开口。翻出衣身，手缝里子开口。

最后合右边的侧缝，从腋下开始缝。这是两片后衣片，两片前衣片，先缝侧缝的上1/3，四层一块缝，缝份1cm，要对齐，缝到侧缝的上1/3部位抬起压脚，这是上1/3，掀起后衣片里，缝下面三层，紧贴着刚刚缝好的缝线一直往下缝，随时调整，要让三层对齐，缝到距底约1/3位置时，抬起压脚，放下后衣片里子，四层对齐，从距底边向上1/3这个位置向下缝制，缝份还是1cm，稍微拉着点面料，一直缝到底边开衩位置。

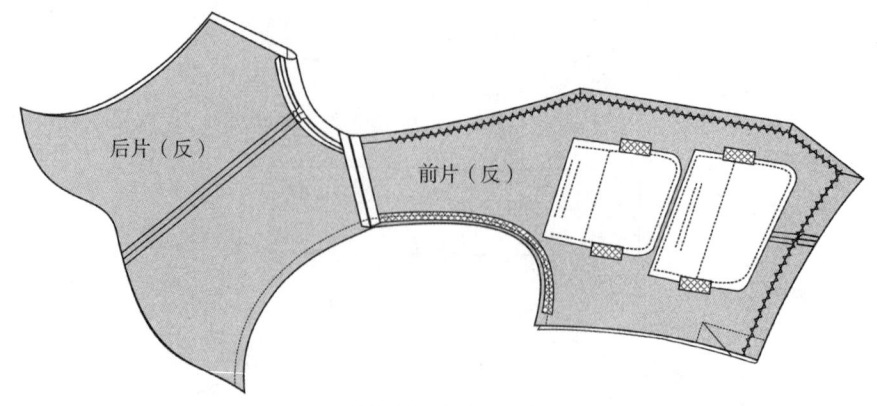

图 5-19 缝合袖窿

缝完以后把前衣片从没有缝合的后衣片里的部位翻出来，用手针把没有缝合的部位缝上，针距不要太大，缝在里边里子上，不要在衣服表面露出线迹。

（五）钉扣锁眼

扣眼距边缘1cm，眼大2cm。锁眼钉扣后，在开衩处要打结，如图5-20所示。

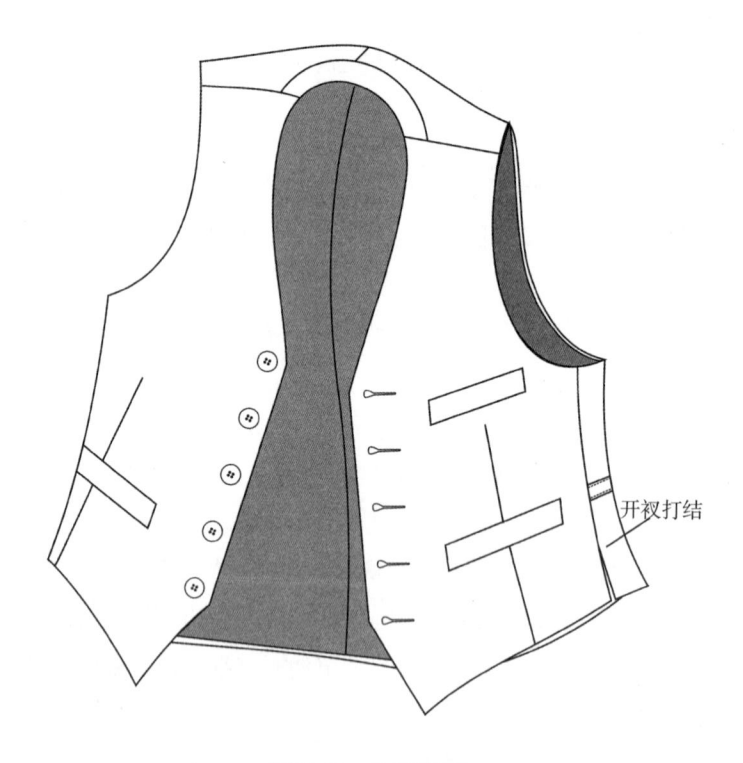

图 5-20 钉扣锁眼

第三节　成品熨烫工艺

一、整烫部位和顺序

男马甲的整烫部位和顺序如下：过肩领口—胸部—省缝、摆缝、衣袋—门襟、底边—袖窿—后背—前后衣里。

二、熨烫技法和质量要求

各部位均应盖烫布喷水熨烫。

（一）整烫过肩、领口

1. 烫过肩

过肩置于布馒头上，顺前领口弯势熨烫后过肩。要求熨烫平服，双肩一致，微向前弯无皱纹，见图5-21。

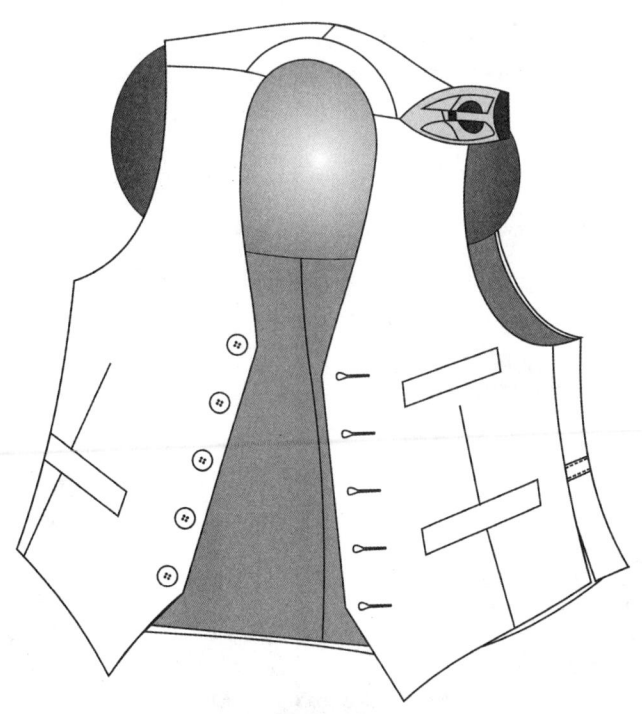

图5-21　整烫西装背心过肩

2. 整烫领口

成品整烫时，正反面都要盖烫布、喷水花，轻轻归烫；应烫平顺，并形成向反面的自然窝势，见图5-22。

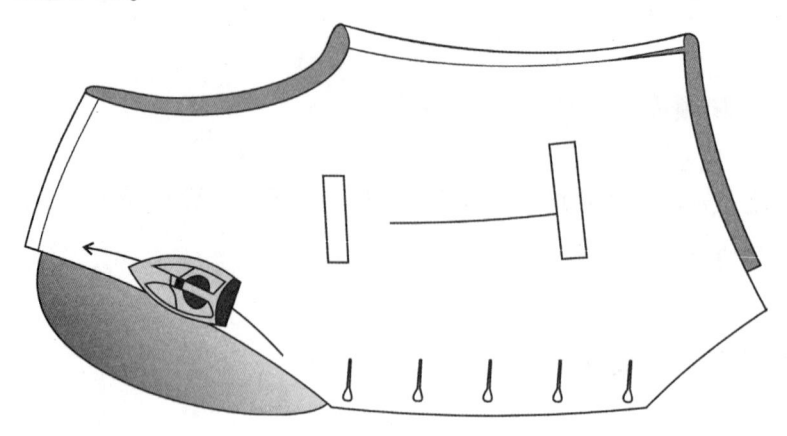

图5-22 整烫领口

（二）整烫前衣身各部位

胸下垫布馒头，盖烫布、喷水花，具体操作如图5-23所示熨烫以下部位：

（1）归烫领口内侧和袖窿下侧部位。熨烫中应归推结合，将胸部胖势烫圆、归平。

（2）将腰省烫匀、烫平，烫后无泡影。

（3）衣袋袋口应烫平贴，窝服适体。

（4）整烫门襟止口。先烫正面，再烫反面；将止口烫顺直、烫平薄，使之向反面自然窝服。

（5）整烫底边尖角和斜边。下垫布馒头烫具，对底边尖角和斜边进行归烫；要烫平贴、窝服、适体、防止外翻。

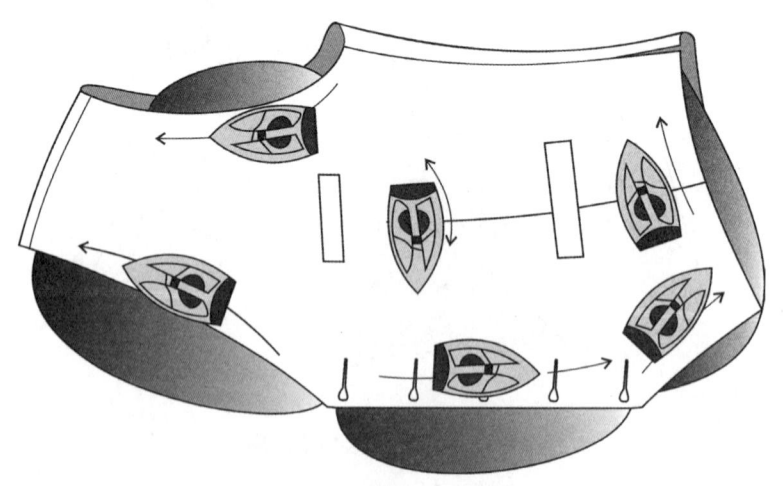

图5-23 整烫前衣身各部位

（三）整烫袖窿

对左右袖窿进行归烫。因袖窿处于斜丝部位，归缩熨烫应使袖窿贴身、不豁开；同时归烫袖窿应能促使胸部丰满。袖窿熨烫要烫贴实、圆顺，见图5-24。

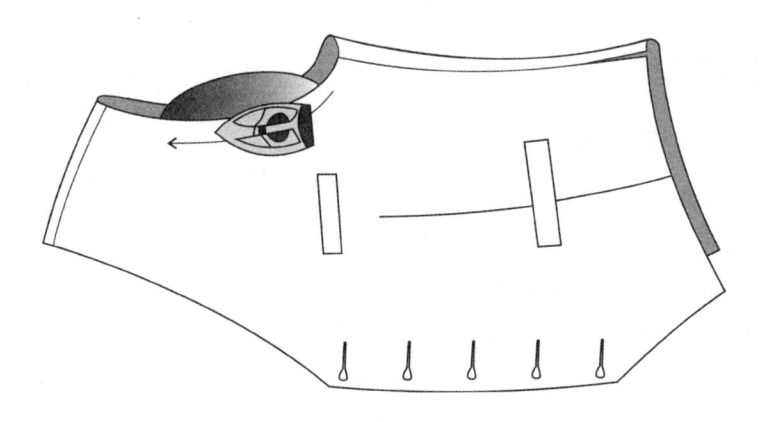

图5-24 整烫袖窿

（四）整烫后衣身和腰带

男马甲的后衣身（后背）一般用背心的里料缝制，设有后背缝。整烫时盖烫布，温度要降低。和男西装一样，男马甲的后背应烫平整、方登；同时，将腰带烫平服，底边要烫服贴，微窝服，见图5-25。

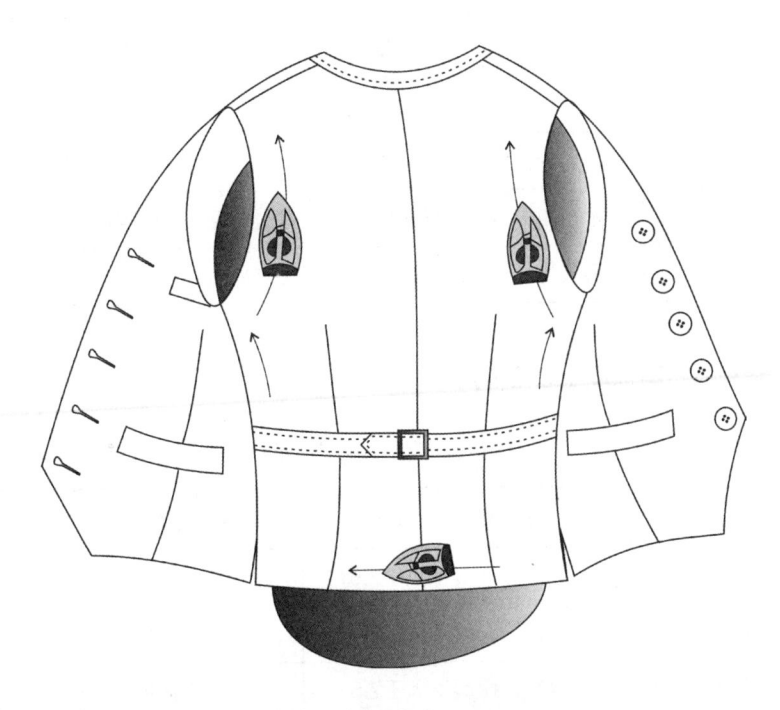

图5-25 整烫后衣身和腰带

第四节　外观质量与缺陷评定

一、外观质量

（一）男马甲的质量要求

（1）各部位规格尺寸准确，外观挺括、平服，胸部饱满，条格顺直。缝份均匀，缝线顺直。归拔适当，符合体型。

（2）领口圆顺、平服，无抽紧、起皱现象。

（3）袖窿圆顺、自然，肩头平服，丝缕顺直。

（4）止口顺直、平薄，摆衩方正，平服。

（5）背部平挺，背缝顺直，摆衩高低一致。

（6）袋口位高低、进出一致，袋角方正、平服，丝缕顺直。

（7）各部位熨烫平服，整洁美观。

（二）成品规格测量方法及公差范围（表5-3）

表5-3　成品规格测量方法及公差范围

序号	部位	测量方法	公差（cm）
1	领围	按后中线对折，摊平测量，周围计算	±0.5
2	肩宽	前后衣身摊平，测两肩端点距离	±0.8
3	胸围	系好钮扣，摊平，横量袖窿底之间水平距离，周围计算	±1.0
4	衣长	摊平衣身，从后领中点量至后下摆	±1.5

（三）裁片的质量标准（表5-4）

表5-4　裁片的质量标准

序号	部位	纱向要求（cm）	拼接范围	对条格部位
1	前衣身	经纱，倾斜不大于2.5	不允许拼接	大小片
2	后衣身	经纱，倾斜不大于2.5	不允许拼接	—
3	里子	经纱，倾斜不大于2.5	不允许拼接	—

（四）里、面料色差规定

里料与面料性能、色泽相适应。面料、里料、袖缝、摆缝色差不低于4级，其他表面部位高于4级。判定依据参照GB/T 250评定变色用灰色样卡。

（五）整烫外观规定

（1）各部位熨烫平服、整洁，无烫黄、水渍、亮光。

（2）覆黏合衬部位不允许有脱胶、渗胶及起皱，各部位表面不允许有沾胶。

（六）外观疵点规定

成品各部位划分见图5-26所示，成品各部位疵点允许存在程度见表5-5所示。

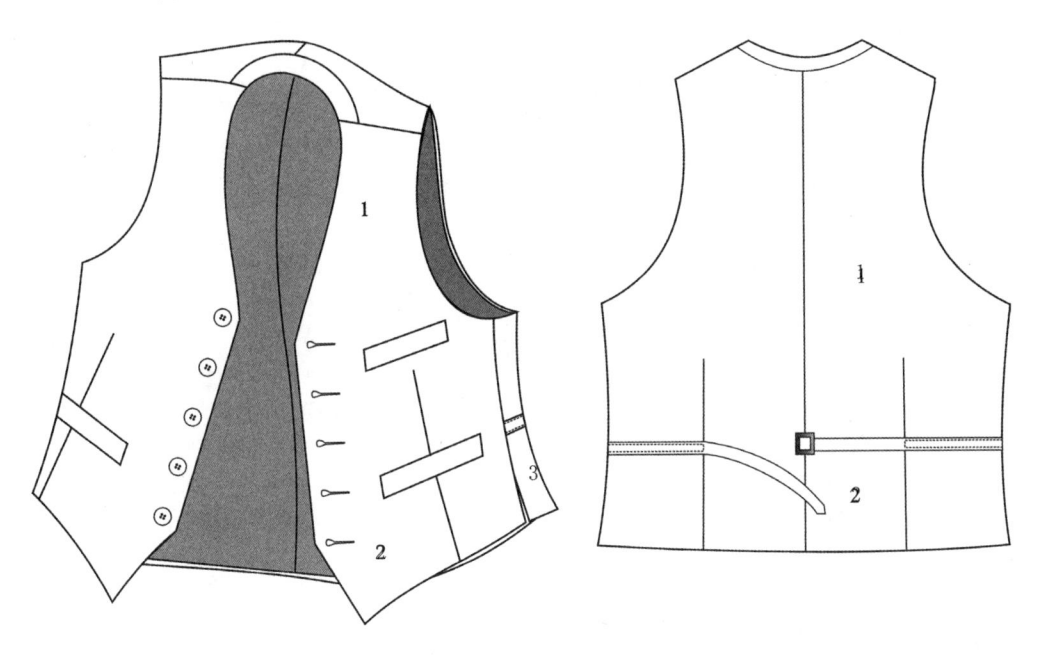

图5-26 成品各部位划分

表5-5 成品各部位疵点允许存在程度

疵点名称	各部位允许存在程度		
	1号部位	2号部位	3号部位
纱疵	不允许	轻微，总长度1cm或总面积0.3cm²以下；明显不允许	轻微，总长度1.5cm或总面积0.5cm²以下；明显不允许
毛粒	1个	3个	5个
条印、折痕	不允许	轻微，总长度1.5cm或总面积1cm²以下；明显不允许	轻微，总长度2cm或总面积1.5cm²以下；明显不允许

（续表）

疵点名称	各部位允许存在程度		
	1号部位	2号部位	3号部位
斑疵（油污、锈斑、色斑、水渍等）	不允许	轻微，总面积不大于0.3cm²；明显不允许	轻微，总面积不大于0.5cm²；明显不允许
破洞、磨损、蛛网	不允许	不允许	不允许

注1：各部位只允许一处存在程度内的疵点。
注2：轻微疵点指直观上不明显，通过仔细辨识才可看到的疵点；明显疵点指直观上较明显，影响总体效果的疵点。
注3：未列入本规定的疵点，按其形态参照表中所列相似疵点判定。

二、质量缺陷评定

质量缺陷判定依据见表5-6所示。

表5-6　成品质量缺陷判定依据表

项目	序号	轻缺陷	重缺陷	严重缺陷
使用说明	1	商标、耐久性标签不端正，明显歪斜；钉商标线与商标底色的色泽不适应；使用说明内容不规范	使用说明内容不正确	使用说明内容缺项
辅料	2	缝纫线色泽、色调与面料不相适应；钉扣线与扣色泽、色调不适应	里料、缝纫线的性能与面料不适应	—
锁眼	3	锁眼间距互差大于0.4cm；偏斜大于0.2cm，纱线绽出	跳线，开线，毛漏，漏开眼	—
钉扣及附件	4	扣与眼位互差大于0.2cm（包括附件等）；钉扣不牢	扣与眼位互差大于0.5cm（包括附件等）	钮扣、金属扣脱落（包括附件等）；金属件锈蚀
经纬纱向	5	纬斜超标准规定50%及以内	纬斜超标准规定50%以上	—
对条对格	6	对条、对格超标准规定50%及以内	对条、对格超标准规定50%以上	面料倒顺毛，全身顺向不一致

（续表）

项目	序号	轻缺陷	重缺陷	严重缺陷
拼接	7	—	拼接不符合标准规定	—
色差	8	表面部位色差不符合标准规定的半级以内；衬布影响色差低于4级	表面部位色差超过标准规定半级以上；衬布影响色差低于3~4级	—
针距	9	低于本标准规定2针以内（含两针）	低于本标准规定2针以上	—
规格允许偏差	10	规格超过标准规定50%及以内	规格超过标准规定50%以上	规格超过标准规定100%及以上
外观及缝制质量	11	—	—	使用黏合衬部位脱胶、渗胶、起皱
	12	领窝不平服、起皱	领窝严重不平服、起皱	—
	13	肩缝不顺直；不平服	肩缝严重不顺直；不平服	—
	14	两肩宽窄不一致，互差大于0.5cm	两肩宽窄不一致，互差大于0.8cm	—
	15	胸部不挺括，左右不一致；腰部不平服；省位左右不一致	胸部严重不挺括，腰部严重不平服	—
	16	袋位高低互差大于0.3cm；前后互差大于0.5cm	袋位高低互差大于0.8cm；前后互差大于1.0cm	—
	17	口袋不平服、不顺直；嵌线不顺直、宽窄不一致；袋角不整齐	袋布垫料毛边无包缝	—
	18	门襟、里襟不顺直、不平服；止口反吐	止口明显反吐	—
	19	门襟长于里襟，大于0.5cm，里襟长于门襟；门里襟明显搅豁	—	—
	20	扣位互差0.4cm；扣眼歪斜、眼大小互差大于0.2cm	—	—

（续表）

项目	序号	轻缺陷	重缺陷	严重缺陷
	21	底边明显宽窄不一致；不圆顺；里子底边宽窄明显不一致	里子短,面明显不平服；里子长,明显外露	—
	22	后背不平、起吊	后背明显不平服、起吊	—
	23	衣片缝合明显松紧不平；不顺直；连续跳针（30cm内出现两个单挑针按连续跳针计算）	表面部位有毛、脱、漏；缝份小于0.8cm；链式缝迹跳针有1处	表面部位毛、脱、漏，严重影响使用和美观
	24	有叠线部位漏叠2处（包括2处）以下；衣里有毛、脱、漏	有叠线部位漏叠超过2处	—
	25	明线宽窄、弯曲	明线接线	—
	26	滚条不平服、宽窄不一致；腰节以下活里没包缝	—	—
	27	轻度污渍；熨烫不平服；有明显水花、亮光；表面有大于1.5cm的连根线头3根及以上	有明显污渍,污渍大于$2cm^2$；水花大于$4cm^2$	有严重污渍,污渍大于$30cm^2$；烫黄等严重影响使用和美观

注：丢工为重缺陷，缺件为严重缺陷。

第六章
男大衣的缝制工艺

第一节　男大衣结构制图与缝份加放

一、结构制图

(一)款式特点

本款大衣为关门领，插肩袖，暗门襟，袋片袋，后中下摆设开衩，袖口装袖襻，领子、门襟、背缝等缉明止口线，是男大衣中较为经典的款式，如图6-1所示。

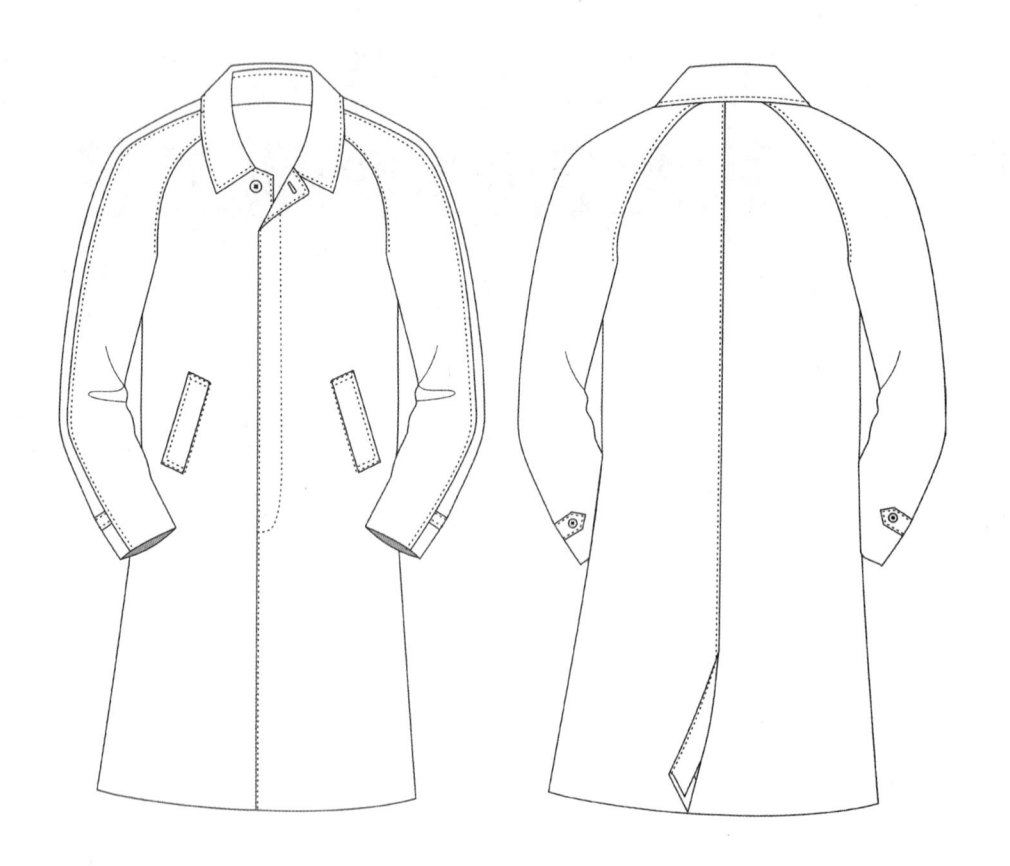

图 6-1　男大衣款式图

(二)成品规格

男大衣成品规格见表 6-1，仅供参考。

表 6-1　成品规格

（单位：cm）

号　型	165/84A	170/88A	175/92A	180/96A	185/100A
衣　长	102	106	110	114	118
胸围（B）	112	116	120	124	128
肩宽（S）	49	50.2	51.4	52.6	53.8
领围（N）	42	43	44	45	46
腰节长	43.5	45	46.5	48	49.5
袖　长	57	58.5	60	61.5	63
袖　口	16	16.5	17	17.5	18

（三）结构图

男大衣结构图如图6-2、图6-3所示。

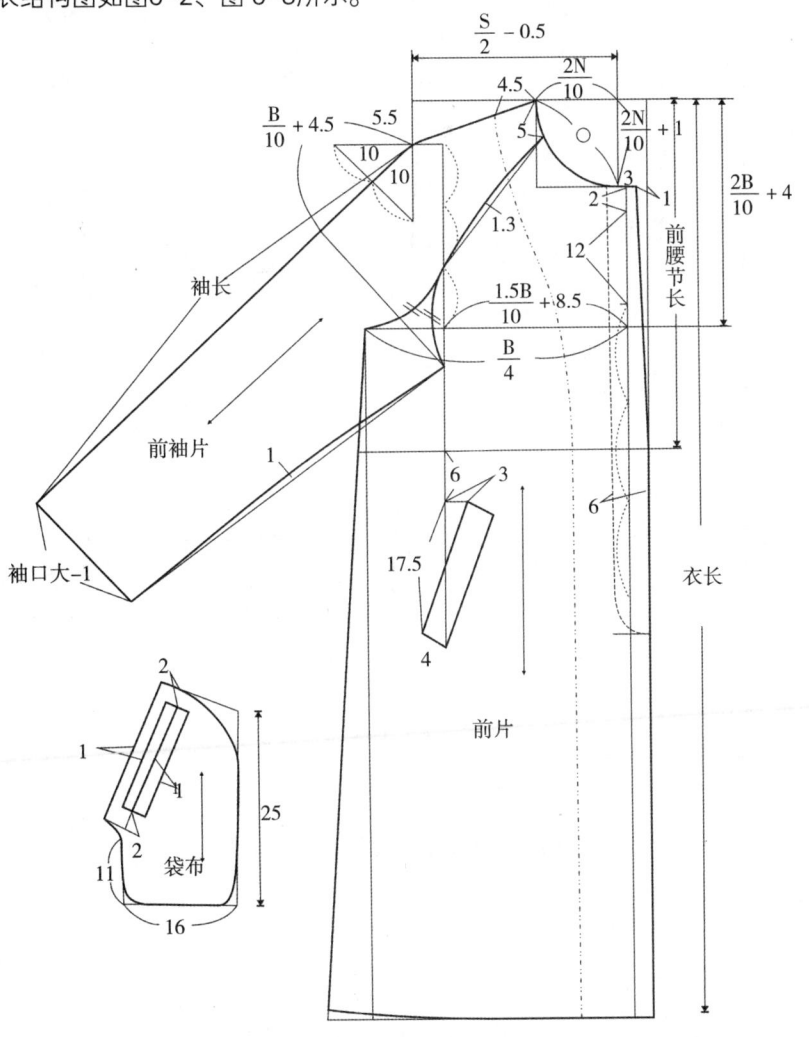

图6-2　男大衣前片与袋布结构图

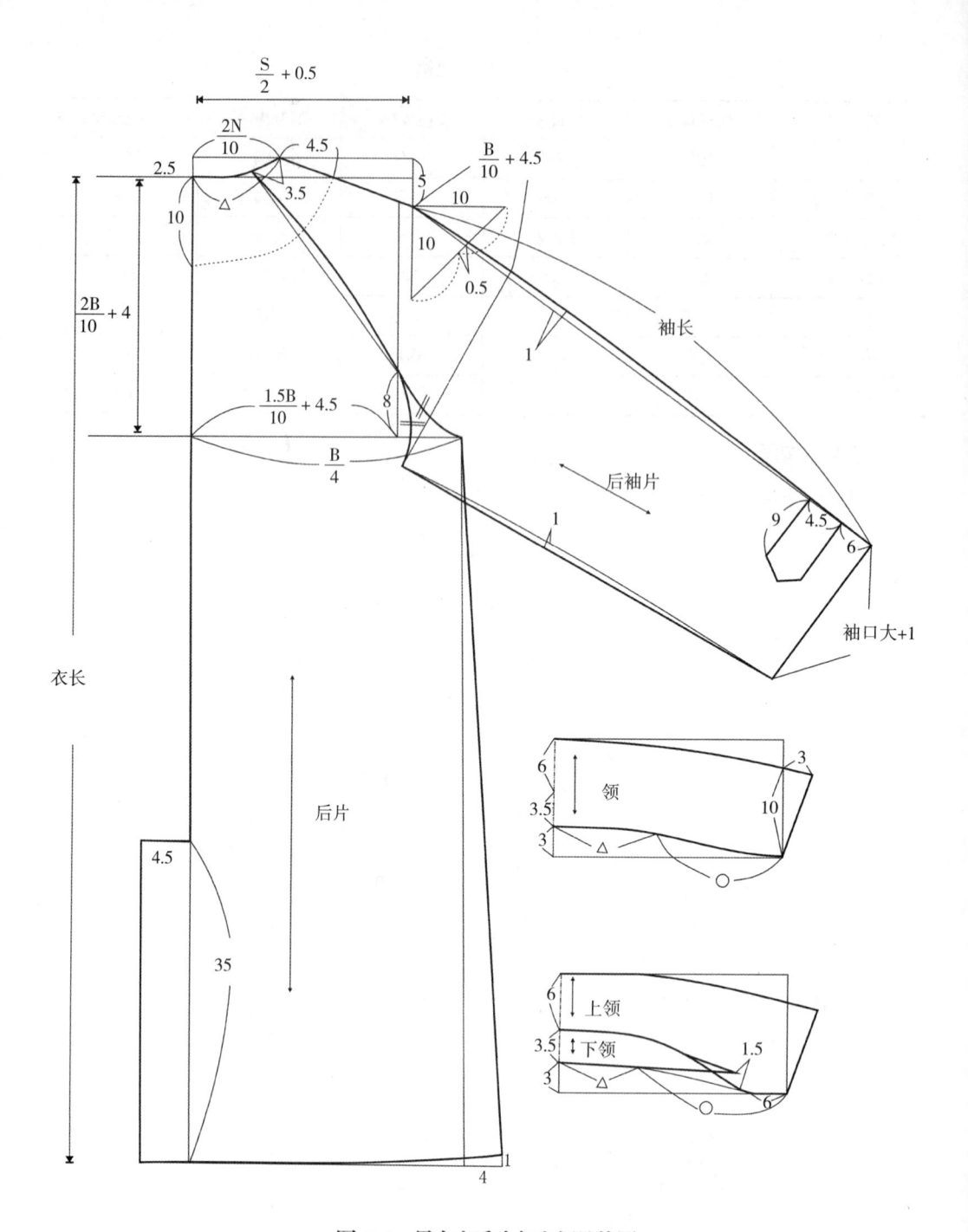

图 6-3　男大衣后片与衣领结构图

二、放缝

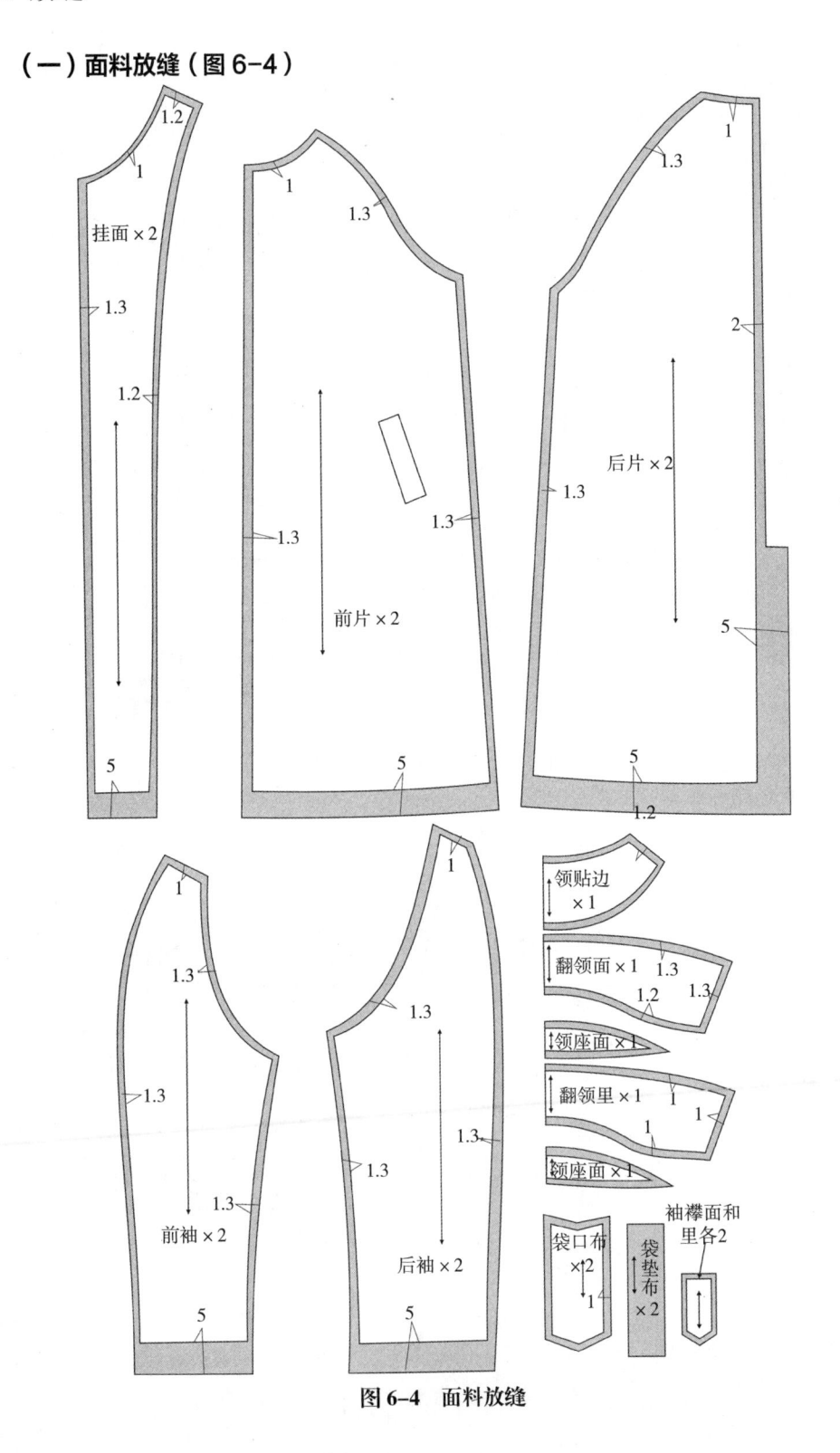

（一）面料放缝（图6-4）

图6-4　面料放缝

（二）里料放缝（图6-5）

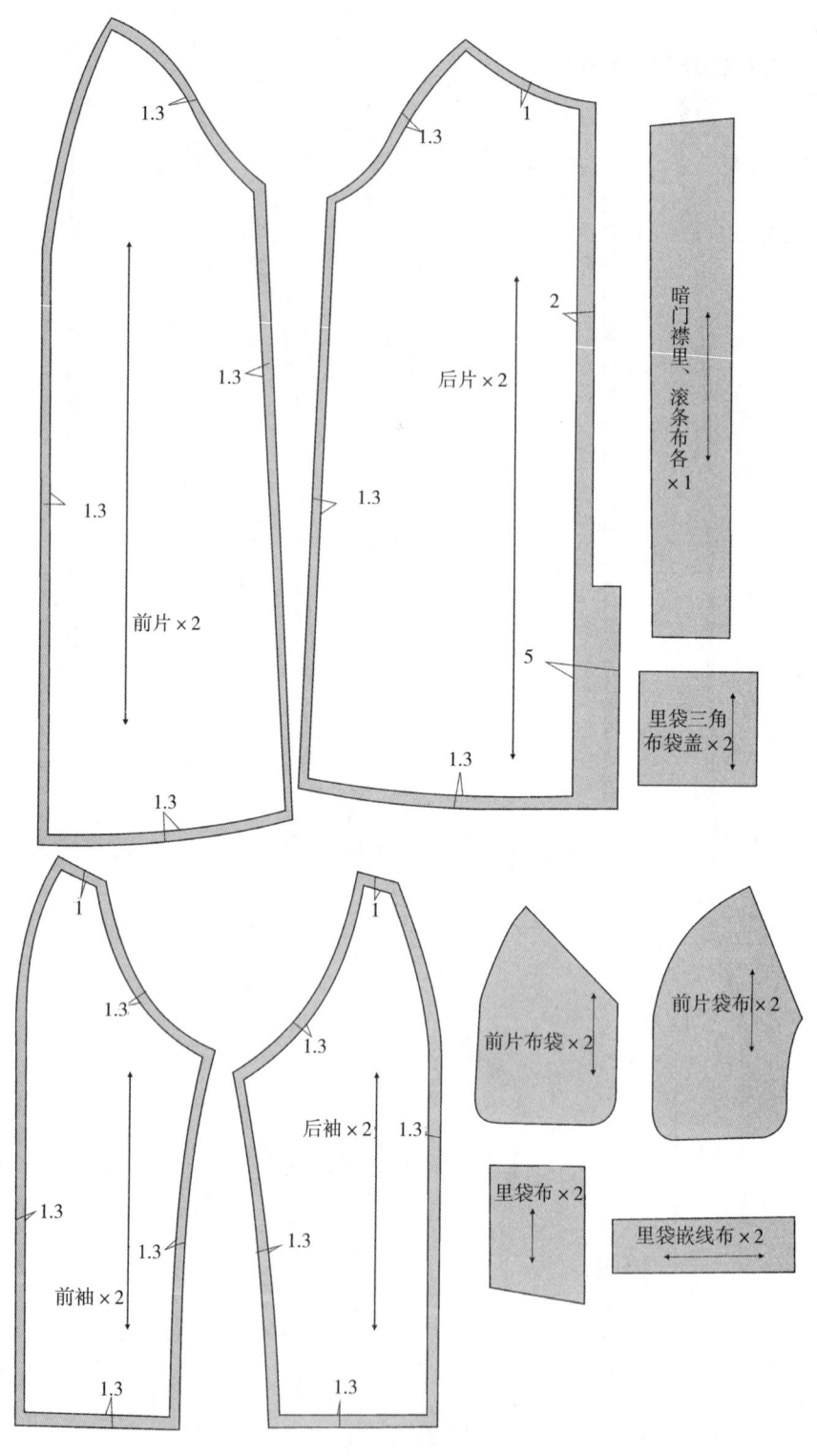

图6-5　里料放缝

第二节　缝制规定与步骤

一、缝制规定

（一）针距密度

针距密度按表6-2规定（特殊设计除外）。

表 6-2　针距密度　　　　　　　　　　　　　　　　（单位：cm）

项　目		针距密度	备　注
明暗线		11针～13针/3cm	—
包缝线		3cm不少于9针	—
手工针		3cm不少于7针	肩缝、袖窿、领子3cm不少于9针
手拱止口/机拱止口		3cm不少于5针	—
三角针		3cm不少于5针	以单面计算
锁眼	细线	12针～14针/1cm	—
	粗线	1cm不少于9针	—
钉扣	细线	每孔不少于8根线	缠脚线高度与止口厚度相适应
	粗线	每孔不少于4根线	—

注：细线指20tex及以下缝纫线；粗线指20tex以上缝纫线

（二）工艺规定

（1）各部位缝制线路顺直、整齐、牢固。

（2）上下线松紧适宜，无跳线、断线，起落针处应有回针。

（3）领子平服，领面松紧适宜。

（4）绱袖圆顺，前后基本一致。

（5）滚条、压条要平服，宽窄一致。

（6）袋布的垫料要折光边或包缝。

（7）袋口两端应打结，可采用套结机或平缝机回针。

（8）袖窿、袖缝、底边、袖口、挂面里口、大衣摆缝等部位叠针牢固。

（9）锁眼眼位准确，大小适宜，扣与眼对位，整齐牢固。钮脚高低适宜，线结不外露。

（10）商标、号型标志、成分标志、洗涤标志位置端正、清晰准确。

（11）各部位明线和链式线迹不允许跳针，明线不允许接线，其他缝纫线迹30cm内不得有两处单跳或连续跳针，不得脱线。

（三）偏差规定

成品主要部位规格允许偏差按表6-3规定。

表6-3 偏差规格 （单位：cm）

部位名称		允许偏差
衣　长		±1.5
胸　围		±2.0
领　大		±0.6
总肩宽		±0.6
袖　长	装　袖	±0.7
	连肩袖	±1.2

二、缝制工艺

（一）准备工作

1. 裁剪

放缝正确（需过黏合机压烫的衣片部件加放0.8cm，作为预留的过机缩量），丝缕正确（面料经纬向丝缕要归烫平整）。

2. 烫黏合衬

需黏衬的部位如图6-6所示。为了避免使用黏衬机时因移动而导致裁片变形，在使用黏合机粘衬前，先将裁片丝缕放正用熨斗将黏合衬初步固定在面料上，然后用黏合机压烫定型。

3. 修片

黏合机压烫后，根据毛板修片，注意衣片的丝缕。

4. 针、线

在缝制前需选用与面料相适应的针和线，调整好缝纫机底线、面线的松紧度及针距密度。

5. 打线钉（图6-7）

（1）前片：搭门线、钮位线、袋位线、绱袖对刀线、腰节线、底边线。

（2）后片：背缝线、背衩线、绱袖对刀线、腰节线、底边线。

（3）袖片：绱袖对刀线、袖肘线、贴边线、袖襻线。

图 6-6 烫黏合衬

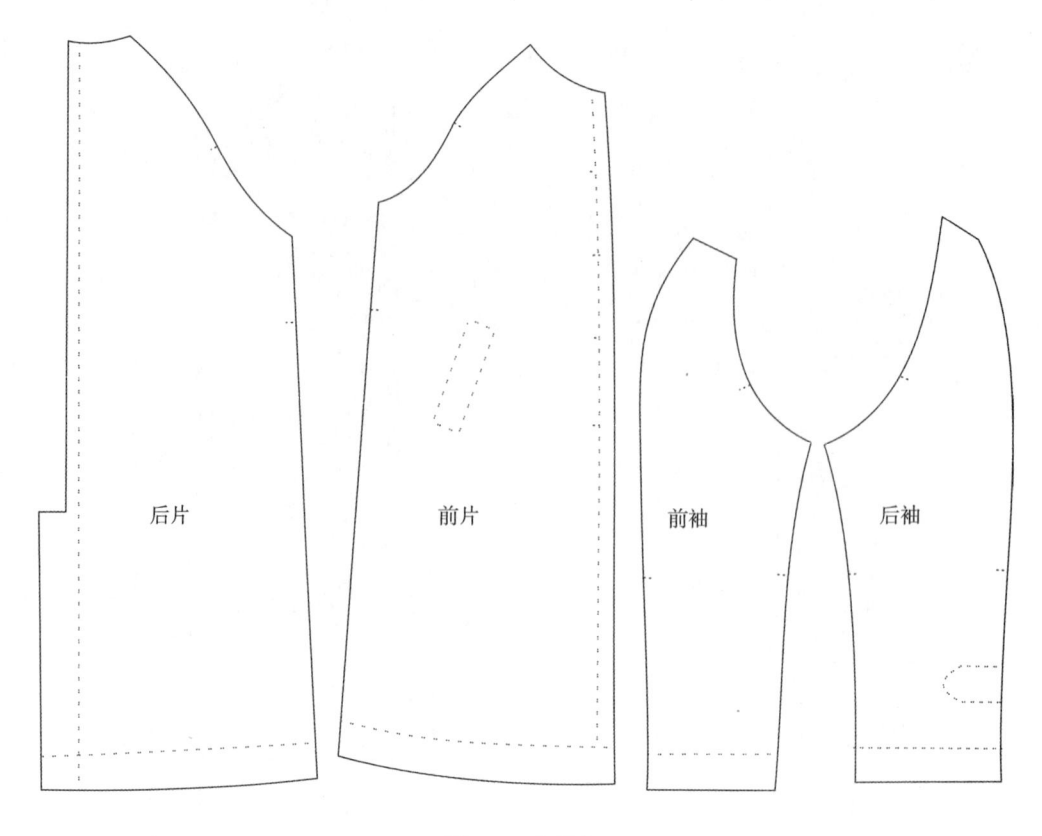

图6-7 打线钉

（二）缝制步骤

1. 做前片插袋

（1）配裁袋口布：如图6-8（1）所示。

（2）缉缝袋口布：袋口布反面粘贴黏合衬，按净线缉缝袋口布两侧，缉缝时底层适当拉紧些避免两层布送的速度不同造成形变或吃势，再将袋口翻到正面熨烫，并在袋口布连口一侧预缝0.8cm明止口，如图6-8（2）。

（3）袋位处缉缝袋布：将袋口布里与上层袋布正面相合，以0.8cm缝份先绷缝；再将袋口布面与前衣片正面相合，对齐袋位线，以0.8cm缝份将上层袋布、袋口布与前衣片一并缉住，起止点打倒回针固定牢；然后再将垫袋布一侧三线包缝，袋垫布对齐下层袋布外口并摆正，沿三线包缝线把袋垫布与前衣片一并缉住，袋垫布缉线上端、下端各缩进0.2cm，缉线间距要宽窄一致，两端打倒回针固定牢，如图6-8（3）。

（4）袋位剪口，翻烫并兜缉袋片袋布：将衣片袋位线剪开，距袋位两端止点1cm处剪成Y形，先将袋口布缉线缝份朝前衣片坐倒烫平，将袋垫布缉线缝份朝袋垫布坐倒烫平，在袋垫布上缉0.2cm明止口，然后缉袋布，如图6-8（4）。

（5）缉缝袋口明线：将袋口布熨烫服贴，两端分别缉0.1cm、0.8cm双明线，并沿对角线将袋角缉住，如图6-8（5）。

(1)配裁袋口布

(2)缉缝袋口布

(3)袋位缉缝袋片袋袋布

(4)袋位剪口、翻烫并兜缉袋片袋袋布

(5)缉缝袋口明线

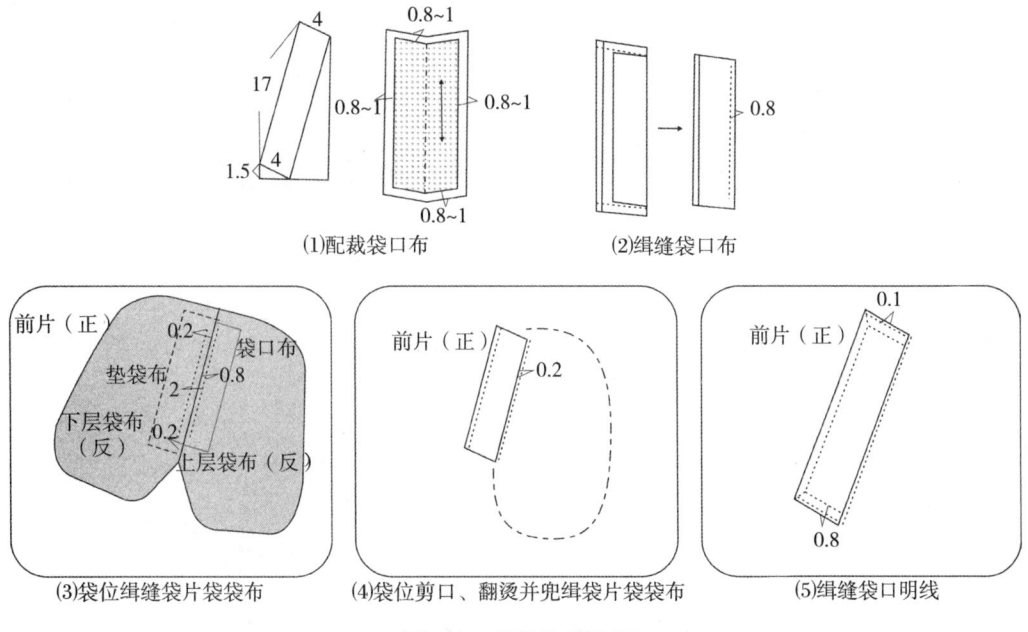

图6-8 做前片袋袋片

2. 做暗门襟

（1）裁剪暗门襟开口滚条：滚条纱向为直丝，规格为长60cm、宽13cm，将滚条上口对齐衣片领口，前止口处偏出挂面边2cm，手针绷缝，如图6-9。

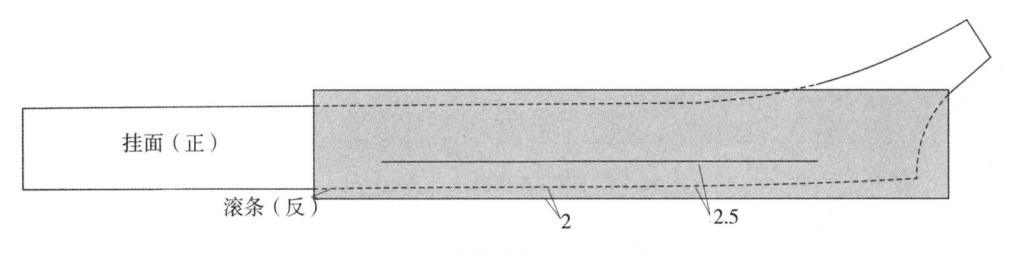

图6-9 裁剪暗门襟开口滚条

（2）烫黏合衬、画开口位：在滚条的暗门襟开口处粘烫长45cm、宽3cm的无纺衬，并在该黏合衬上准确画出暗门襟开口位置，如图6-10。

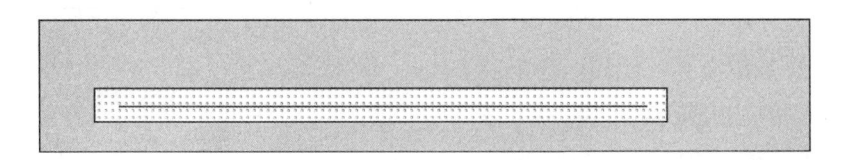

图6-10 烫黏合衬、画开口位

(3)缉缝暗门襟开口：暗门襟开口居中，缝线间距0.6cm画出尖角矩形，以稍密的针距缉一周，缉线接头叠过3cm，如图6-11。

图 6-11　缉缝暗门襟开口

(4)暗门襟开口剪开并翻烫滚条：沿尖角矩形中线剪开，将滚条翻转、包紧后烫平，漏落缝沿滚条外侧兜缉一周，将滚条缉住，如图6-12。

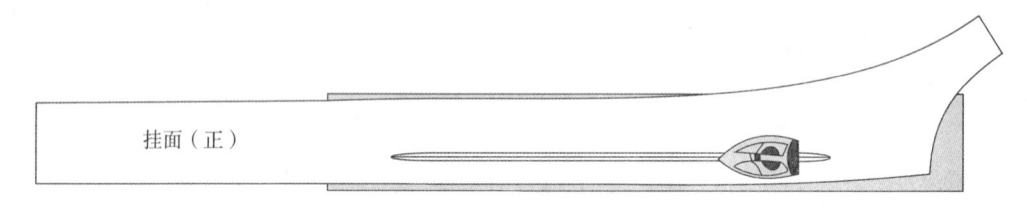

图 6-12　暗门襟开口剪开并翻烫滚条

(5)暗门襟开口上、下端封口：将暗门襟开口烫平，用线绷牢，离尾端1cm来回缉线三道，将开口封牢，封线长1cm，如图6-13。

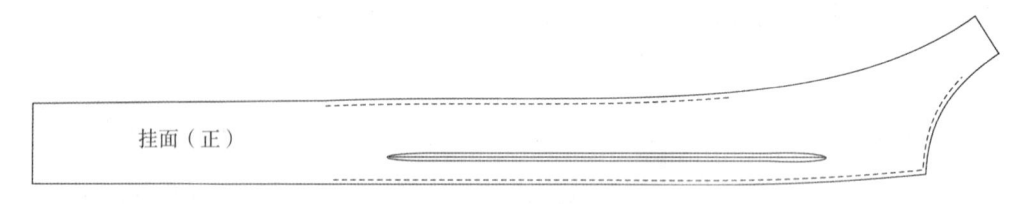

图 6-13　暗门襟开口上、下端封口

(6)固定暗门襟里料：将暗门襟里料垫在开口下面，上口对齐衣片领口，前止口对齐挂面边沿，用线固定，如图6-14。

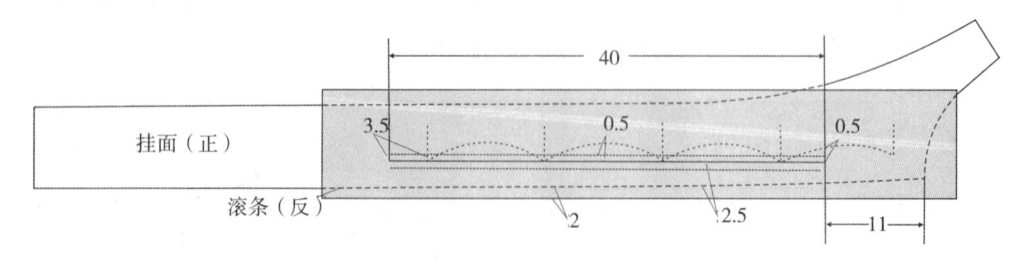

图 6-14　固定暗门襟里料

3. 做里袋（图6-15）

（1）前片里料与挂面缝合：将前片里料与挂面正面相对，边沿对齐并对准刀眼，以1cm缝份缝合，缝份向里料烫倒。

（2）画袋位：在袖窿下2cm处引出水平线，袋前端离挂面1cm，前后起翘1.5cm，袋大14cm。

（3）做嵌线袋：在左、右前片里料上各做一个双嵌线里袋，嵌线宽为1cm。

（4）袋子做法参见西裤后袋的缝制工艺。

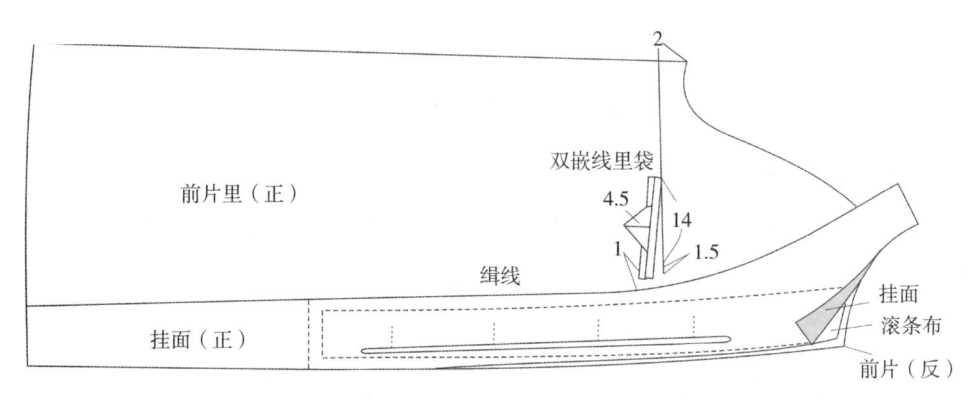

图6-15 做里袋

4. 做门襟止口

（1）缝合门襟止口：在前片上画出门襟止口净线，前片在上，挂面在下，正面相对，先假缝，左衣片应与暗门襟里料一同假缝；然后从装领点起针沿净线缝合至下摆挂面。要求缉线要顺直，起止点要倒回针，如图6-16。

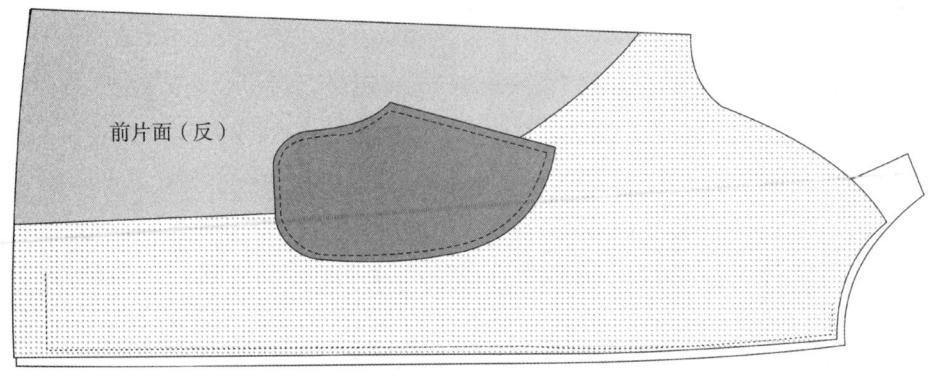

图6-16 缝合门襟止口

（2）熨烫止口、整理下摆：先在领嘴处打上刀眼，然后分烫缝份，再修剪缝份，前衣片留缝份0.4cm，挂面留缝份1cm。将止口翻出，抻平止口，熨烫平整，如图6-17。

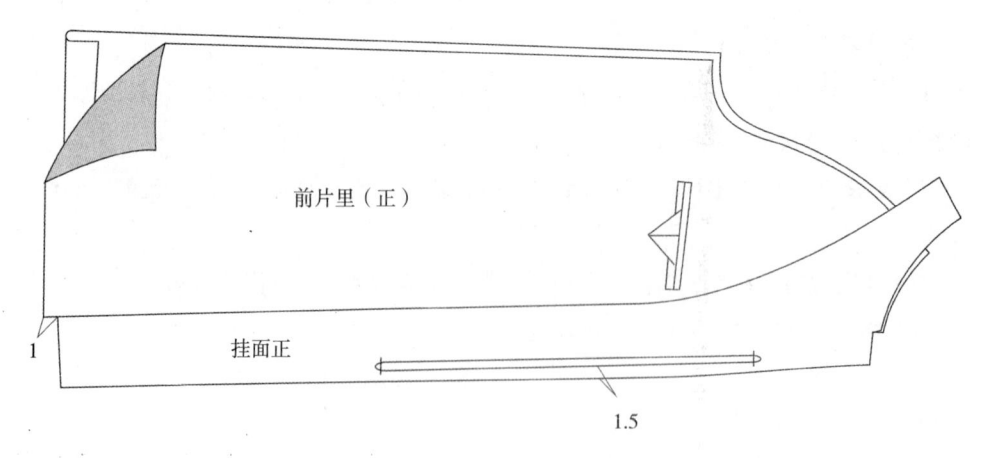

图 6-17 熨烫止口、整理下摆

5. 做后身、背衩

(1) 扣烫面料背衩：先熨烫后中缝，右片背衩沿黏合衬边将1cm缝份扣转，熨烫，如图6-18。

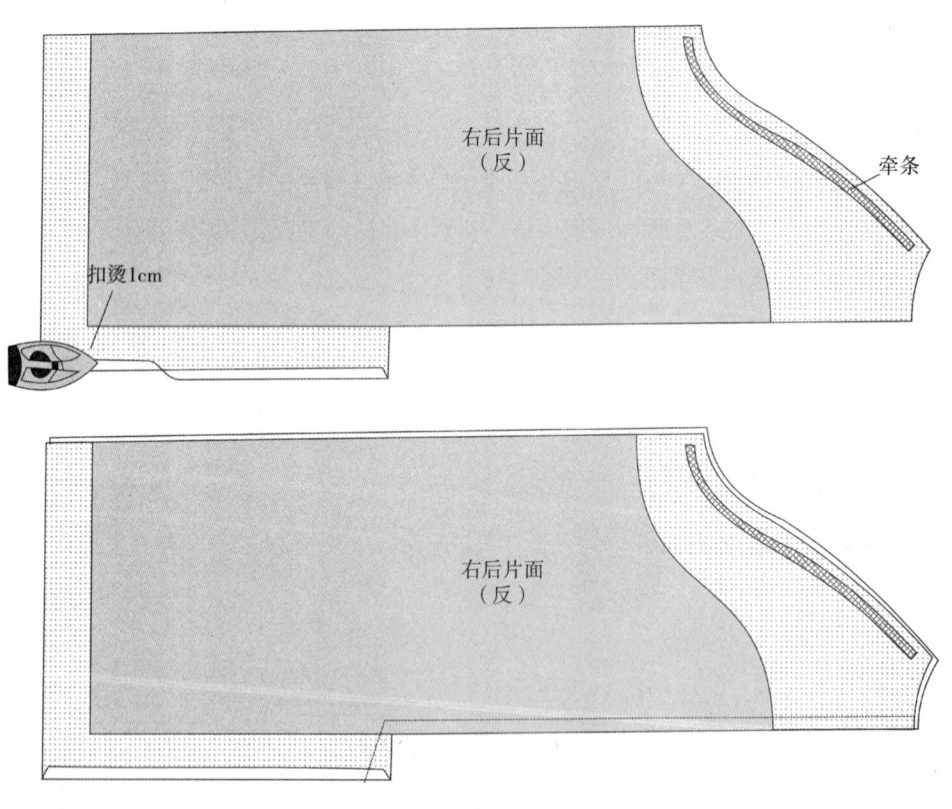

图 6-18 扣烫面料背衩

（2）缝合面料背缝、折烫底边：以2cm缝份缝合背缝，要求缉线顺直，上下层松紧一致；然后将缝份向左片烫倒，顺势将背衩一并烫好，背衩应顺直、服贴；最后按线钉将后片折边烫好。背衩与折边的关系为左片先折底边，后折衩，右片则先折衩，后折底边，如图6-19。

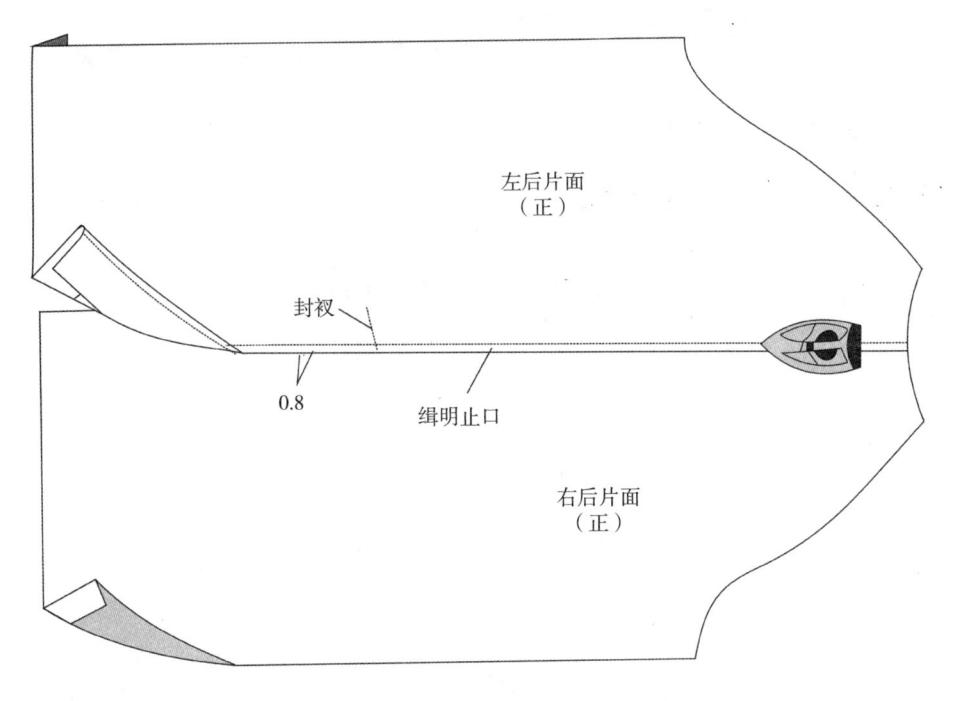

图6-19 缝合面料背缝、折烫底边 压背衩明止口和缉后背缝明线

（3）压背衩明止口和缉后背缝明线：先在左片衩口以上2cm处起针，沿边向下摆处缉压0.8cm明止口；然后将背缝左片缝份修剪至0.4cm，在背缝左侧向上缉压0.8cm明线，应与左衩止口明线接顺，并交叉重叠2cm；最后查看背缝是否服贴，用明线封背衩，如图6-19。

（4）修剪左后片里料背衩并缝合后片里料背缝：如图6-20，修剪左后片里料背衩，再将后片里料的背缝缝合，背缝朝左片烫倒。

（5）缝合后领口贴边并假缝固定面、里料背缝和背衩：将后领口贴边按1cm缝份与后片里料正面相对缝合，注意后中两边各留2cm暂时不缝合，翻下后片里料整烫平服，后片面、里料反面相对，领口对齐，背缝对准，用线将面、里料假缝固定；再将背衩里料与背衩面料假缝后缲缝；最后使后片里料较底边净缝长出1cm，其余各处里料按照面料毛缝修剪准确，如图6-21。

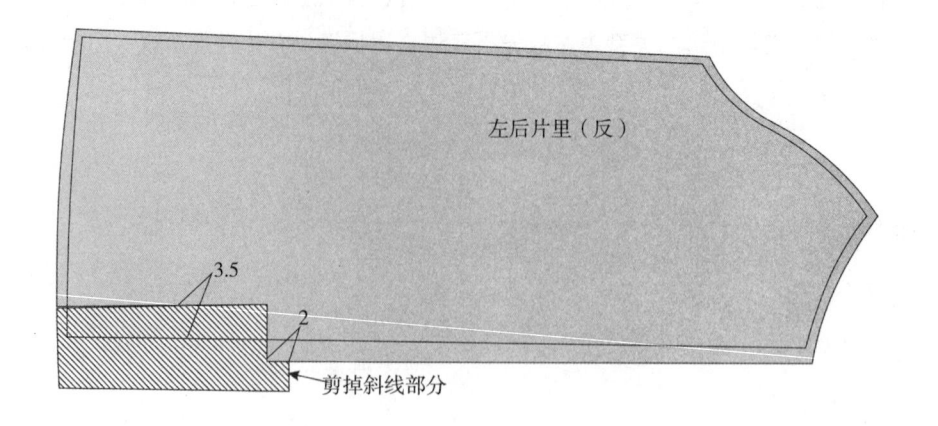

图 6-20 修剪左后片里料背衩并缝合后片里料背缝

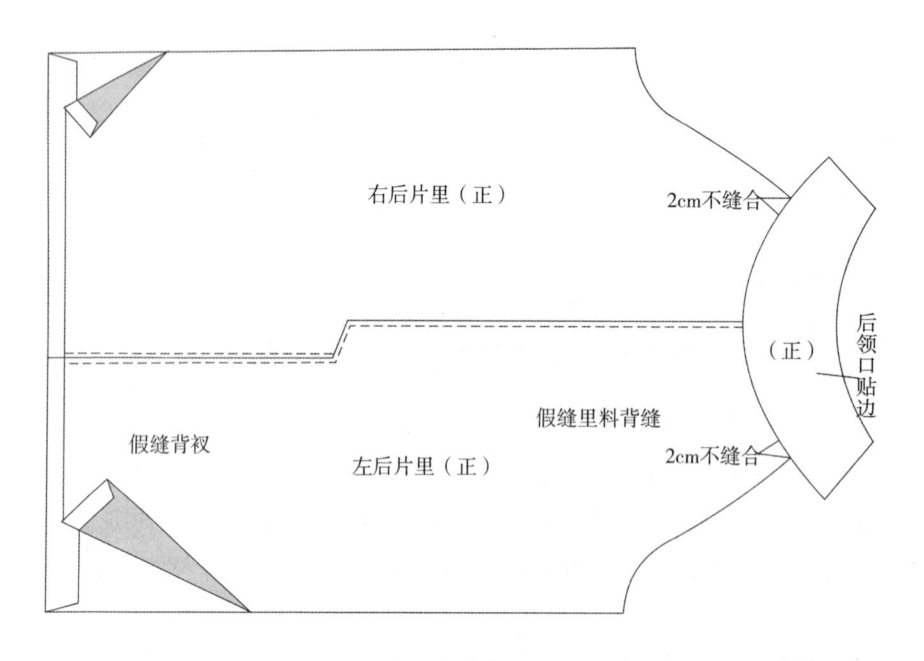

图 6-21 缝合后领口贴边并假缝固定面、里料背缝和背衩

6. 缝合侧缝、烫底边

（1）缝合面料侧缝：将前、后片正面相合，前片在下，后片在上，侧缝对齐，腰节线处线钉对准，以1cm缝份缝合。要求缉线顺直，上下层松紧一致，然后将缝份分开烫平。

（2）缝合里料侧缝：将里料侧缝以1cm缝份缝合，坐倒0.3cm缝份向后片烫倒。

（3）分别熨烫面、里料底摆折边：在面料上，按线钉将前、后片底边烫顺；在里料上，距底边1cm扣烫里料底边。

（4）缝合面、里料底摆：将面、里料底摆正面相合，以1cm缝份缝合；然后将底摆缝份与面料大身手缝固定，线要松，不能缝穿面料。

（5）领口防变形处理：将面料的领口用倒钩针距边0.7cm缝一圈固定，或用斜丝牵条沿净样粘烫以免领口变形。

7. 做袖

（1）做面料袖面：

① 归拔袖片：先沿前插肩袖缝烫上牵条，再将前袖袖底缝在袖肘处适当拔开，后袖袖底缝在袖肘处则略为归拢，如图6-22。

② 做袖襻：袖襻面烫黏合衬，再将袖襻面、里正面相对，沿边缉缝1cm，修剪后翻到正面，熨烫平整，最后正面缉缝0.8cm明线，如图6-23。

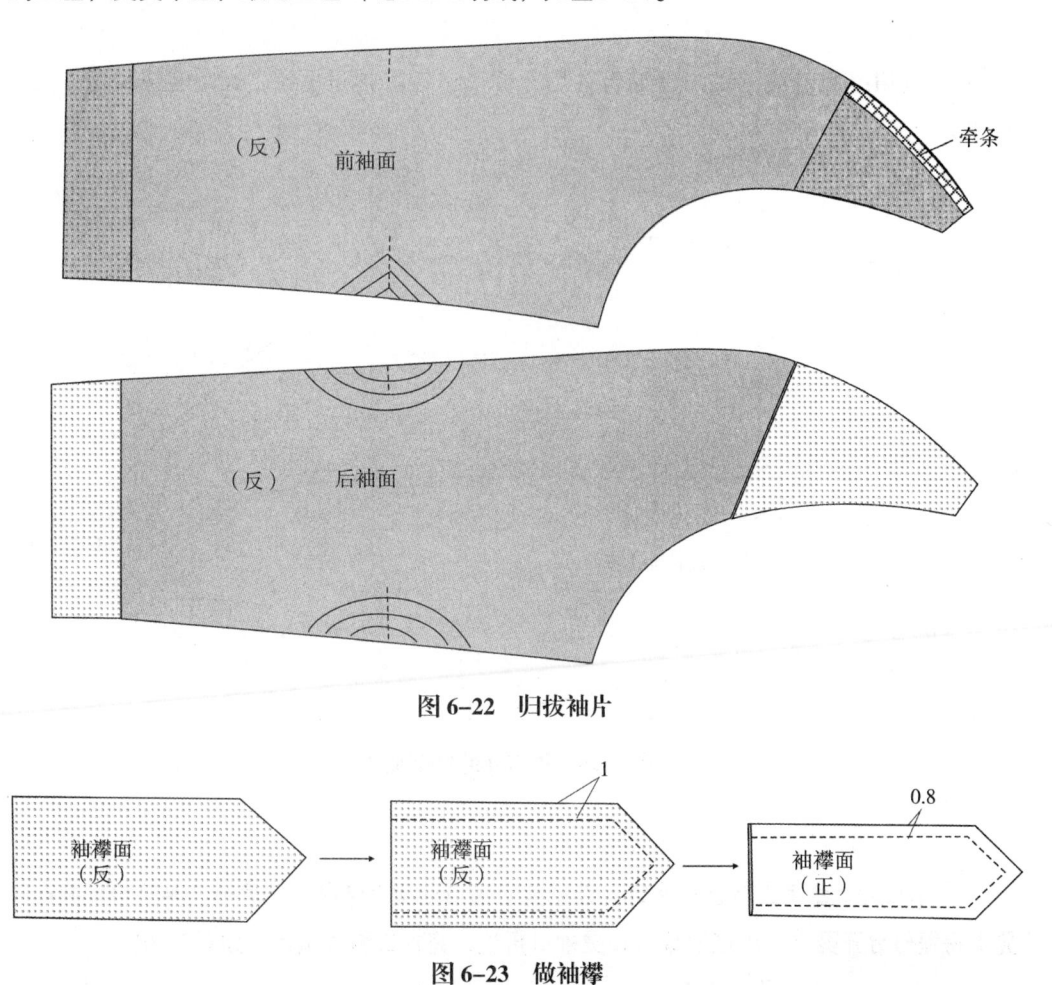

图6-22 归拔袖片

图6-23 做袖襻

③ 缝合前、后袖片的袖肩缝：将前、后袖片正面相合，以1.2cm的缝份缝合袖肩缝。要求后肩缝上部吃进0.5cm，在距袖口净缝5~6cm（按袖襻线钉位）处夹入袖襻一起缉住，如图6-24。

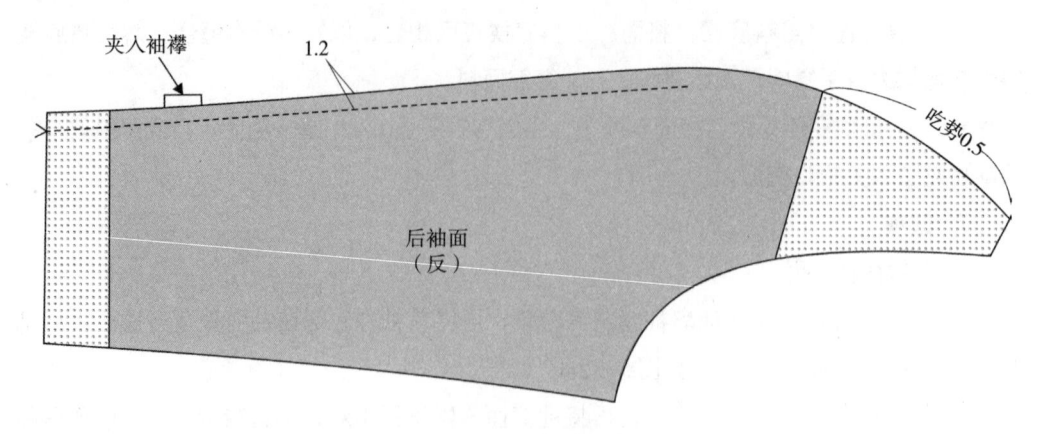

图6-24 缝合前、后袖片的袖肩缝

④ 袖肩缝缉明线固定：将缝份往后片烫倒，在后袖正面缉0.8cm明线固定，如图6-25。

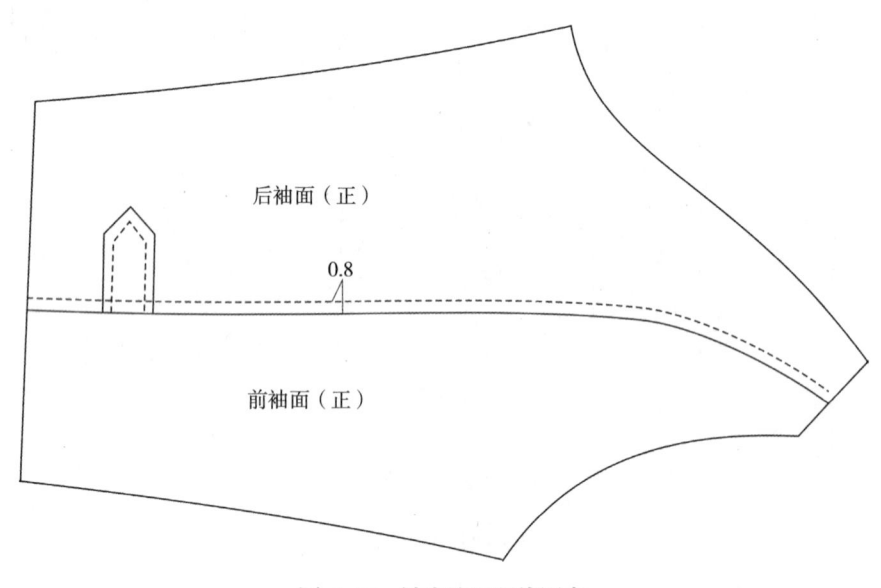

图6-25 袖肩缝缉明线固定

⑤ 领口处烫牵条、缝合袖底缝：在袖片上领口处烫上牵条，然后缝合袖底缝，并在袖凳上将缝份分开烫平，再按照线钉扣烫袖口折边，将袖口熨烫顺直，如图6-26。

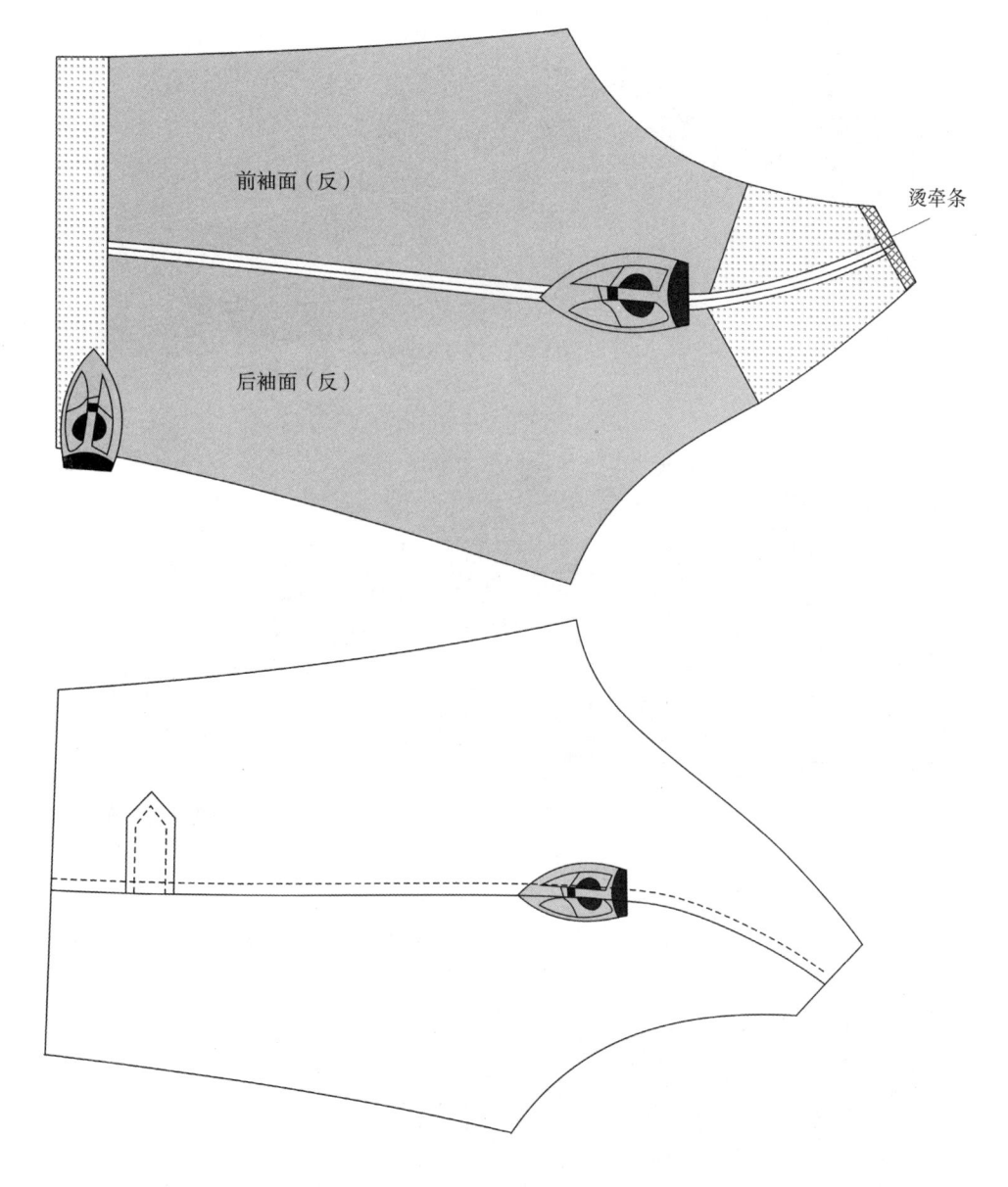

图 6-26　领口处烫牵条、熨烫肩袖缝

（2）做里料袖片：将里料前、后袖片正面相对，依次缝合袖肩缝和袖底缝，然后将缝份往后袖片烫倒，如图6-27。

（3）缝合面、里料袖口并整理、熨烫：将袖片面、里料反面朝外，袖口相对，缝份对齐，车缝一周；然后用三角针将缝份与袖片面手缝固定，手缝线松紧适宜，袖片正面不能有痕迹；再在距袖山弧线边10cm处，以手针假缝将面、里料固定，如图6-28。

后袖里（反）

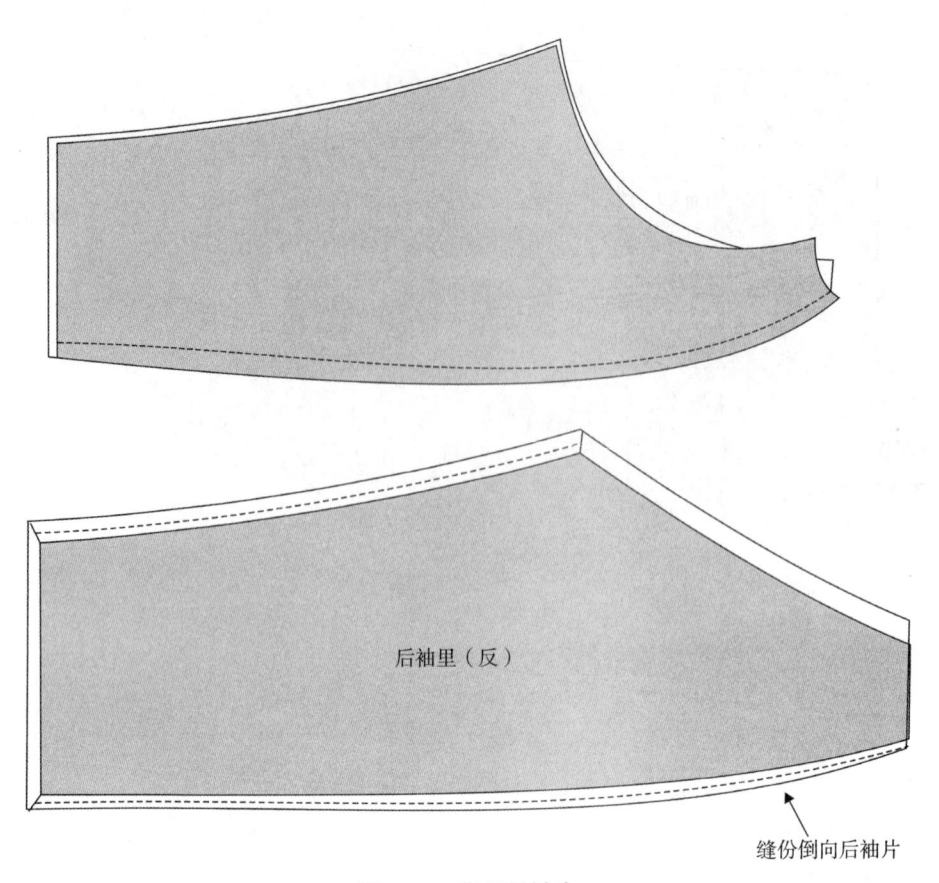

缝份倒向后袖片

图 6-27 做里料袖片

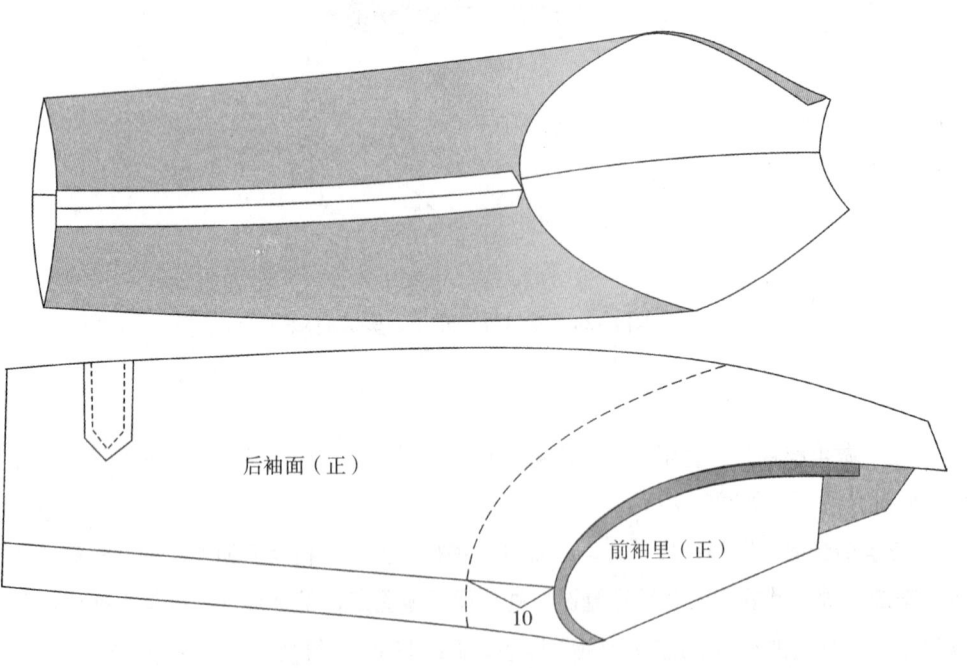

后袖面（正）

前袖里（正）

10

图 6-28 缝合面里料袖口并整理、熨烫

(4)绱袖:

① 绱袖片面料:先绱右袖,将袖片面料与衣片正面相对,缝份对齐,装袖刀眼、袖底点与侧缝点对准,从前领口开始用手针假缝;再放到人台上细看袖底是否圆顺,吃势是否均匀,合格后再假缝另一只袖子,观看两袖是否对称,满意后再缉线,缉线时要上下松紧一致,缉线顺直,如图6-29所示。

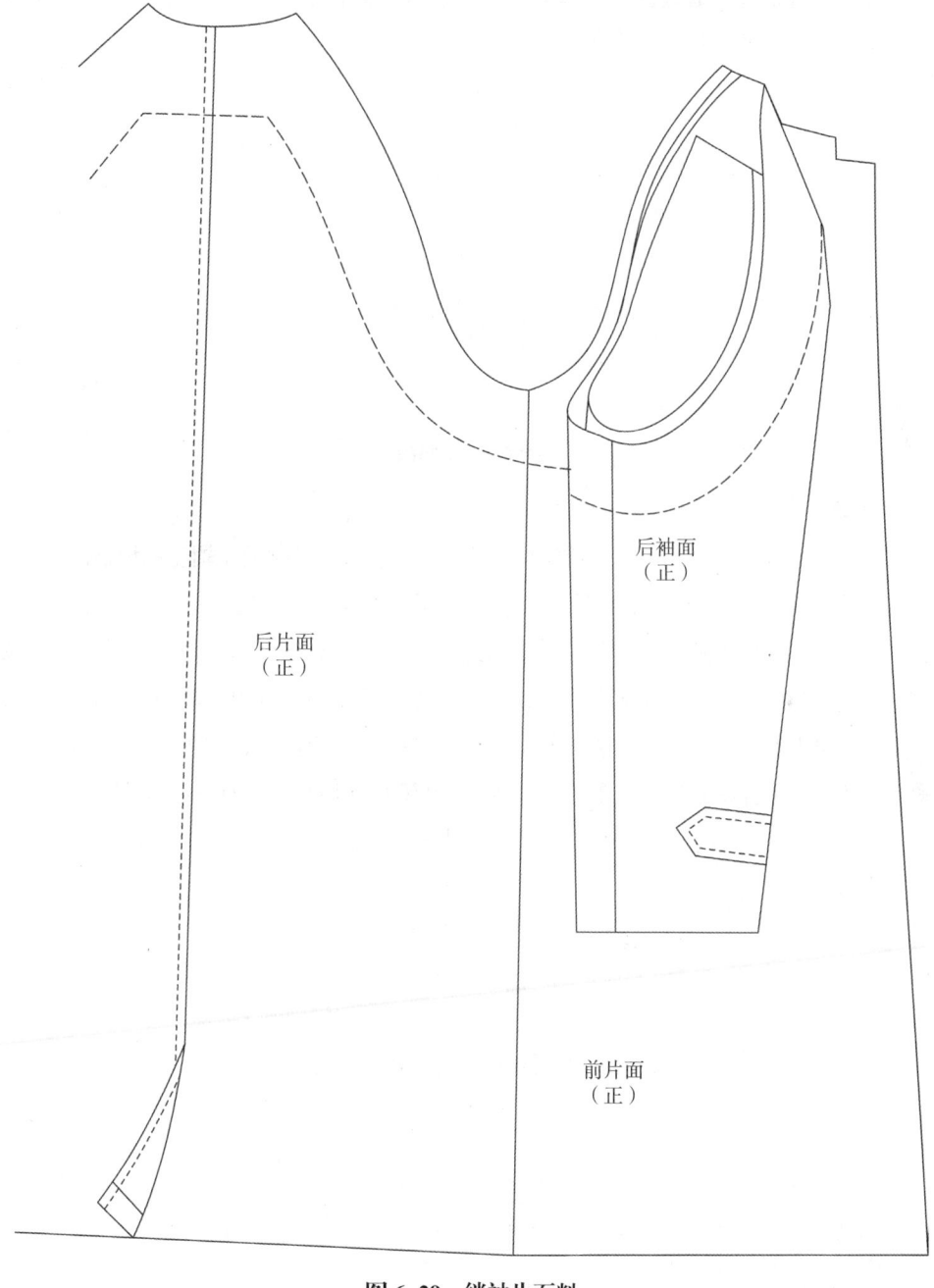

图6-29 绱袖片面料

②绱袖线缉明线固定：将绱袖线缝份向袖片一侧坐倒，烫平后，在袖片一侧缉0.8cm明线。前身缉明线应从前领口起针到胸宽点止（约17cm），后身缉明线从后领口起针到背宽点止（约18cm），胸宽点及背宽点收针处可不打回针，而把线头引向反面打结，如图6-30。

③绱袖片里料、装肩垫：用绱袖片面料的方法将袖片里料装到大身里料上，然后将挂面肩缝与后领口贴边肩缝缝合并分缝烫平，以手缝将垫肩与面料肩缝缝合固定，再把前、后袖里料上端尚未缝住的部分缝合。

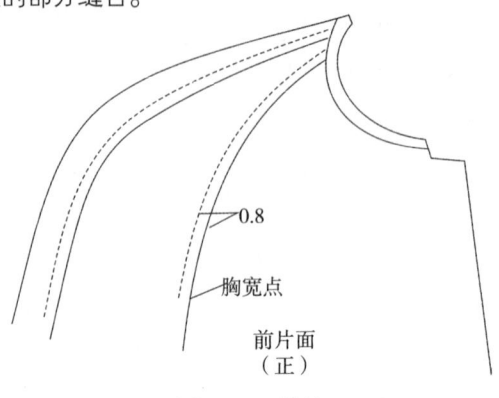

图6-30 绱袖

8. 做领

（1）按样板核对翻领和领座的缝份：如图6-31所示核对翻领和领座的缝份。

（2）缝合领子：先分别缝合翻领和领座的面、里料，并将缝份分开烫平服后，在两侧缉0.1cm明线；然后将领面、领里正面相结合，领外口对齐，领角两侧拉紧领里，领面吃势0.3cm，按净线外0.1cm车缝领外口；再修剪领子缝份，将领子翻到正面，烫平领止口，要求领里坐进0.1cm，在领里一侧将领止口烫顺、烫薄，再翻到领面一侧，将领子烫平服，检查领子是否左右对称；最后在领外口缉缝0.8cm明止口，如图6-32所示。

图6-31 按样板核对翻领和领座的缝份

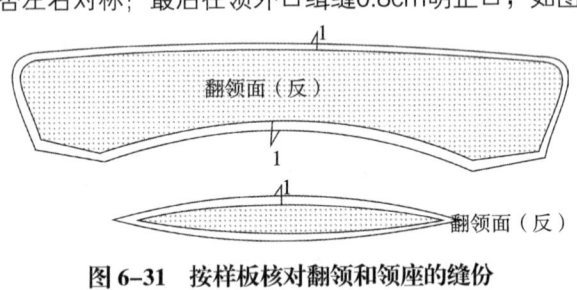

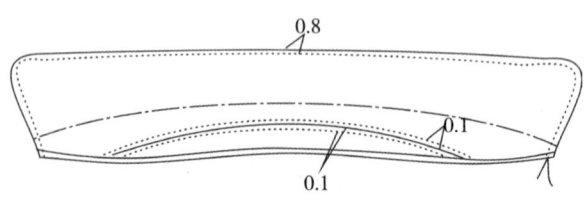

图6-32 缝合领子

（3）修剪、整烫：按照翻折线折转烫好领子，修齐领座下口，做好装领对刀标记；沿领底线缉缝0.7cm，将领面和领里一道封住，以保持领子的翻转窝势，如图6-33所示。

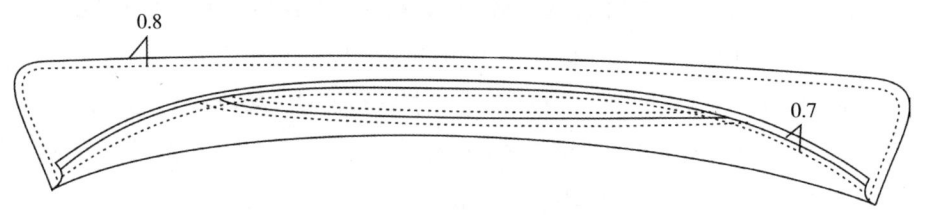

图6-33　修剪、整烫

9. 绱领

将大身面、里翻到反面，使其正面相对，领口对齐，将做好的领子夹入其中（领里与大身正面相对，领面与大身里料正面相对），后领中点、肩缝刀眼对准。将领子与大身领口以0.7cm缝份手针假缝，然后大身里料在下，领子居中，大身面料在上，以0.8~1cm缝份"一把缉"将领子缝住。最后将整衣从后开衩处翻出，装领缝份向大身坐倒，把领圈熨烫平服，如图6-34所示。

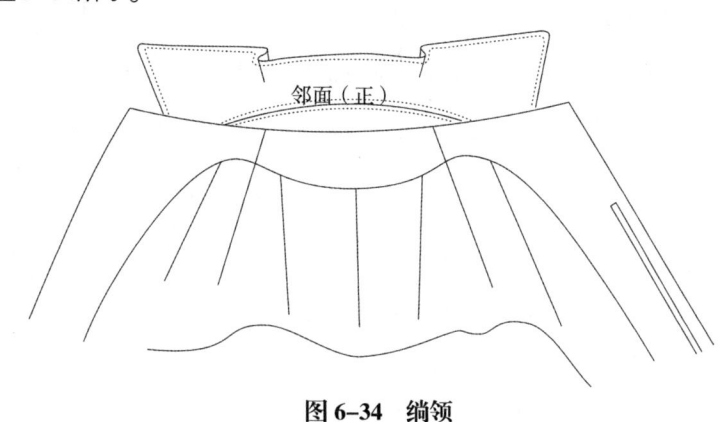

图6-34　绱领

10. 缉门襟止口

先将门襟止口烫薄、烫顺直，再缉缝0.8cm止口。要求止口顺直，宽窄一致。

11. 锁眼、钉扣（图6-35）

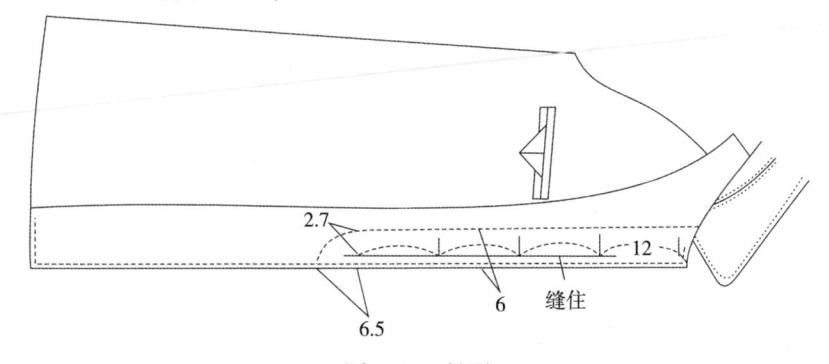

图6-35　锁眼

（1）明扣眼：第一扣眼为明扣眼，锁在左片大身正面，扣眼大2.7cm，位于领口下2cm处，距门襟止口向内2.5cm。

（2）暗扣眼：除了第一扣眼外均为暗扣眼，锁在左片挂面的暗门襟开口里侧，间距12cm，距暗门襟开口0.5cm，两扣眼间暗门襟开口用线缝住。

（3）袖襻扣眼：左、右袖襻各锁扣眼一个，扣眼距袖襻尖端1.5cm，位置居中。

（4）左、右衣片门襟对齐，按照扣眼位在右衣片上画相应扣位，用线钉上钮扣，并将袖襻拉挺，按扣位在后袖片相应位置钉上钮扣。

12. 缉暗门襟止口

将衣片正面朝上，左前片放平，画出暗门襟止口粉印，止口宽6cm。先用线将止口假缝固定，然后从领口开始沿粉印缉压暗门襟止口。为保证上下层松紧一致，应用镊子推送上层或用硬纸板压着缉缝。

三、缝制工艺质量要求与评分参考标准

（1）规格尺寸符合标准与要求。

（2）领子平挺，两领角左右对称，领翘适宜，领外口不反吐，领面无起皱，无起泡。

（3）两袖长短一致，左右对称，绱袖吃势均匀，缉明线止口顺直。

（4）门襟和里襟上口平直，止口缉线宽窄一致、无涟形，左右对称，准确无歪斜。暗门襟开口处滚条宽窄一致、顺直。

（5）前片两个袋片袋左右对称、长短一致，缉明线止口顺直、平服，宽窄一致。里袋左右对称，嵌线布宽窄一致、顺直，袋口两端平整，三角袋盖居中。

（6）后背部平服，背缝开衩顺直，无弯曲现象。

（7）衣摆折边、袖口折边宽窄一致，袖襻左右对称。

（8）各部位熨烫平服，无亮光、烫迹、折痕，无油污、水渍，面里无线钉、线头，锁眼位置准确，钮扣与扣眼位相对，大小适宜，整齐牢固。

第三节 成品整烫工艺

　　成品整形熨烫，是缝制高档大衣的重要工艺之一。整烫可巩固推、归、拔烫效果，弥补某些工艺和半成品熨烫的不足，使大衣挺括、美观，更加合体。大衣一般采用较厚的毛呢或毛型化纤面料缝制，缝制缉缝多是背面扣倒缝份，正面缉宽明线，因此缝子较厚。一般要加盖双层烫布，用较高的温度、较大的压力，喷水加湿整形熨烫。

　　男大衣的整形熨烫，一要根据材料的性能，二要根据人体形态和结构特点来进行。大衣和西装一样，在制作过程中，很多部位、部件，都是边缝制、边整烫的。这些部位、部件在整烫中，只要符合质量标准可以不再整烫（或者只稍加调整、熨烫）。

一、男大衣整烫顺序

　　左右肩缝、肩位，后领口→袖山头、袖上部及袖缝明线→领子、驳头→左右前身各部位→袖子下半部、袖口→后背缝、背衩及其他部位→左右前胸止口反面→底边背面。

二、各部位熨烫技法及技术质量要求

　　男大衣各部位均应盖双层烫布、喷水花高温熨烫，要求不出亮光、无水花、不烫黄、烫焦。

（一）整烫左右肩缝和后领口

　　把肩头摆在布馒头上、肩缝微向前弯，进行归烫（防止伸长造成肩裂）。肩部熨烫平服，肩缝明线应烫顺直，肩缝前后靠袖窿位也应烫平服，后领圈要烫平顺，如图6-36。

（二）整烫左右袖山头、袖上部

　　插肩袖的外袖缝（大袖缝）恰好通过袖山头，容易造成死角、不平服；因此熨烫中一定要注意把袖山头烫圆顺，把明线烫平直，如图6-37。

（三）整烫领子、驳头

　　将翻领置于台案上进行正烫和反烫。反烫翻领、驳领：将翻领和驳领翻到背面，置于胸前，

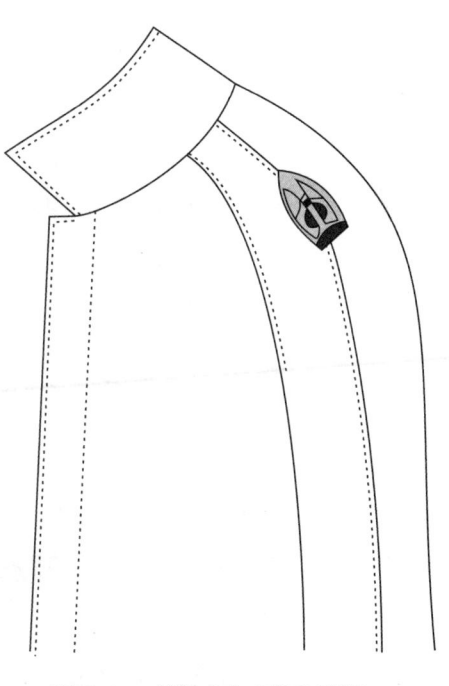

图6-36　整烫左右肩缝和后领口

摆平。盖烫布、喷水高温压烫。先压烫止口：烫平、烫直、烫薄、烫干。然后将熨斗移至止口线以里（避开止口缝份硬梗）反复压烫翻领、驳领，烫煞、烫归缩；不握熨斗的手配合进行窝服整理（技法同男西装衣领）。整烫后的翻领和驳领翻拨后应窝服，薄、挺、顺，如图6-38。

（四）整烫左右衣前片各部位

1. 整烫左右前衣身胸片

胸位熨烫要垫布馒头，盖烫布、喷水花、推、归熨烫相结合。归烫袖窿根、驳口线和肩下位，将乳胸烫挺括、丰满。但要注意大衣的奶胸比西装奶胸平坦。应避免造成胸部臃肿的外观，如图6-39。

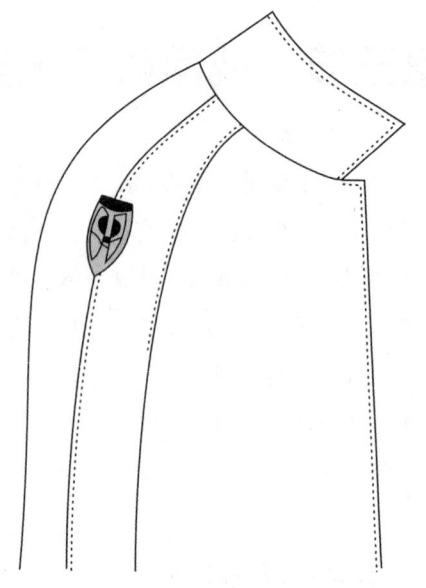

图 6-37　整烫左右袖山头、袖上部

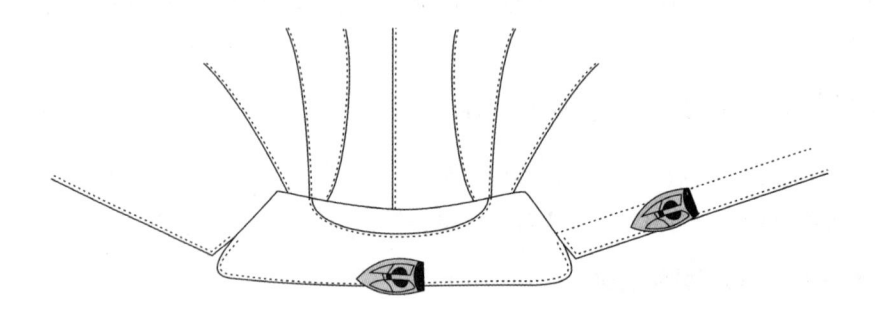

图 6-38　反烫翻领、驳领

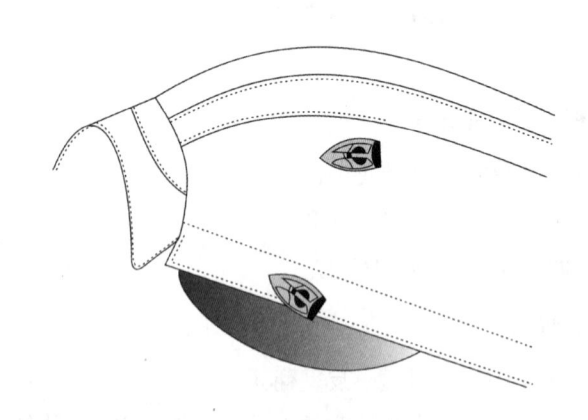

图 6-39　整烫左右前衣身胸片

2. 整烫门襟止口、底边止门和下摆

将大衣在台案上摆平、摆直顺，垫上双层烫布，喷水熨烫。将门襟烫直顺，止口烫平立、烫薄、烫煞，使门襟止口向反面自然窝服。注意左右门襟长短一致，不"搅"、不"豁"。底边要进行归烫，也要平服、适体、自然向内窝服，熨烫示意如图6-40。

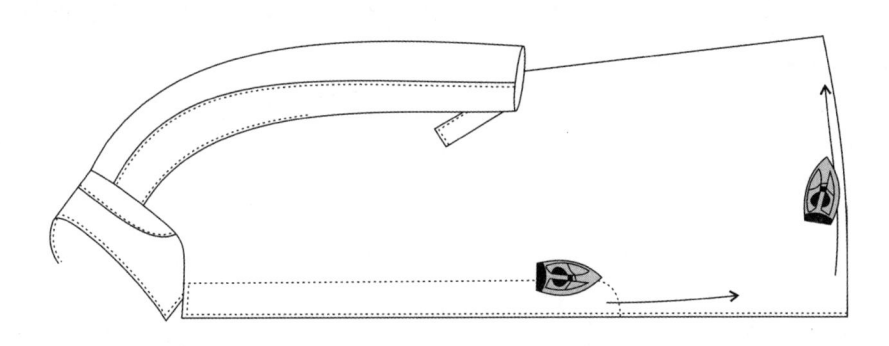

图6-40 整烫门襟、底边止门和下摆

3. 整烫前衣身袋位、摆缝

下垫布馒头，盖烫布喷水花熨烫。首先将袋角上下熨平不豁口，袋口烫平直并且不豁口。大衣的摆缝是缝制中的重点工艺，熨烫十分重要。大衣两侧的摆缝下接底边上接袖窿，向前影响门襟止口，向后影响背中线。半成品缝制时要求摆缝直顺，松紧适宜，底边窝服均匀。如摆缝归势不足，重心下垂，会使前身起涟，前衣身左右止口"搅叠"；归势过大，摆缝上吊，会使后身起涟，并使前衣身左右止口"豁开"。因此，不仅缉合摆缝时要进行适当的吃缩处理，而且成品整烫摆缝时，要注意归烫适宜。熨烫后的摆缝应直顺，要不吊、不垂，呈垂直状态。另外，胸侧、中腰和袖窿等部位要特别归烫，巩固和加强缝制中半成品熨烫效果，使明线直顺，不吃不伸，如图6-41。

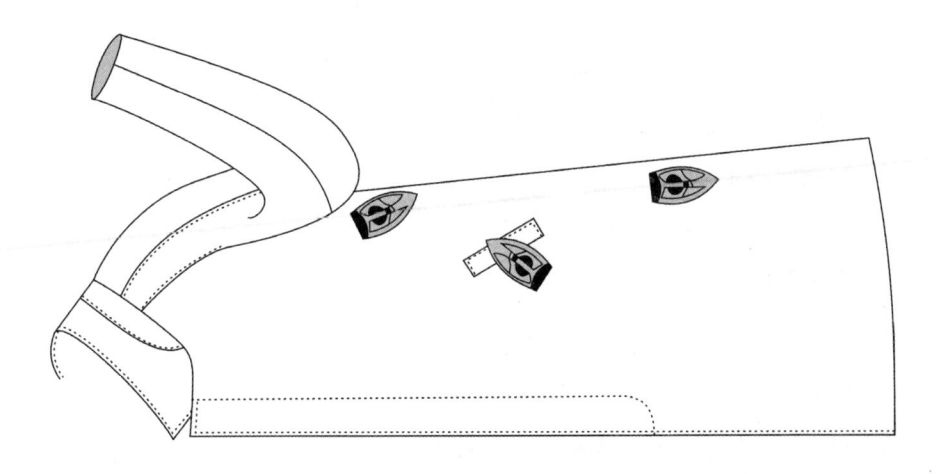

图6-41 整烫前衣身袋位、摆缝

（五）整烫后背背缝、背衩

男大衣后背是衣身造型的重点，稍宽大，腰部稍收拢，臀部适体顺至下摆，呈箱型。根据以上要求，成品熨烫时，首先不伸不缩地把背缝明线熨烫平贴、顺直；再将背缝线熨烫平贴顺直，背衩熨烫成长短一致，窝服不外翻。在熨烫中，注意背缝上段归烫，胖势推向肩胛位，使后背形成方登、挺拔的效果。最后，将臀位归烫，使摆缝方登，符合后背造型，如图6-42。

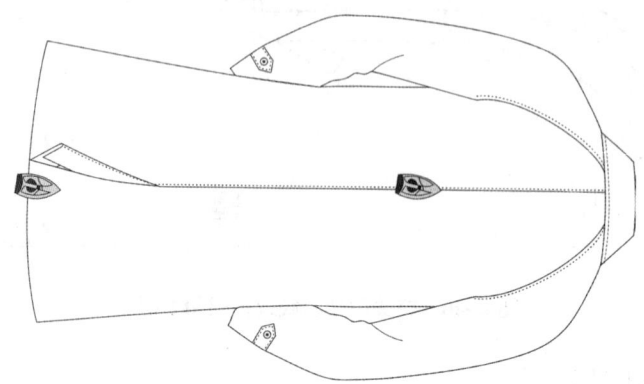

图6-42 整烫后背背缝、背衩

（六）整烫左右袖子下半部

分别整烫插肩袖袖缝明线和袖口。要求达到：袖缝明线平贴，袖子平服；袖口整齐平服，左右宽窄一致；袖肘弯势自然，外形美观。

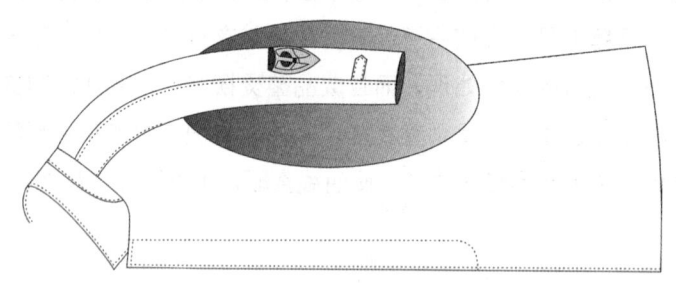

图6-43 整烫左右袖子

（七）反面熨烫左右门襟止口、挂面

盖熨布、喷水花高温熨烫。进一步把门襟止口熨直顺、薄挺，使门襟止口稍向反面窝服不外翻。

（八）反烫底边

降低温度归烫底边，将底边熨烫平顺、服贴。

（九）整形熨烫效果检验

总体要求：外形美观、挺括平服，肩头平顺、胸部丰满，驳领对称，平挺窝服、止口直顺、底边平服，后背方登、背衩服贴。

第四节　外观质量与缺陷评定

一、外观质量

外观质量规定见表6-4。

表6-4　外观质量

部位名称	外观质量规定
领子	领面平服，领窝圆顺，左右领尖不翘适宜
驳头	串口、驳口顺直，左右驳头宽窄、领嘴大小对称，领翘适宜
止口	顺直平挺，门襟不短于里襟，不搅不豁，两圆头大小一致
前身	胸部挺括、对称，里、面、衬服贴，省道顺直
袋、袋盖	左右袋高、低、前、后对称，袋盖与袋宽相适应，袋盖与大身的花纹一致
后背	平服
肩	肩部平服，表面没有褶，肩缝顺直，左右对称
袖	绱袖圆顺，吃势均匀，两袖前后，长短一致

二、缺陷评定

男大衣质量缺陷判定依据见表6-5。

表6-5　质量缺陷判定依据

项目	序号	轻缺陷	重缺陷	严重缺陷
使用说明	1	商标不端正，明显歪斜，钉商标线与商标底色的色泽不适应	使用说明内容不准确	使用说明内容缺项
辅料	2	缝纫线色泽、色调、与面料不相适应；钉扣线与扣色泽、色调不适应	里料、缝纫线的性能与面料不适应	—
锁眼	3	锁眼间距互差大于0.4cm；偏斜大于0.2cm，纱线绽出	跳线；开线；毛漏；漏开眼	—
钉扣及附件	4	扣与眼位互差大于0.2cm（包括附件等）；钉扣不牢	扣与眼位互差大于0.5cm（包括附件等）	钮扣、金属扣脱落（包括附件等）；金属件锈蚀

（续表）

项目	序号	轻缺陷	重缺陷	严重缺陷
经纬纱向	5	纬斜超本标准规定50%及以内	纬斜超本标准规定50%以上	—
对条对格	6	对条、对格超本标准规定50%及以内	对条、对格超本标准规定50%以上	面料倒顺毛，全身顺向不一致
拼接	7	—	拼接不符合大衣拼接范围规定	—
色差	8	表面部位色差不符合本标准规定的半级以内；衬布影响色差低于4级	表面部位色差不符合本标准规定的半级以上；衬布影响色差低于3-4级	—
外观疵点	9	2号部位、3号部位（如图6-44）	1号部位（如图6-44）	破损等严重影响使用和美观
针距	10	低于本标准规定2针以内	低于本标准规定2针以上	—
规格允许偏差	11	规格超过本标准规定50%及以内	规格超过本标准规定50%以上	规格超过本标准规定100%以上
外观及缝制质量	12	—	—	使用黏合衬部位脱胶、渗胶、起皱
外观及缝制质量	13	领子、驳头面、衬、里松紧不适宜；表面不平挺	领子、驳头面、里、衬松紧明显示不适宜，不平挺	—
外观及缝制质量	14	领口、驳口、串口不顺直；领子、驳头止口反吐	—	—
外观及缝制质量	15	领尖、领嘴、驳头左右不一致，尖圆对比互差大于0.3cm；领豁口左右明显不一致		
外观及缝制质量	16	领窝不平服、起皱；绱领（领肩缝对比）偏斜大于0.5cm	领窝严重不平服、起皱；绱领（领肩缝对比）偏斜大于0.7cm	—
外观及缝制质量	17	领翘不适宜；领外口松紧不适宜；底领外露	领翘严重不适宜；底领外露大于0.2cm	—
外观及缝制质量	18	肩缝不顺直；不平服；后省位左右不一致	肩缝严重不顺直；不平服	

（续表）

项目	序号	轻缺陷	重缺陷	严重缺陷
外观及缝制质量	19	两肩宽窄不一致，互差大于0.5cm	两肩宽窄不一致，互差大于0.8cm	—
	20	胸部不挺括，左右不一致，腰部不平服	胸部严重不挺括，腰部严重不平服	—
	21	袋位高低互差大于0.3cm；前后互差大于0.5cm	袋位高低互差大于0.8cm；前后互差大于1cm	—
	22	袋盖长短、宽窄互差大于0.3cm；口袋不平服、不顺直；嵌线不顺直、宽窄不一致；袋角不整齐	袋盖小于袋口（贴袋）0.5cm（一侧）或小于嵌线；袋布垫料毛边无包缝	—
	23	门、里襟不顺直、不平服；止口反吐	止口明显反吐	—
	24	门襟长于里襟，西服大于0.5cm，大衣大于0.8cm；里襟长于门襟；门里襟明显搅豁	—	—
	25	眼位距离偏差大于0.4cm；眼与扣位互差0.4cm；扣眼歪斜、眼大小互差大于0.2cm	—	—
	26	底边明显宽窄不一致；不圆顺；里子底边宽窄明显不一致	里子短，面明显不平服；里子长，明显外露	—
	27	绱袖不圆顺，吃势不适宜；两袖前后不一致大于1.5cm；袖子起吊、不顺	绱袖明显不圆顺；两袖前后不一致大于2.5cm；袖子明显起吊、不顺	—
	28	袖长左右对比互差大于0.7cm；两袖口对比互差大于0.5cm	袖长左右对比互差大于1cm；两袖口对比互差大于0.8cm	—
	29	后背不平、起吊；开衩不平服、不顺直；开衩止口明显搅豁；开衩长短互差大于0.3cm	后背明显不平服、起吊	—
	30	有叠线部位漏叠两处（包括两处）以下；衣里有毛、脱、漏	有叠线部位漏叠超过2处	—
	31	衣片缝合明显松紧不平；不顺直；连续跳针（30cm内出现两个单跳针按连续跳针计算）	表面部位有毛、脱、漏；缝份小于0.8cm；链式缝迹跳针有1处	表面部位毛、脱、漏，严重影响使用和美观
	32	滚条不平服、宽窄不一致；腰节以下活里没包缝	—	—

第六章 男大衣的缝制工艺 233

（续表）

项目	序号	轻缺陷	重缺陷	严重缺陷
外观及缝制质量	33	轻度污渍；熨烫不平服；有明显水花、亮光；表面有大于1.5cm的连根线头3根及以上	有明显污渍，污渍大于2cm^2；水花大于4cm^2	—
	34	明线宽窄、弯曲	明线接线	—

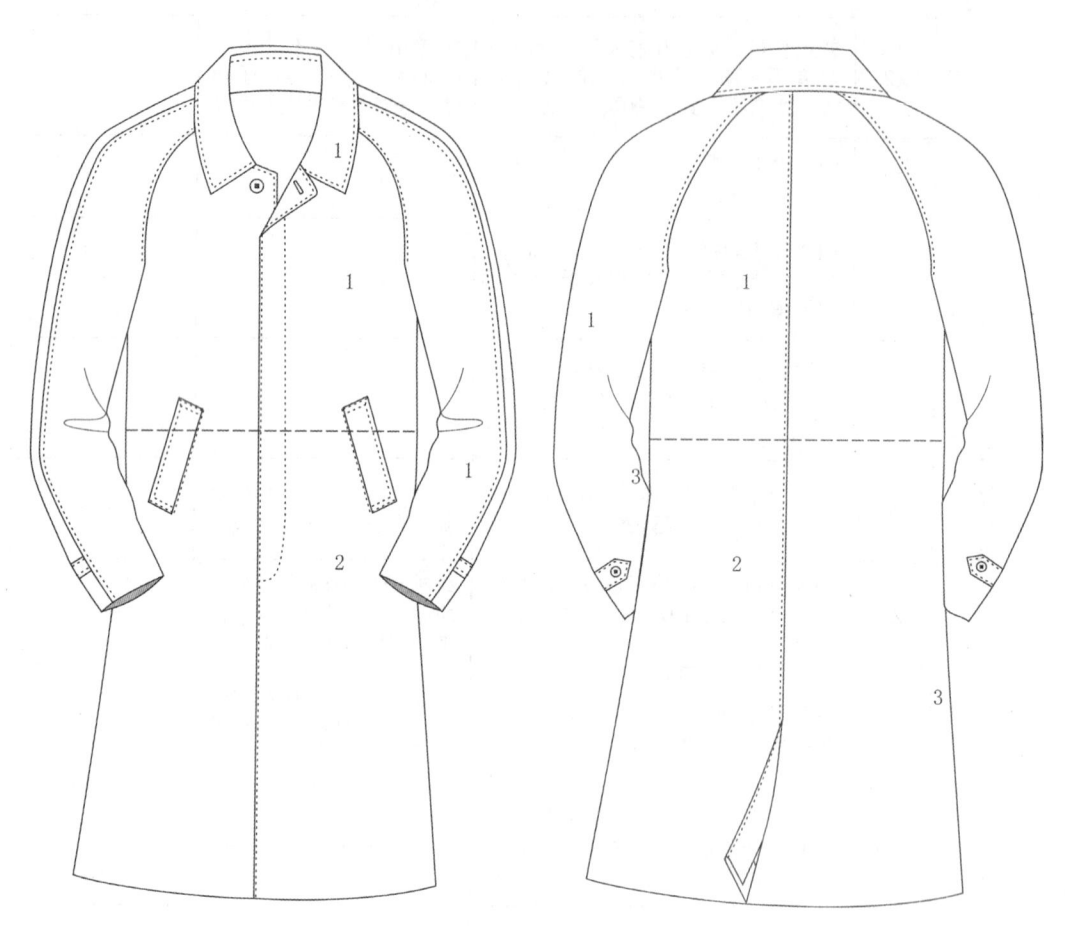

图 6-44 大衣

参考文献

[1]杉山.男西服技术手册[M].王澄译.北京:中国纺织出版社,2002

[2]康妮·阿玛登·克兰福德,等.图解服装缝制手册[M].刘恒,等,译.北京:中国纺织出版社,2000

[3]张文斌.成衣工艺学(成衣工艺分册)[M].北京:中国纺织出版社,1997

[4]王秀芬.服装缝制工艺大系[M].沈阳:辽宁科学技术出版社,2003

[5]陆鑫等.成衣缝制工艺与管理[M].北京:中国纺织出版社,2005

[6]鲍卫君,朱秀丽.服装制作工艺:基础篇[M].北京:中国纺织出版社,2002

[7]孙兆全.成衣纸样与服装缝制工艺[M].北京:中国纺织出版社,2006

[8]周邦桢.服装熨烫原理及技术[M].北京:中国纺织出版社,1999

[9]姚再生.服装制作工艺 成衣篇[M].北京:中国纺织出版社,2002

[10]王秀彦.服装制作工艺教程[M].北京:中国纺织出版社,2003

[11]张志.精做高级服装[M].北京:中国纺织出版社,2003

[12]吕学海,包含芳.图解服装缝制工艺[M].北京:中国纺织出版社,2001

[13]鲍卫君.现代成衣工程[M].杭州:浙江科学技术出版社,2008

[14]袁敬民.意大利西服纸样设计与缝制工艺[M].南昌:江西科学技术出版社,1994

[15]邹奉元.服装工业样板制作原理与技巧[M].杭州:浙江大学出版社,2006

[16]吴卫刚.快速精通缝纫北京[M].北京:中国纺织出版社,2000